全国一级建造师执业资格考试

考前最后 3 套卷（水利水电全科）

全国一级建造师执业资格考试考前冲刺试卷编写委员会　编写

中国建筑工业出版社
中国城市出版社

图书在版编目（CIP）数据

全国一级建造师执业资格考试考前最后3套卷. 水利水电全科 / 全国一级建造师执业资格考试考前冲刺试卷编写委员会编写. -- 北京 ：中国城市出版社，2025. 7.
ISBN 978-7-5074-3842-0

Ⅰ. TU-44

中国国家版本馆CIP数据核字第2025J96S71号

责任编辑：李笑然　田立平　李　璇　王　毅
责任校对：党　蕾

全国一级建造师执业资格考试
考前最后3套卷（水利水电全科）
全国一级建造师执业资格考试考前冲刺试卷编写委员会　编写
*
中国建筑工业出版社、中国城市出版社出版、发行（北京海淀三里河路9号）
各地新华书店、建筑书店经销
北京鸿文瀚海文化传媒有限公司制版
北京君升印刷有限公司印刷
*
开本：787毫米×1092毫米　1/16　印张：20¼　字数：467千字
2025年7月第一版　　2025年7月第一次印刷
定价：**108.00**元
ISBN 978-7-5074-3842-0
（904874）

前　言

《全国一级建造师执业资格考试考前最后3套卷（水利水电全科）》中的每套试卷均由编者根据考前培训经验以及对历年命题方向和命题规律的研究，严格按照现行“考试大纲”的要求，依据“考试用书”的知识内容，以最新考试要求为导向，对考点变化、考查角度、考试重点、题型设计进行了全面的评价和预测，淘金式精选优秀试题，参考历年试题分值的分布精心编写。

《全国一级建造师执业资格考试考前最后3套卷（水利水电全科）》的学习价值在于：

把握试题之源——编者紧扣一级建造师执业资格考试的“考试大纲”和“考试用书”，围绕核心知识，寻找命题采分点，分析试题的题型、命题规律和考试重点，精心组织题目，为编写出精品试题奠定了基础。

选题精全新准——编者经过分析一级建造师执业资格考试最近几年的考题，总结出了命题规律，提炼了考核要点，不仅保留了近年来常考、典型、重点题目，又编写了50%的原创新题，做到了题题经典、题题精练。希望能以此抛砖引玉，引导考生思维。

优化设计试卷——考前最后3套卷中的每套题的题型、题量、分值分布、难易程度均与一级建造师执业资格考试的标准试卷趋于一致，充分重视考查考生运用所学知识分析问题、解决问题的能力，注重试题的综合性，积极引导考生对所学知识做适当的重组和整合，考查对知识体系的整体把握能力，让考生逐步提升“考感”，轻轻松松应对考试。

提升应试能力——编者精选的考前最后3套卷顺应了一级建造师执业资格考试的命题趋向和变化，帮助考生准确地把握考试命题趋势，抓住考试的核心内容，引导考生进行科学、高效的学习，学会各种类型题目的解题方法，从而提高考生的理解能力和综合运用能力，轻而易举地取得高分。

模拟实战场景——我们专门为考生准备了三张公共科目模拟答题卡，以便考生提前感受考场氛围，训练答题卡填涂技巧，合理安排答题和涂卡时间。在专业实务科目试卷中，我们特意留出了答题区，供考生直接在试卷上作答，以利于达到真正的考前实战训练效果。

愿我们的努力能够助你顺利通过考试！祝愿你们取得好的成绩！

目　　录

《建设工程经济》考前第 1 套卷及解析
《建设工程经济》考前第 2 套卷及解析
《建设工程经济》考前第 3 套卷及解析
《建设工程项目管理》考前第 1 套卷及解析
《建设工程项目管理》考前第 2 套卷及解析
《建设工程项目管理》考前第 3 套卷及解析
《建设工程法规及相关知识》考前第 1 套卷及解析
《建设工程法规及相关知识》考前第 2 套卷及解析
《建设工程法规及相关知识》考前第 3 套卷及解析
《水利水电工程管理与实务》考前第 1 套卷及解析
《水利水电工程管理与实务》考前第 2 套卷及解析
《水利水电工程管理与实务》考前第 3 套卷及解析

《建设工程经济》

考前第1套卷及解析

《建设工程经济》考前第1套卷

一、单项选择题（共60题，每题1分。每题的备选项中，只有1个最符合题意）

1．关于利率及其影响因素的说法，正确的是（　　）。

A．社会平均利润率是利率的最低界限

B．利率是资金收益或使用代价的绝对数

C．在经济周期的扩张期利率上升

D．借出资本的借款期限越长，利率越低

2．某企业从银行借入1年期流动资金200万元，年利率为8%，按季度复利计息，还款方式可以选择按季付息、年末还本付息。关于该笔借款的说法，错误的是（　　）。

A．借款的年名义利率为8%

B．借款的季度有效利率大于2%

C．借款的年有效利率为8.24%

D．按季付息年末还本方式前期还款压力小

3．某施工企业现在对外投资200万元，5年后一次性收回本金与利息，若年基准收益率为8%，则总计可以收回资金（　　）万元。

A．234.66　　B．250.50

C．280.00　　D．293.87

4．将方案经济效果评价方法划分为静态分析和动态分析的依据是计算是否考虑了（　　）。

A．通货膨胀　　B．资金时间价值

C．建设期利息　　D．建设期长短

5．某方案净现金流量见表1，则该方案的静态投资回收期为（　　）年。

表1　净现金流量表

计算期（年）	1	2	3	4	5	6	7	8	9
净现金流量（万元）	-800	-1200	400	600	600	600	600	600	600

A．5.33　　B．5.67

C．6.33　　D．6.67

6．下列财务内部收益率的表述中，方案可接受的条件是（　　）。

A．$FIRR > 0$　　B．$FIRR < 0$

C．$FIRR > i_c$　　D．$FIRR < i_c$

7．有甲、乙、丙、丁四个互斥方案，寿命期均为5年，期初投资额、净现值见表2，已知行业财务基准收益率为10%，采用财务净现值指标进行评价，选择的方案是（　　）。

表2　甲、乙、丙、丁四个互斥方案期初投资额、净现值

方案	甲	乙	丙	丁
期初投资额（万元）	3000	3500	4000	3800
1-5年净现金流量（万元）	900	950	1200	1000

注：表中各年的净现金流量在各年年末发生。

A．甲　　B．乙

C．丙　　D．丁

8．在敏感性分析中，可以通过计算（　　）来确定敏感因素。

A．不确定因素变化率和敏感度系数　　B．指标变化率和敏感度系数

C．敏感度系数和临界点　　D．指标变化率和临界点

9．某设备一年前购入后闲置至今，产生锈蚀。此间由于制造工艺改进，使该种设备制造成本降低，其市场价格也随之下降。那么，该设备遭受了（　　）。

A．第Ⅰ类有形磨损和第Ⅱ类无形磨损　　B．第Ⅱ类有形磨损和第Ⅰ类无形磨损

C．第Ⅰ类有形磨损和第Ⅰ类无形磨损　　D．第Ⅱ类有形磨损和第Ⅱ类无形磨损

10．某设备自然寿命为8年，各年的动态年平均使用成本见表3，不考虑技术进步的情况下，该设备的经济寿命为（　　）年。

表3　各年的动态年平均使用成本

年限	1	2	3	4	5	6	7	8
年平均使用成本（元）	22800	19301	17547	15890	13143	14239	15562	16747

A．5　　B．6

C．7　　D．8

11．某建筑施工企业拟租赁一台施工机械，该施工机械的价格为100万元，可以租赁6年，每年年末支付租金，折现率为8%，附加率为3%，租金按附加率法计算，则每年应付租金为（　　）万元。

A．13.44　　B．27.67

C．12.27　　D．14.79

12．根据价值工程对象选择应遵守的原则，凭借分析人员的经验集体研究确定价值工程对象的一种方法是（　　）。

A．因素分析法　　B．ABC分析法

C．强制确定法　　D．价值指数法

13．根据会计核算原则，在历史成本计量下，资产按照（　　）计量。

A．持续使用和最终处置中所产生的未来净现金流入量的折现金额

B．出售资产所能收到的价格

C．相似资产所需支付的现金或者现金等价物

D．购置时支付的现金或者现金等价物的金额

14．会计监督的主要作用是（　　）。

A．客观反映经济活动，记录已经发生或已经完成的经济活动

B．明确财务状况，能够记录和汇总企业各种财务交易信息

C．企业能够获得精准的财务数据，便于进行经营分析和预测

D．控制经济活动，引导经济活动按照预定的计划和要求进行，以实现既定的目标

15．反映企业一定经营期间经营成果的会计等式是（　　）。

A．资产＝收入＋所有者权益　　B．利润＝收入－费用

C．资产＝负债＋所有者权益　　D．利润＝收入－负债

16. 企业确认费用需要同时满足的条件不包括（　　）。

A．与费用相关的经济利益很可能流出企业

B．预期能够收回

C．经济利益的流出额能够可靠地计量

D．经济利益流出的结果会导致企业资产的减少或者负债的增加

17. 某固定资产原价为 80 万元，预计净残值为 8 万元，使用年限为 6 年，不考虑减值准备，采用年限平均法计提折旧，则固定资产月折旧额是（　　）万元。

A．1.0　　B．1.1

C．12.0　　D．13.0

18. 施工企业向外提供设计作业取得的收入属于（　　）。

A．提供劳务收入　　B．销售商品收入

C．让渡资产使用权收入　　D．建造合同收入

19. 某施工企业与业主签订了一份修建 20km 地铁的建造合同，合同约定工程总造价 50 亿元，建设期 3 年，第 1 年该施工企业修建了 6km，第 2 年修建了 8km，则第 2 年合同完工进度为（　　）。

A．70.00%　　B．30.00%

C．40.00%　　D．60.00%

20. 某施工企业当期实现的营业收入为 12000 万元，营业成本为 9000 万元，税金及附加为 980 万元，其他业务利润为 2000 万元，管理费用和财务费用总计为 1250 万元，则该企业当期营业利润为（　　）万元。

A．2770　　B．1750

C．3750　　D．1520

21. 计算企业应纳税所得额时，可以作为免税收入从企业收入总额中扣除的是（　　）。

A．特许权使用费收入　　B．国债利息收入

C．财政拨款　　D．接受捐赠收入

22. 反映企业发展能力的指标是（　　）。

A．营业收入增长率　　B．应收账款周转率

C．总资产净利率　　D．净资产收益率

23. 卖方企业在交付货物之前向买方预先收取部分或全部货款的信用形式是（　　）。

A．应付账款　　B．应付票据

C．预收账款　　D．短期借款

24. 在长期股权筹资中，普通股和优先股筹资共同的特点是（　　）。

A．股利取决于盈利水平，无固定股利负担

B．股利标准是固定的，但支付却有一定的灵活性

C．能提高公司的举债能力

D．考虑偿还本金

25. 某企业有甲、乙、丙、丁四个现金持有方案，各方案相关数据见表 4（单位：元）。若采用成本分析模式进行现金持有量决策，该企业应采用（　　）方案。

表4　某企业现金管理方案

方案	甲	乙	丙	丁
现金持有量（元）	60000	80000	90000	110000
机会成本（元）	6000	8000	9000	11000
管理成本（元）	8000	8000	8000	8000
短缺成本（元）	5500	6000	1500	0

A．甲　　B．乙

C．丙　　D．丁

26．采用ABC分析法实施存货管理时，对B类存货应采取的管理方法是（　　）。

A．按总额灵活掌握　　B．分类别一般控制

C．凭经验确定进货量　　D．分品种重点管理

27．关于我国现行建设项目投资构成的说法，正确的是（　　）。

A．生产性建设项目总投资为建设投资和建设期利息之和

B．非生产性建设项目总投资为建设投资、建设期利息和流动资金之和

C．固定资产投资为建设投资和建设期利息之和

D．工程造价为工程费用和工程建设其他费用之和

28．某进口设备按人民币计算，离岸价为100万元，到岸价为112万元，增值税税率为13%，进口关税税率为5%。则该进口设备的关税为（　　）万元。

A．5.000　　B．5.600

C．5.650　　D．6.328

29．根据《建筑安装工程费用项目组成》（建标〔2013〕44号），施工企业发生的下列费用中，应计入企业管理费的是（　　）。

A．劳动保险费　　B．医疗保险费

C．住房公积金　　D．养老保险费

30．下列费用项目中，属于建筑安装工程费中规费的是（　　）。

A．职工福利费　　B．劳动保护费

C．社会保险费　　D．职工教育经费

31．下列费用项目中，应在研究试验费中列支的是（　　）。

A．为验证设计数据而进行必要的研究试验所需的费用

B．新产品试验费

C．施工企业技术革新的研究试验费

D．设计模型制作费

32．某新建项目，建设期为2年，计划向银行借款9000万元，第1年借款5000万元，第2年借款4000万元。年利率为5%，则该项目估算的建设期利息为（　　）万元。

A．250.00　　B．356.25

C．481.25　　D．712.50

33．下列方法中，属于人工定额确定方法的是（　　）。

A．理论计算法　　B．统计分析法

C．指标估算法　　D．工种分类法

34. 工程造价管理机构在确定计价定额人工费时，采用的人工日工资单价应按照（　　）确定。

A．施工企业平均技术熟练程度的生产工人在每工作日按规定从事施工作业应得的日工资总额

B．本地区领先的施工企业平均技术熟练程度工人的每工作日应得的日工资总额

C．施工企业最熟练的技术工人每工作日按规定从事施工作业应得的日工资总额

D．本领域大多数施工企业一般熟练技术程度工人每工作日实际得到的工资总额

35. 某材料自甲、乙两地采购，甲地采购量为400t，原价为180元/t，运杂费为30元/t；乙地采购量为300t，原价为200元/t，运杂费为28元/t，该材料运输损耗率和采购保管费费率分别为1%、2%，则该材料的单价为（　　）元/t。

A．223.37　　B．223.40

C．224.29　　D．227.30

36. 关于预算定额消耗量的确定方法，下列说法正确的是（　　）。

A．人工消耗量由基本用工量和辅助用工量组成

B．材料耗用量指标是以周转性材料消耗定额为基础确定

C．机械幅度差包括机械转移工作面及配套机械互相影响损失的时间

D．人工幅度差不包括隐蔽工程验收质量检查影响的操作时间

37. 某单位建筑工程初步设计已达到一定深度，建筑结构明确，则编制该单位建筑工程概算最适合的方法是（　　）。

A．类似工程预算法　　B．概算指标法

C．概算定额法　　D．生产能力指数法

38. 定额单价法编制施工图预算的工作主要有：①计算工程量；②套用定额单价，计算人、材、机费用；③按计价程序计取其他费用，并汇总造价；④编制工料分析表。正确的步骤是（　　）。

A．④—①—②—③　　B．①—④—②—③

C．①—②—④—③　　D．②—①—④—③

39. 在审查施工图预算时，除审查工程量计算的准确性外，对预算工程量审查的重点是（　　）。

A．编制施工图预算所依据设计文件的完整性

B．工程量计算人员是否具备造价工程师资格

C．预算工程量是否超过概算工程量

D．工程量计算规则与计量标准或定额规则的一致性

40. 工程量清单的清单项目综合单价及合价应为（　　）。

A．税前（不含增值税）的全费用价格　　B．税前（含增值税）的全费用价格

C．税后（含增值税）的全费用价格　　D．税后（不含增值税）的全费用价格

41. 在建设工程中，发包人提供材料的有效损耗率应在（　　）中明确。

A．施工图纸　　B．招标工程量清单

C．供货合同　　D．招标文件

42. 下列措施项目清单内容中，应根据国家及省级、行业主管部门的管理要求和拟建工程的实际情况单独列项的是（　　）。

A．安全文明施工　　　　　　　　　　B．夜间施工
C．大型机械进出场及安拆　　　　　　D．冬雨期施工

43．编制工程量清单时，下列费用属于总承包服务费考虑范围的是（　　）。
A．总承包人对专业工程的投标费　　　B．承包人自行采购工程设备的保护费
C．总承包人施工现场的管理费　　　　D．竣工决算文件的编制费

44．建设工程项目最高投标限价的编制主体是（　　）。
A．项目监理机构
B．项目建设主管部门
C．招标人或受其委托的工程造价咨询人
D．工程所在地政府造价管理机构

45．投标人在接收招标文件后，若对计划工期存在疑问，正确的处理方式是（　　）。
A．自行调整计划工期并投标
B．按招标文件的规定及时以书面形式提请招标人澄清或修正
C．忽略疑问，按照招标文件中的计划工期投标
D．在投标文件中提出疑问，但不要求招标人回复

46．下列措施项目中，不作为竞争性费用的是（　　）。
A．夜间施工增加费　　　　　　　　B．冬雨期施工增加费
C．安全生产措施费　　　　　　　　D．二次搬运费

47．关于投标人投标报价汇总的说法，正确的是（　　）。
A．投标人可以进行适当的总价优惠
B．招标工程量清单与计价表中列明的所有需要填写单价和合价的项目，投标人均应填写，报价不一致时，以单价项目为准
C．投标人的总价优惠不需要反映在综合单价中
D．未填写单价和合价的项目，可视为此项费用已包含在已标价工程量清单其他相关项目的单价和合价之中

48．关于工程计量的确认和争议解决，下列说法正确的是（　　）。
A．承包人应以书面形式提交计量成果给发包人核对
B．发包人未在约定时间内提供核对结果，承包人提交的计量成果自动成为最终计量依据
C．发承包双方通过核对、复核、复查仍无法达成一致的，必须诉诸法律解决
D．承包人未在约定时间内对发包人核对的结果予以书面确认，则发包人提交的核对计量成果自动成为最终计量依据

49．某土方工程，合同工程量为 4 万 m^3，合同综合单价为 92 元 /m^3。合同约定，当实际工程量增加 15% 以上时，超出 15% 以上部分的工程量综合单价应予调低，由于设计变更，该工程实际完成工程量为 5 万 m^3，监理人和承包人依据合同约定协商后确定的土方工程变更单价为 89.5 元 /m^3，则该工程实际结算价款为（　　）万元。
A．447.5　　　　　　　　　　　　B．457.5
C．459.0　　　　　　　　　　　　D．460.0

50．当工程变更或发包人责任事件导致承包人已完成的部分或全部工程需要返工，且造成已采购及已加工的材料报损或报废时，承包人向发包人提出返工确认要求的方式是（　　）。

A．立即以口头形式提出

B．合同约定时间内以书面形式提出，并提供相关证明资料

C．工程完成后以书面形式提出

D．无需提出，直接进行返工

51. 在单价合同中，若因工程变更导致分部分项工程项目清单的工程量变化不超过 15%（含 15%），且实施的是相同施工条件和项目特征的清单项目，对综合单价的确定正确的是（　　）。

A．重新协商确定市场合理的综合单价

B．采用相应的合同单价

C．按类似清单项目的合同单价换算调整后的综合单价

D．按同类工程类似清单项目的综合单价协商确定

52. 因承包人原因导致工期延长，在工期延长期间出现政府对相关法律法规的解释发生了变化的情形，则合同价格的调整方法是（　　）。

A．合同价格调增的不予调整，合同价格调减的予以调整

B．合同价格调减的不予调整，合同价格调增的予以调整

C．调增、调减的均予以调整

D．调增、调减的均不予调整

53. 承包人应在工程索赔事件发生后 28d 内，向发包人提交（　　），说明发生工程索赔事件的事由。

A．工程索赔报告　　B．工程索赔意向通知书

C．延续工程索赔通知　　D．索赔声明

54. 根据《标准施工招标文件》，承包人可向发包人索赔费用，但不能索赔利润的情形是（　　）。

A．发包人原因导致试运行失败的

B．发包人原因导致工程缺陷和损失的

C．发包人在全部工程竣工前使用已接收的单位工程导致承包人费用增加的

D．发包人要求向承包人提前交付材料和工程设备的

55. 关于安全生产措施费的说法，正确的是（　　）。

A．发包人没有按时支付安全生产措施费的，承包人可催告发包人支付

B．承包人对安全生产措施费应专款专用，合并列项在财务账目中备查

C．发包人在承包人催告后仍未支付安全生产措施费的，承包人应立即暂停施工

D．发包人应在开工后 42d 内预付安全生产措施费总额的 50%

56. 承包人提供质量保证金的方式原则上应为（　　）。

A．相应额度的现金　　B．相应比例的工程款

C．质量保证金保函　　D．相应额度的担保物

57. 下列情形中，不宜采用工程总承包模式，宜采用施工总承包模式的是（　　）。

A．发包人以施工图项目进行工程计量和计价

B．投标人没有足够的时间或信息仔细审核发包人要求

C．没有足够的时间或信息进行设计、风险评估和估价

D．施工涉及实质性地下工程或投标人无法检查的其他区域的工程

58. 采用设计施工总承包（DB）模式时，发包人要求中的错误导致承包人增加费用和（或）工期延误的，发包人应承担承包人（　　）。

A. 增加的费用和（或）延误的工期

B. 延误的工期以及合理的利润

C. 增加的费用和合理的利息

D. 增加的费用和（或）延误的工期以及合理的利润

59. 国际工程投标报价时，对于施工现场管理费的处理方式，正确的是（　　）。

A. 按照其费用性质分别计入相应分项工程的人工费

B. 作为开办费单列并计入投标总报价

C. 作为待摊费用分摊到工程量清单的各个报价分项中去

D. 作为待摊费用单列计入投标总报价

60. 关于 BIM 技术在设计概算中应用的说法，错误的是（　　）。

A. BIM 技术可以对成本进行即时模拟与核算

B. BIM 技术能够整合多环节造价信息和图纸，提升设计质量

C. BIM 技术可以快速生成工程概算，并核对其是否达到控制投资总额等目标

D. BIM 技术能够完全避免设计与造价控制脱节的问题，有助于整个项目生命周期设计数据的共享

二、多项选择题（共 20 题，每题 2 分。每题的备选项中，有 2 个或 2 个以上符合题意，至少有 1 个错项。错选，本题不得分；少选，所选的每个选项得 0.5 分）

61. 经济效果评价的主要内容是分析和论证建设方案的（　　）。

A. 技术先进性　　B. 技术可靠性

C. 财务盈利性　　D. 经济合理性

E. 财务可行性

62. 下列经济效果评价指标中，属于偿债能力评价指标的有（　　）。

A. 投资收益率　　B. 利息备付率

C. 流动比率　　D. 偿债备付率

E. 速动比率

63. 计算期不同的互斥方案，满足时间可比条件，通常的处理方法包括（　　）。

A. 净现值法　　B. 年值法

C. 最小公倍数法　　D. 研究期法

E. 现值指数法

64. 关于设备技术寿命的说法，正确的有（　　）。

A. 设备的技术寿命是设备从投入使用到因技术落后而被淘汰所持续的时间

B. 设备的技术寿命主要由设备的无形磨损决定

C. 设备的技术寿命一般比自然寿命要长

D. 科学技术进步越快，技术寿命越短

E. 设备的技术寿命是设备从投入使用开始，到年平均使用成本最低的使用年限

65. 在产品价值工程工作程序中，分析阶段的主要工作有（　　）。

A. 收集整理信息资料　　B. 方案评价

C．功能评价　　　　D．方案审批

E．价值工程对象选择

66．下列施工企业的各项支出中，在财务会计核算时应作为资本性支出的有（　　）。

A．建造厂房支出　　　　B．修建道路支出

C．公益性捐赠支出　　　　D．购买机械设备支出

E．购买小汽车支出

67．某施工企业签订一组合同，在同时具备（　　）条件时，会计处理上应合并为单项合同。

A．该组合同按一揽子交易签订

B．该组合同总收入能够可靠地计量

C．该组合同同时或依次履行

D．与合同相关的经济利益能够流入企业

E．该组合同中的每项合同实际上已构成一项综合利润率工程的组成部分

68．计算企业应纳税所得额时，下列资产中，不得计算折旧扣除的有（　　）。

A．单独估价作为固定资产入账的土地

B．以经营租赁方式租入的固定资产

C．以融资租赁方式租入的机械设备

D．已足额提取折旧仍继续使用的固定资产

E．与经营活动无关的固定资产

69．下列指标中，属于反映企业营运能力的指标有（　　）。

A．总资产周转率　　　　B．流动资产周转率

C．速动比率　　　　D．资本积累率

E．存货周转率

70．企业现金管理的目标是提高现金使用效率，获取最大的长期利益。下列属于提高现金使用效率的做法有（　　）。

A．力争现金流量同步　　　　B．使用现金浮游量

C．加速收款　　　　D．提前应付款的支付期

E．使交易性现金余额到最高水平

71．下列费用中，属于建筑安装工程安全生产措施费的有（　　）。

A．环境保护费　　　　B．医疗保险费

C．临时设施费　　　　D．建筑工人实名制管理费

E．已完工程及设备保护费

72．影响建设工程周转性材料消耗的因素有（　　）。

A．第一次制造时的材料消耗　　　　B．每周转使用一次材料的损耗

C．周转使用次数　　　　D．周转材料的最终回收和回收折价

E．施工工艺流程

73．关于概算定额的作用，下列说法正确的有（　　）。

A．是编制初步设计阶段工程概算、扩大初步设计阶段修正概算的主要依据

B．是控制施工图预算和最高投标限价的依据

C．是编制概算指标的依据

D．是确定建筑安装工程造价的基础

E．是编制施工组织设计的依据

74. 关于施工图预算的作用的说法，正确的有（　　）。

A．施工图预算是施工单位确定投标报价的依据

B．施工图预算是报审项目投资额的依据

C．施工图预算是施工单位进行施工准备的依据

D．施工图预算是监督检查执行定额标准的依据

E．施工图预算是司法机关按照法律程序处理、解决问题的参考依据

75. 工程量清单是工程量清单计价的基础，贯穿于建设工程的发包承包阶段和施工阶段，是（　　）的依据。

A．工程索赔　　B．编制项目投资估算

C．编制最高投标限价　　D．支付工程款

E．办理竣工结算

76. 下列事项引起的计量与计价风险，应由承包人承担的有（　　）。

A．发包人提供的工程项目原始数据和基准资料错误

B．承包人因施工机具使用、施工技术应用以及组织管理水平等自身原因造成的施工费用增加

C．采用总价合同工程的已标价工程量清单存在的缺陷（单价计价的暂定数量清单项目除外）

D．法律法规与政策性变化导致合同价格调整

E．承包人因自身原因导致的赶工、停工或暂缓施工

77. 施工合同履行期间，关于因不可抗力事件导致合同价格和工期调整的说法，正确的有（　　）。

A．工程修复费用由承包人承担

B．承包人的施工机械设备损坏由发包人承担

C．永久工程的损坏由发包人承担

D．发包人要求赶工的，赶工费用由发包人承担

E．工程所需清理费用由发包人承担

78. 发包人对工程质量有异议，竣工结算仍应按合同约定办理的情形有（　　）。

A．工程已竣工验收的

B．工程已竣工未验收，但实际投入使用的

C．工程已竣工未验收，且未实际投入使用的

D．工程停建，对无质量争议的部分

E．工程停建，对有质量争议的部分

79. 下列费用中，属于工程总承包费用中工程费用的有（　　）。

A．施工勘察费　　B．建筑工程费

C．安装工程费　　D．研究试验费

E．设备购置费

80. 在国际工程报价中，采用不平衡报价法报价时，可采用较低报价的分部工程有（　　）。

A．后期施工的装饰装修工程　　B．对工程内容说明不清的分部工程

C．前期施工的分部工程　　D．施工难度大的分部工程

E．预计工程量会增加的分部工程

考前第1套卷参考答案及解析

一、单项选择题

1. C	2. B	3. D	4. B	5. B
6. C	7. C	8. C	9. B	10. A
11. B	12. A	13. D	14. D	15. B
16. B	17. A	18. A	19. A	20. A
21. B	22. A	23. C	24. C	25. C
26. B	27. C	28. B	29. A	30. C
31. A	32. C	33. B	34. A	35. C
36. C	37. C	38. C	39. D	40. A
41. D	42. A	43. C	44. C	45. B
46. C	47. D	48. A	49. C	50. B
51. B	52. A	53. B	54. D	55. A
56. C	57. A	58. D	59. C	60. D

【解析】

1. C。选项A错误，社会平均利润率是利率的最高界限。选项B错误，利率是资金收益或使用代价的相对数。选项C正确，在经济周期的扩张期利率上升，而在经济衰退期利率下降。选项D错误，借出资金期限越长，不可预见因素多，风险越大，利率就高；反之利率就低。

2. B。对本题的分析如下：

（1）借入期为1年，年名义利率＝年有效利率＝8%，故选项A正确。

（2）季度有效利率＝8%/4=2%，故选项B错误。

（3）年有效利率＝$(1+8\%/4)^4-1=8.24\%$，故选项C正确。

（4）按季付息，每季度利息＝200×8%/4=4万元，一年还本付息金额＝200+4×4=216万元；如果按季度复利计息，年有效利率＝$(1+8\%/4)^4-1=8.24\%$，则一年还本付息金额＝200×（1+8.24%）=216.48万元。按季付息年末还本方式前期还款压力小，故选项D正确。

3. D。$F=P(1+i)^n=200\times(1+8\%)^5=293.87$万元。

4. B。按是否考虑资金时间价值，经济效果评价方法又可分为静态分析和动态分析。

5. B。累计净现金流量的计算见表5：

表5　累计净现金流量表

计算期（年）	1	2	3	4	5	6	7	8	9
净现金流量（万元）	−800	−1200	400	600	600	600	600	600	600
累计净现金流量（万元）	−800	−2000	−1600	−1000	−400	200	800	1400	2000

则 P_t= 累计净现金流量首次出现正值或零的年份 $-1+\dfrac{\text{上一年累计净现金流量的绝对值}}{\text{出现正值年份的净现金流量}}=$

$6-1+\dfrac{|-400|}{600}=5.67$ 年。

6. C。财务内部收益率计算出来后，与财务基准收益率进行比较。若 $FIRR \geqslant i_c$，则方案在经济上可以接受；若 $FIRR < i_c$，则方案在经济上应予拒绝。对于单一方案的评价分析，采用 *FNPV* 和采用 *FIRR* 指标得到的结论是一致的。

7. C。采用财务净现值指标进行互斥方案评价的步骤是：

（1）分别计算各个方案的财务净现值，剔除 $FNPV<0$ 的方案，即进行方案的绝对效果检验。

（2）对所有 $FNPV>0$ 的方案比较其财务净现值，财务净现值不小于零且为最大的方案是最优可行方案。

采用财务净现值指标计算：

$$FNPV_{甲}=-3000+900\times(P/A,10\%,10)=-3000+900\times\frac{(1+10\%)^5-1}{10\%(1+10\%)^5}=411.71\text{ 万元}$$

$$FNPV_{乙}=-3500+950\times(P/A,10\%,10)=-3500+950\times\frac{(1+10\%)^5-1}{10\%(1+10\%)^5}=101.25\text{ 万元}$$

$$FNPV_{丙}=-4000+1200\times(P/A,10\%,10)=-4000+1200\times\frac{(1+10\%)^5-1}{10\%(1+10\%)^5}=548.94\text{ 万元}$$

$$FNPV_{丁}=-3800+1000\times(P/A,10\%,10)=-3800+1000\times\frac{(1+10\%)^5-1}{10\%(1+10\%)^5}=-9.21\text{ 万元}$$

首先剔除 $FNPV<0$ 的方案，剔除丁方案；$FNPV_{丙}>FNPV_{甲}>FNPV_{乙}$，所以应选择丙方案。

8. C。敏感性分析的目的是寻找敏感因素。通常判别敏感因素的方法有相对测定法和绝对测定法两种，其中相对测定法主要是通过敏感度系数确定，绝对测定法主要是通过临界点确定。

9. B。设备在闲置过程中，因受自然力作用而导致的实体磨损，如金属性零部件生锈、腐蚀、橡胶件老化等，称为第Ⅱ类有形磨损。由于科学技术进步的影响，设备制造工艺不断改进，劳动生产效率不断提高，使生产同样结构或性能的设备所需的社会必要劳动时间相应减少，设备制造成本和价格不断降低，致使原设备相对贬值。这类磨损称为第Ⅰ类无形磨损。此类无形磨损的后果只是现有设备原始价值部分贬值，设备本身的技术特性和功能（即使用价值）并未发生变化，故不会影响现有设备的使用。因此，该设备遭受了第Ⅱ类有形磨损和第Ⅰ类无形磨损。

10. A。静态模式下设备经济寿命的确定方法，就是在不考虑资金时间价值的基础上计算设备年平均使用成本，使设备年平均使用成本为最小的使用年限即为设备的经济寿命。从表中可知，第 5 年的平均使用成本值最小，因此该设备的经济寿命为 5 年。

11. B。每年应付租金 $=100\times\dfrac{(1+6\times8\%)}{6}+100\times3\%=27.67$ 万元。

12. A。因素分析法是根据价值工程对象选择应遵守的原则，凭借分析人员的经验集体研究确定价值工程对象的一种方法。该方法是一种定性分析方法，适用于备选对象彼此差异较大因而量化比较意义不大和时间紧迫难以量化比较的情形。

13．D。在历史成本计量下，资产按照购置时支付的现金或者现金等价物的金额，或者按照购置资产时所付出的代价的公允价值计量。

14．D。会计监督的主要作用是控制经济活动，引导经济活动按照预定的计划和要求进行，以实现既定的目标。

15．B。反映企业财务状况各会计要素的关系，称为静态会计等式。其公式为："资产 = 负债 + 所有者权益"。反映企业经营成果各会计要素的关系，称为动态会计等式。其公式为：利润 = 收入 – 费用。

16．B。费用是指企业在日常活动中发生的、会导致所有者权益减少的、与向所有者分配利润无关的经济利益的总流出。应当同时满足下列条件才能确认：（1）与费用相关的经济利益很可能流出企业。（2）经济利益流出的结果会导致企业资产的减少或者负债的增加。（3）经济利益的流出额能够可靠地计量。

17．A。

$$固定资产年折旧额 = \frac{固定资产原价-预计净残值-已计提的固定资产减值准备累计金额}{固定资产的使用年限} = \frac{80-8}{6} = 12 万元。$$

固定资产月折旧额和月折旧率分别按固定资产年折旧额和年折旧率除以 12 平均计算。

则固定资产月折旧额 = 年折旧额 /12=12/12=1.0 万元。

18．A。提供劳务收入是指企业通过提供劳务作业而取得的收入。建筑业企业提供劳务一般均为非主营业务，主要包括机械作业、运输服务、设计业务、产品安装、餐饮住宿等。

19．A。合同完工进度确定方法之一是根据已经完成的合同工作量占合同预计总工作量的比例确定。该方法是一种产出衡量法，适用于合同工作量容易确定的建造合同，其计算公式如下：

合同完工进度 = 已经完成的合同工作量 / 合同预计总工作量 ×100%

则合同完工进度 =（6+8）/20=70.00%。

20．A。营业利润 = 营业收入 – 营业成本（或营业费用）– 税金及附加 – 销售费用 – 管理费用 – 财务费用 – 资产减值损失 + 公允价值变动收益（损失为负）+ 投资收益（损失为负）=12000–9000–980–1250+2000=2770 万元。

21．B。企业的下列收入为免税收入：（1）国债利息收入。（2）符合条件的居民企业之间的股息、红利等权益性投资收益。（3）在中国境内设立机构、场所的非居民企业从居民企业取得与该机构、场所有实际联系的股息、红利等权益性投资收益。（4）符合条件的非营利组织的收入。

22．A。企业发展能力又称成长能力，是指企业在经营活动过程中表现出的增长能力。企业发展能力的指标主要有：营业收入增长率和资本积累率。选项 B 属于衡量企业资产管理效率的指标；选 项 C、D 属于反映企业盈利能力的指标。

23．C。预收账款是卖方企业在交付货物之前向买方预先收取部分或全部货款的信用形式。

24．C。与负债筹资方式相比，长期股权筹资具有如下的优点：优先股和普通股属于公司的永久性资金，公司不必考虑偿还本金，这极大地减轻了公司的财务负担；优先股的股利标准是固定的，但支付却有一定的灵活性，普通股没有固定的股利负担；发行优先股和普通股意味着权益资本增加、公司偿付债务的能力增强，所以能吸引更多的借入资金。均能提高公司的举债能力。

25．C。成本分析模式是通过分析持有现金的成本，寻找持有成本最低的现金持有量。机会成本、管理成本、短缺成本之和最小的现金持有量，就是最佳现金持有量。现金持有总成本见表6：

表6　现金持有总成本

方案	甲	乙	丙	丁
机会成本（元）	6000	8000	9000	11000
管理成本（元）	8000	8000	8000	8000
短缺成本（元）	5500	6000	1500	0
总成本（元）	19500	22000	18500	19000

由上表可知，丙方案的总成本最低，故该企业应采用丙方案。

26．B。存货管理的ABC分析法就是按照一定的标准，将企业的存货划分为A、B、C三类，分别实行分品种重点管理、分类别一般控制和按总额灵活掌握的存货管理方法。

27．C。选项A错误，生产性建设项目总投资包括建设投资、建设期利息和流动资金三部分。选项B错误，非生产性建设项目总投资包括建设投资和建设期利息两部分。选项C正确，建设投资和建设期利息之和对应于固定资产投资；流动资金对应于流动资产投资。选项D错误，工程造价是指工程项目在建设期预计或实际支出的建设费用，包括工程费用、工程建设其他费用和预备费（包括基本预备费和价差预备费）。

28．B。进口关税=到岸价（CIF）×人民币外汇牌价×进口关税税率=112×5%=5.600万元。

29．A。企业管理费是指建筑安装企业组织施工生产和经营管理所需的费用，由管理人员工资、办公费、差旅交通费、固定资产使用费、工具用具使用费、劳动保险和职工福利费、劳动保护费、检验试验费、工会经费、职工教育经费、财产保险费、财务费、税金、城市维护建设税、教育费附加和地方教育附加及其他管理费构成。选项B、C、D属于规费。

30．C。规费是指按国家法律、法规规定，由省级政府和省级有关权力部门规定必须缴纳或计取的费用，由社会保险费、住房公积金和其他应列而未列入的规费构成。社会保险费包括企业按照规定标准为职工缴纳的基本养老保险费、失业保险费、医疗保险费、生育保险费和工伤保险费。选项A、B、D属于企业管理费。

31．A。研究试验费指为建设项目提供或验证设计数据、资料等进行必要的研究试验及按照相关规定在建设过程中必须进行试验、验证所需的费用（如桩基检测费、深基坑监测费等）。包含项目所在地规定应由建设单位承担的工程检测费用，或自行或委托其他部门的专题研究、试验所需的人工费、材料费、试验设备及仪器使用费等。不包括应由科技三项费用（即新产品试制费、中间试验费和重要科学研究补助费）开支的费用和应在建筑安装费中列支的施工企业对建筑材料、构件和建筑物进行一般鉴定、检查所发生的费用，以及应由勘察设计费或工程费用中开支的费用。

32．C。建设期利息的计算公式为：

$$Q=\sum_{j=1}^{n}\left(P_{j-1}+A_j/2\right)i$$

第 1 年建设期利息：5000×1/2×5%=125 万元；

第 2 年建设期利息：（5000+125+4000×1/2）×5%=356.25 万元；

该项目估算的建设期利息：125+356.25=481.25 万元。

33．B。确定人工定额，常用的方法有：技术测定法、统计分析法、比较类推法、经验估计法。

34．A。人工日工资单价是指施工企业平均技术熟练程度的生产工人在每工作日（国家法定工作时间内）按规定从事施工作业应得的日工资总额，简称人工单价或人工工日单价。合理确定人工日工资单价是正确计算人工费的前提，有利于合理确定和有效控制工程造价。

35．C。该材料单价的计算过程如下：

（1）加权平均原价 = $\dfrac{400\times180+300\times200}{400+300}$ =188.57 元 /t。

（2）加权平均运杂费 = $\dfrac{400\times30+300\times28}{400+300}$ =29.14 元 /t。

（3）甲的运输损耗费 =（180+30）×1%=2.1 元 /t。

乙的运输损耗费 =（200+28）×1%=2.28 元 /t。

（4）加权平均运输损耗费 = $\dfrac{400\times2.1+300\times2.28}{400+300}$ =2.18 元 /t。

（5）该材料的单价 =（188.57+29.14+2.18）×（1+2%）=224.29 元 /t。

36．C。选项 A 错误，由基本用工、其他用工两部分组成的。选项 B 错误，材料耗用量指标是以材料消耗定额为基础，按预算定额的定额项目，综合材料消耗定额的相关内容，经汇总后确定。选项 D 错误，人工幅度差包括隐蔽工程验收等工程质量检查影响的操作时间。

37．C。概算定额法又叫扩大单价法或扩大结构定额法。该方法要求初步设计达到一定深度，建筑结构比较明确时方可采用。

38．C。定额单价法编制施工图预算的基本步骤：（1）准备资料熟悉图纸；（2）计算工程量；（3）套用定额单价，计算人、材、机费用；（4）编制工料分析表；（5）按计价程序计取其他费用，并汇总造价；（6）复核；（7）编制说明、填写封面。

39．D。施工图预算的审查内容包括：（1）审查施工图预算的编制是否符合现行国家、行业、地方政府有关法律、法规和规定要求。（2）审查工程量计算的准确性、工程量计算规则与计量标准或定额规则的一致性。（3）审查在施工图预算的编制过程中，各种计价依据使用是否恰当，各项费率计取是否正确；审查依据主要有施工图设计资料、有关定额、施工组织设计、有关造价文件规定和技术规范、规程等。（4）审查各种要素市场价格选用是否合理。（5）审查施工图设计中是否存在擅自扩大建设规模、提高建设标准等现象。审查施工图预算是否超过设计概算，是否进行偏差分析。

40．A。工程量清单的清单项目综合单价及合价应为税前（不含增值税）的全费用价格，由人工费、材料费、施工机具使用费、管理费、利润等组成。

41．D。发包人应在招标文件中明确发包人提供材料的有效损耗率，其相应有效损耗率可参照类似工程同类项目材料损耗率合理确定，并按照计价标准的规定填写《发包人提供材料一览表》，一览表中的材料数量应根据招标图纸和工程相关国家及行业工程量计算标准规定计算。

42．A。安全文明施工措施项目清单应根据国家及省级、行业主管部门的管理要求和拟建工程的实际情况单独列项。

43．C。总承包服务费是指按合同约定，承包人对发包人提供材料履行保管及其配套服务所需的费用；及承包人对专业分包工程提供配合、协调、施工现场管理、已有临时设施使用、竣工资料汇总整理等服务所需的费用；及承包人对独立分包工程履行协调及配合责任所需的费用。总承包服务的相关管理、协调及配合责任等应在招标文件及合同中详细说明。招标人应当预计该项费用并按投标人的投标报价向投标人支付该项费用。

44．C。最高投标限价应由具有编制能力的招标人或受其委托具有相应资质的工程造价咨询人编制。工程造价咨询人不得同时接受招标人和投标人对同一工程的最高投标限价和投标报价的编制。

45．B。投标人应在接收招标文件后，在约定时间内根据招标文件说明的招标工程特点及合同要求复查招标文件中计划工期的可行性及其风险与影响，对计划工期存有疑问或异议的，应按招标文件的规定及时以书面形式提请招标人澄清或修正。投标人对计划工期或招标人澄清或修正后的计划工期无疑问或无异议的，投标人应根据自身的实施方案、施工技术、管理水平、合同履约风险及专业分包工程工期等合理确定投标工期并投标报价。投标工期不应超过招标人的计划工期或澄清修正的计划工期。

46．C。措施项目费由投标人自主确定，但其中安全生产措施费必须按照国家或省级、行业建设主管部门的规定计价，不得作为竞争性费用。招标人不得要求投标人对该项费用进行优惠，投标人也不得将该项费用参与市场竞争。

47．D。招标工程量清单与计价表中列明的所有需要填写单价和合价的项目，投标人均应填写且只允许有一个报价。未填写单价和合价的项目，可视为此项费用已包含在已标价工程量清单其他相关项目的单价和合价之中。投标总价应当与分部分项工程项目、措施项目、其他项目和规费、税金的合计金额一致，即投标人在进行工程量清单招标的投标报价时，不能进行投标总价优惠（或降价、让利），投标人对投标报价的任何优惠（或降价、让利）均应反映在相应清单项目的综合单价中。

48．A。因为虽然发包人未在约定时间内提供核对结果可视为承包人提交的计量成果已获得认可，但这并不意味着它自动成为最终计量依据，特别是在合同另有约定的情况下，故选项 B 错误。因为争议解决方式不仅限于诉诸法律，还可以包括协商、调解、仲裁等，故选项 C 错误。因为承包人未在约定时间内对发包人核对的结果予以书面确认，并不意味着发包人提交的核对计量成果自动成为最终计量依据，而是需要按照合同约定的争议解决方式进行处理，故选项 D 错误。

49．C。工程量偏差超过 15% 的调整方法，可参照如下公式：

（1）当 $Q_1 > 1.15Q_0$ 时，$S=1.15Q_0 \times P_0+(Q_1-1.15Q_0) \times P_1$。

（2）当 $Q_1 < 0.85Q_0$ 时，$S=Q_1 \times P_1$。

式中　S——调整后的某一分部分项工程费结算价；

Q_1——最终完成的工程量；

Q_0——招标工程量清单列出的工程量；

P_1——按照最终完成工程量重新调整后的综合单价；

P_0——承包人在工程量清单中填报的综合单价。

则该工程实际结算价款 $=40000 \times 1.15 \times 92+(50000-40000 \times 1.15) \times 89.5=459.0$ 万元。

50．B。工程变更或发包人责任事件导致承包人已完成的部分或全部工程的返工，或引致承包人已采购及已加工的材料报损或报废的，承包人应在合同约定时间内以书面形式向发包人提出返工确认要求，并提供相关的证明资料。承包人未在约定时间内提出相关的返工确认要求的，应视为相关工程变更指令或发包人责任事件未造成工程返工或已采购及已加工材料的报损或报废，返工工程量不应计量，相关的费用不应补偿。

51. B。采用单价合同的工程，因工程变更或工程量清单缺陷引起分部分项工程项目清单的清单项目或清单工程量发生变化，且工程量变化不超过 15%（含 15%）时，应依据工程计量条款规定确认的工程变更或工程量清单缺陷引起变化的工程量，按以下规定确定综合单价并计价，调整合同价格：

（1）相同施工条件下实施相同项目特征的清单项目，应采用相应的合同单价；

（2）相同施工条件下实施类似项目特征的清单项目或类似施工条件下实施相同项目特征的清单项目，应采用类似清单项目的合同单价换算调整后的综合单价；

（3）相同施工条件下实施不同项目特征的清单项目或不同施工条件下实施相同项目特征的清单项目，发承包双方应依据工程实施情况，结合类似项目的合同单价计价规则及报价水平，协商确定市场合理的综合单价；

（4）不同施工条件下实施不同项目特征的清单项目，发承包双方可依据工程实施情况，结合同类工程类似清单项目的综合单价，协商确定市场合理的综合单价；

（5）因减少或取消清单项目的工程变更显著改变了实施中的工程施工条件，发承包双方可根据实施工程的具体情况、市场价格、合同单价计价规则及报价水平协商确定工程变更的综合单价并计价。

52. A。本题考核的是因法律法规与政策变化事件导致的合同价格调整规定。合同工程实施期间，在合同基准日后发生以下法律法规及政策性变化引致合同价款增减变化和（或）工期延误的，发承包双方应按合同约定和国家、省级或行业建设主管部门及其授权的工程造价管理机构据此发布的规定调整合同价格及（或）工期：（1）新增的法律法规及政策性规定；（2）修改原有的法律法规及政策性规定；（3）废止原有的法律法规及政策性规定；（4）政府对相关法律法规的解释发生了变化。因承包人原因导致工期延长，在工期延长期间出现上述规定的法律法规及政策性变化的，合同价格调增的不予调整，合同价格调减的予以调整。

53. B。承包人应在工程索赔事件发生后 28d 内，向发包人提交工程索赔意向通知书，说明发生工程索赔事件的事由。

54. D。选项 A、B 可索赔费用和利润。选项 C 可索赔工期、费用和利润。

55. A。选项 B 错误，承包人对安全生产措施费应专款专用，承包人应在财务账目中单独列项备查。选项 C 错误，发包人没有按时支付安全生产措施费的，承包人可催告发包人支付；发包人在催告后的约定时间内仍未支付的，承包人有权暂停施工，发包人应承担违约责任。选项 D 错误，发包人应在开工后 28d 内预付安全生产措施费总额的 50%，其余部分与进度款同期支付。

56. C。承包人提供质量保证金有以下三种方式：（1）质量保证金保函；（2）相应比例的工程款；（3）双方约定的其他方式。除专用合同条款另有约定外，质量保证金原则上采用上述第（1）种方式。

57. A。若发包人以施工图项目进行工程计量和计价，不宜采用工程总承包模式，宜采用施工总承包模式。

58. D。采用设计施工总承包（DB）模式时，承包人应复核发包人要求，发现错误应书面通知发包人。发包人要求中的错误导致承包人增加费用和（或）工期延误的，发包人应承担承包人由此增加的费用和（或）延误的工期以及合理的利润。

59. C。现场管理费、临时工程设施费、保险费、税金等是在工程量清单中未单独列项的费用项目，需将其作为待摊费用分摊到工程量清单的各个报价分项中去。

60. D。设计概算中运用 BIM 模型，支持实际建造模型，挂接概算定额及指标数据，将设计图纸、概算数据与造价管理进行关联，能够实现对成本的实时模拟及核算，在一定程度上避免了设计与造价控制脱节的问题，有助于整个项目生命周期设计数据的共享，故选项 D 说法错误。

二、多项选择题

61. D、E	62. B、C、D、E	63. B、C、D	64. A、B、D	65. A、C
66. A、B、D、E	67. A、C、E	68. A、B、D、E	69. A、B、E	70. A、B、C
71. A、C、D	72. A、B、C、D	73. A、B、C	74. A、C、D、E	75. A、C、D、E
76. B、C、E	77. C、D、E	78. A、B、D	79. B、C、E	80. A、B

【解析】

61. D、E。经济效果评价是指采用科学的分析方法，对拟建项目的各种建设方案的财务可行性和经济合理性进行科学的分析和论证，从而获得最佳的方案，为项目的投资、建设提供科学的决策依据。

62. B、C、D、E。利息备付率、偿债备付率、资产负债率、流动比率和速动比率属于偿债能力评价指标。选项 A 属于盈利能力评价指标。

63. B、C、D。计算期不同的互斥方案的比选，需要对各备选方案的计算期和计算公式进行适当的处理，使各方案在相同的条件下进行比较。满足时间可比条件，通常的处理方法包括年值法、最小公倍数法和研究期法。

64. A、B、D。设备的技术寿命是指设备从投入使用到因技术落后而被淘汰所持续的时间，故选项 A 正确。技术寿命主要由设备的无形磨损决定，一般比自然寿命要短，而且科学技术进步越快，技术寿命越短，故选项 B、D 正确，选项 C 错误。设备的经济寿命是设备从投入使用开始，到年平均使用成本最低的使用年限，故选项 E 错误。

65. A、C。价值工程分析阶段的步骤为：收集整理信息资料—功能分析—功能评价。

66. A、B、D、E。资本性支出是指通过它所取得的财产或劳务的效益，可以及于多个会计期间所发生的支出。如企业购置和建造固定资产、无形资产支出及发生的长期待摊费用支出等，资本性支出既有用于建造厂房、购买机械设备、修建道路等生产用设施的支出，也有用于建造办公楼、购买小汽车等非生产用设施的支出。

67. A、C、E。一组合同无论对应单个客户还是多个客户，同时满足下列条件的，应当合并为单项合同：（1）该组合同按一揽子交易签订。（2）该组合同密切相关，每项合同实际上已构成一项综合利润率工程的组成部分。（3）该组合同同时或依次履行。如果不同时符合上述三个条件，则不能将该组合同进行合并，而应以各单项合同进行会计处理。

68. A、B、D、E。在计算应纳税所得额时，企业按照规定计算的固定资产折旧，准予扣除。但下列固定资产不得计算折旧扣除：（1）房屋、建筑物以外未投入使用的固定资产。

（2）以经营租赁方式租入的固定资产。（3）以融资租赁方式租出的固定资产。（4）已足额提取折旧仍继续使用的固定资产。（5）与经营活动无关的固定资产。（6）单独估价作为固定资产入账的土地。（7）其他不得计算折旧扣除的固定资产。

69. A、B、E。营运能力比率是用于衡量公司资产管理效率的指标。常用的指标有总资产周转率、流动资产周转率、存货周转率、应收账款周转率等。选项 C 属于短期偿债能力比率指标；选项 D 属于发展能力比率指标。

70. A、B、C。为达到企业现金管理的目标，常采用如下的现金管理做法：力争现金流量同步；使用现金浮游量；加速收款；推迟应付款的支付。

71. A、C、D。安全生产措施费是指施工现场为达到环保要求、文明施工、安全施工所需要的环境保护费、文明施工费、安全施工费及临时设施费、建筑工人实名制管理费。其中，临时设施费：是指施工企业为进行建设工程施工所必须搭设的生活和生产用的临时建筑物、构筑物和其他临时设施费用，包括临时设施的搭设、维修、拆除、清理费或摊销费等。

72. A、B、C、D。周转性材料消耗一般与下列四个因素有关：（1）第一次制造时的材料消耗（一次使用量）。（2）每周转使用一次材料的损耗（第二次使用时需要补充）。（3）周转使用次数。（4）周转材料的最终回收及其回收折价。

73. A、B、C。概算定额主要作用包括：（1）是编制初步设计阶段工程概算、扩大初步设计阶段修正概算的主要依据。（2）是对设计项目进行技术经济分析比较的基础资料之一。（3）是编制建设工程主要材料计划的依据。（4）是控制施工图预算和最高投标限价的依据。（5）是工程结束后，进行竣工决算和项目评价的依据。（6）是编制概算指标的依据。

74. A、C、D、E。选项 A、C 均属于施工图预算对施工单位的作用。选项 D 属于施工图预算对工程造价管理部门的作用。选项 E 属于施工图预算对司法机关的作用。

75. A、C、D、E。工程量清单是工程量清单计价的基础，贯穿于建设工程的发包承包阶段和施工阶段，是编制最高投标限价、投标报价、计算工程量、支付工程款、调整合同价款、办理竣工结算以及工程索赔等的依据。

76. B、C、E。下列事项引起的计量与计价风险应由承包人承担，承包人在投标报价中应予考虑，因其引起的合同价格和（或）工期影响应视为已包含在合同总价及合同工期内，除合同另有约定外，合同价格和工期不予调整，因发包人原因引起工期延误，按合同约定应予批准工期延长和（或）其引起的费用增加（减少）的，应按计价标准的相关规定执行：

（1）措施项目清单的准确性及完整性；

（2）采用总价合同工程，已标价工程量清单存在的缺陷（单价计价的暂定数量清单项目除外），以及承包人为完成总价合同中合同图纸及合同规范所要求的工程、国家及行业工程量计算标准中工作内容说明的所有工作所需费用；

（3）采用单价合同的工程，承包人为完成工程量清单及其项目特征所说明的工程、国家及行业工程量计算标准中工作内容说明的所有工作所需费用；

（4）承包人因自身原因引起实施方案变化引起的费用调整；

（5）承包人因施工机具使用、施工技术应用以及组织管理水平等自身原因造成的施工费用增加；

（6）承包人因自身原因引致的赶工、停工或暂缓施工；

（7）未超出招标文件、合同约定物价变化范围和波动幅度的调整的市场物价变动；

（8）其他应当由承包人承担责任的事项。

选项A应由发包人承担，选项D引起的风险应由双方根据合同约定分担。

77. C、D、E。因不可抗力事件导致的工程索赔，发承包双方应按下列原则分别承担并调整合同价格和工期：（1）永久工程、已运至施工现场的材料的损坏，以及因不可抗力事件引起施工场地内及工程损坏造成的第三方人员伤亡和财产损失由发包人承担。（2）承包人施工设备的损坏及停工损失和措施项目的损坏、清理、修复以及因承包人原因发生的第三方人员伤亡和财产损失由承包人承担。（3）发包人和承包人承担各自人员伤亡和财产的损失。（4）因不可抗力引起暂停施工的，停工期间按照发包人要求照管、清理、修复工程的费用和发包人要求留在施工现场必要的管理与保卫人员工资由发包人承担。（5）因不可抗力影响承包人履行合同约定的义务，引起工期延误的，应当顺延工期，发包人要求赶工的，由此增加的赶工费用由发包人承担。（6）其他情形按法律法规规定执行。

78. A、B、D。发包人对工程质量有异议，已竣工验收或已竣工未验收但发包人擅自使用的工程，其质量争议应按该工程保修合同或合同中有关保修条款执行，竣工结算应按合同约定办理；已竣工未验收且未投入使用的工程以及停工、停建工程的质量争议，双方应就有争议的部分委托有工程质量检测鉴定能力的检测鉴定机构进行检测，并应根据检测结果确定解决方案，或按工程质量监督机构的处理决定执行后办理竣工结算，无争议部分的竣工结算应按合同约定办理。

79. B、C、E。工程费用是发包人按照合同约定支付给承包人，用于完成建设项目发生的建筑工程、安装工程和设备购置所需的费用，一般包括建设项目总投资中的建筑工程费、安装工程费和设备购置费。

80. A、B。能够早日结算的项目（如前期措施费、基础工程、土石方工程等）可以适当提高报价，以利资金周转，提高资金时间价值。后期工程项目（如设备安装、装饰工程等）的报价可适当降低，故选项A正确，选项C错误。设计图纸不明确，估计修改后工程量增加的，可以提高单价，而对工程内容说明不清的，可降低一些单价，故选项B正确。经过工程量核算，预计今后工程量会增加的项目，适当提高单价，故选项E错误。选项D可以提高报价。

《建设工程经济》

考前第 2 套卷及解析

《建设工程经济》考前第 2 套卷

一、单项选择题（共 60 题，每题 1 分。每题的备选项中，只有 1 个最符合题意）

1．某施工企业年初从银行贷款 800 万元，年名义利率为 8%，按季度计算并支付利息，则每季度末应支付利息（　　）万元。

A．8.00　　B．16.00

C．21.33　　D．64.00

2．关于资金时间价值影响因素的说法，正确的是（　　）。

A．资金使用时间越长，资金的时间价值越小

B．投入运营的资金数量越多，资金的时间价值越少

C．资金周转越快，在一定的时间内等量资金的周转次数越多，资金的时间价值越少

D．资金在不同时机使用增值潜力不同，具有不同的时间价值

3．某公司计划在 5 年内每年年末投资 300 万元。年利率为 6%，按复利计息，则 5 年末可一次性回收的本利和为（　　）万元。

A．1556.41　　B．1253.22

C．1691.13　　D．1595.40

4．关于经济效果评价计算期的说法，正确的是（　　）。

A．运营期可按合理工期或预计的建设进度计划确定

B．建设期一般应以方案主要设备的经济寿命期确定

C．对需要比较的方案应取相同的计算期

D．方案计算期应作出统一规定

5．关于财务净现值指标的说法，正确的是（　　）。

A．该指标能够直观地反映方案在运营期内各年的经营成果

B．该指标能反映方案投资回收的速度

C．该指标小于零时，方案在财务上可行

D．该指标大于等于零时，方案在财务上可行

6．某具有常规现金流量方案，在不同收益率下的净现值见表 1，采用线性内插法计算的财务内部收益率为（　　）。

表 1　常规现金流量的方案在不同收益率下的净现值

收益率（%）	6%	8%	10%	12%
年名义利率	10000	6000	−2000	−3000

A．9.3%　　B．9.5%

C．10.7%　　D．11.0%

7．某方案年设计生产能力 10 万台，单位产品变动成本为单位产品售价的 55%，单位产品税金及附加为单位产品售价的 5%，经分析求得产销量盈亏平衡点为年产销量 5 万台。若

方案要盈利，生产能力利用率至少应保持在（　　）以上。

A．45%　　B．50%

C．55%　　D．60%

8．关于敏感性分析的说法，正确的是（　　）。

A．敏感性分析可以通过计算敏感度系数和临界点确定敏感因素

B．不确定因素的临界点越低，该因素对方案的评价指标影响越小

C．敏感度系数（S_{AF}）>0，表示评价指标与不确定因素反方向变化

D．敏感度系数的绝对值越大，表明评价指标对于不确定因素越不敏感

9．设备有形磨损的局部补偿方式是（　　）。

A．现代化改装　　B．大修理

C．更新　　D．经常性修理

10．假设某建筑企业 6 年前购买了一台价值为 8万元的设备，预计使用寿命 10 年，现账面价值是 3 万元，市场价值是 2万元，则该设备的沉没成本为（　　）万元。

A．1　　B．3

C．5　　D．6

11．价值工程的目标是（　　）。

A．提高对象的价值　　B．使产品具备其所必须具备的功能

C．获得最佳经济效果　　D．实现最低的项目运行成本

12．某分项工程具有四项功能，各功能区功能价值和现实成本见表 2。

表 2　各功能区功能价值和现实成本表

功能区	F_1	F_2	F_3	F_4
功能评价值（元）	130	170	155	215
现实成本（元）	150	180	140	200

对该分项工程开展价值工程活动时，应优先作为改进对象的是（　　）。

A．F_1　　B．F_2

C．F_3　　D．F_4

13．对经确认和计量的交易或事项及其金额，按照一定的规则和方法，通过分解、综合、汇总等手段记入有关账簿的过程称为（　　）。

A．会计确认　　B．会计计量

C．会计记录　　D．会计报告

14．企业提供的会计信息应当反映与企业财务状况、经营成果和现金流量等有关的所有重要交易或者事项，体现了会计核算的（　　）原则。

A．重要性　　B．谨慎性

C．实质重于形式　　D．可比性

15．根据现行《企业会计准则》，下列施工企业的各项支出中，在财务会计核算时应作为收益性支出的有（　　）。

A．购置大型设备支出　　B．非常损失

C．支付工资　　D．股利分配支出

16．对于不能替代使用的存货、为特定项目专门购入或制造的存货以及提供的劳务，通常采用（　　）确定发出存货的成本。

A．先进先出法　　B．个别计价法

C．移动平均法　　D．加权平均法

17．施工企业发生的下列费用，属于财务费用的是（　　）。

A．财会人员的工资　　B．汇兑损失

C．应付债券　　D．财务部门的办公费

18．企业在资产负债表日，如果建造合同的结果能够可靠地估计，应当根据（　　）确认当期的合同收入。

A．销售百分比法　　B．加权平均法

C．完工百分比法　　D．实际进度法

19．某承包商于2019年10月1日签订了一项施工承包合同，合同工期为18个月，合同结果可靠地估计。合同总造价为5800万元，2019年底已确认合同收入为550万元，2020年11月30日工程完成程度为80%，2020年累计收到工程款为4000万元。则2020年应确认合同收入为（　　）万元。

A．4000　　B．4090

C．4550　　D．5250

20．企业对当期可供分配的利润，应首先提取（　　）。

A．普通股股利　　B．法定盈余公积金

C．优先股股利　　D．资本公积

21．根据现行会计制度，反映企业在某一特定日期财务状况的报表是（　　）。

A．利润表　　B．现金流量表

C．资产负债表　　D．利润表

22．速动比率是指企业的速动资产与流动负债之间的比率关系。其中，速动资产包括（　　）。

A．货币资金＋短期投资＋应收账款＋其他应收款

B．货币资金＋应收账款＋应收票据＋其他应收款

C．短期投资＋应收票据＋应收账款＋其他应收款

D．流动资产－存货

23．下列筹资方式中，属于直接筹资方式的是（　　）。

A．借款筹资　　B．证券化筹资

C．发行股票　　D．生产发展基金

24．某施工企业从银行取得一笔长期借款1500万元，借款年利率为6%，借款期限为2年，每年计算并支付利息，到期一次还本，企业所得税率为25%，则该企业借款每年的资金成本率为（　　）。

A．4.5%　　B．6.0%

C．7.5%　　D．9.0%

25．下列企业存货管理的成本中，属于缺货成本的是（　　）。

A．存货破损和变质损失　　B．存货的保险费用

C．办公费　　D．材料供应中断造成的停工损失

26. 某施工企业按 2/10、n/30 的条件购入货物 80 万元，企业在第 20 天支付了全部货款 80 万元，该企业放弃现金折扣的成本为（　　）。

A．2.00%　　B．36.73%

C．2.04%　　D．36.00%

27. 某进口设备按人民币计算，离岸价为 2000 万元，外贸手续费为 34 万元，国外运费为 260 万元，国外运输保险费率为 0.27%。该设备的国外运输保险费是（　　）万元。

A．6.10　　B．6.12

C．6.19　　D．6.21

28. 根据《建筑安装工程费用项目组成》（建标〔2013〕44 号），因停工学习按计时工资标准的一定比例支付的工资属于（　　）。

A．奖金　　B．计时工资或计件工资

C．津贴补贴　　D．特殊情况下支付的工资

29. 项目竣工验收前，施工企业按照合同规定对已完工程及设备采取必要的保护措施所发生的费用应计入（　　）。

A．总承包管理费　　B．措施项目费

C．企业管理费　　D．其他项目费

30. 下列费用中，属于生产准备费的是（　　）。

A．人员培训费　　B．竣工验收费

C．联合试运转费　　D．完工清理费

31. 某建设项目建安工程费为 1500 万元，设备购置费 400 万元，工程建设其他费 300 万元，已知基本预备费率为 5%，项目建设前期年限为 0.5 年，建设期为 2 年，每年完成投资的 50%，年均投资价格上涨率为 7%。则该项目的预备费为（　　）万元。

A．273.11　　B．336.23

C．346.39　　D．358.21

32. 关于预算定额的说法，正确的是（　　）。

A．预算定额以工序为对象进行编制

B．预算定额可以直接用于施工工作计划的编制

C．预算定额是编制施工定额的依据

D．预算定额是编制概算定额的基础

33. 下列机械工作时间中，属于有效工作时间的是（　　）。

A．筑路机在工作区末端的掉头时间

B．体积达标而未达到载重吨位的货物汽车运输时间

C．机械在工作地点之间的转移时间

D．装车数量不足而在低负荷下工作的时间

34. 采用“一票制”“二票制”支付方式采购材料的，在进行增值税进项税抵扣的，正确的做法是（　　）。

A．“一票制”下，构成材料价格的所有费用均按货物销售适用的税率进行抵扣

B．“一票制”下，运杂费不再进行抵扣

C．“两票制”下，运杂费以接受交通运输与服务适用税率 9% 扣减增值税进项税额

D．“两票制”下，运杂费、运输损耗和采购保管费按交通运输使用税率进行抵扣

35. 在正常施工条件下，完成 $10m^3$ 混凝土梁浇捣需 4 个基本用工，0.5 个辅助用工，0.3 个超运距用工，若人工幅度差系数为 10%，则该混凝土梁浇捣预算定额人工消耗量应为（　　）工日 /$10m^3$。

A．5.20　　B．5.23

C．5.25　　D．5.28

36. 单位工程概算可分为建筑工程概算和设备及安装工程概算两类，下列属于设备及安装工程概算的是（　　）。

A．通风空调工程概算　　B．工器具及生产家具购置费概算

C．电气照明工程概算　　D．弱电工程概算

37. 若初步设计有详细的设备清单，则可用于编制设备安装工程概算且精确性较高的方法是（　　）。

A．预算单价法　　B．扩大单价法

C．概算指标法　　D．类似工程预算法

38. 设计概算与施工图预算外部审查或评审是指（　　）。

A．企业最高管理者审核　　B．第三方审核

C．政府相关主管部门审核　　D．企业所属的行业协会审核

39. 拟建工程与已完工程采用同一施工图，但基础部分和现场施工条件不同，则与已完工程相同的部分可采用（　　）审查施工图预算。

A．标准预算审查法　　B．对比审查法

C．“筛选”审查法　　D．重点审查法

40. 分部分项工程量清单项目编码由 12 位数字构成，其中第 5 至第 6 位数字为（　　）。

A．专业工程顺序码　　B．附录分类顺序码

C．分部工程顺序码　　D．清单项目名称顺序码

41. 根据现行工程量计量规范，清单项目的工程量应以（　　）为准进行计算。

A．完成后的实际值　　B．形成工程实体的净值

C．定额工程量数量　　D．对应的施工方案数量

42. 某工程施工过程中发生了一项未在合同中约定的零星工作，增加费用 2 万元，此费用应列入工程的（　　）中。

A．暂列金额　　B．暂估价

C．计日工　　D．总承包服务费

43. 关于最高投标限价的说法，正确的是（　　）。

A．招标人应在招标文件中公布最高投标限价各组成部分的详细内容

B．招标人可在招标文件中对所编制的最高投标限价进行上浮处理

C．招标人可在招标文件中对所编制的最高投标限价进行下调处理

D．招标人应将最高投标限价报政府主管部门备案

44. 某招标工程，分部分项工程费为 41000 万元（其中定额人工费占 15%），措施项目费以分部分项工程费的 2.5% 计算。其他项目费 800 万元，税率为 9%。则该工程的最高投标限价为（　　）万元。

A．44854.250　　B．45879.250

C．46679.250　　D．47247.794

45. 关于投标报价时综合单价的确定，下列做法中正确的是（　　）。

A．以项目特征描述为依据确定综合单价

B．招标工程量清单特征描述与设计图纸不符时，应以设计图纸为准

C．应考虑招标文件规定范围（幅度）外的风险费用

D．消耗量指标的计算应以地区或行业定额为依据

46. 关于其他项目费投标报价的说法，正确的是（　　）。

A．暂列金额应按招标工程量清单的数量填写，施工中由承包人自行使用

B．专业工程暂估价可以按照市场价填写，并由承包人使用

C．暂估价中的材料、设备单价一旦填写，在施工中必须严格执行

D．计日工应按招标工程量清单中的项目和数量由投标人自主报价

47. 使用财政资金或国有资金投资的建设工程，应采用的计价方式是（　　）。

A．定额计价　　B．工程量清单计价

C．估算计价　　D．概算计价

48. 投标报价时，确定分部分项工程综合单价应注意的事项不包括（　　）。

A．综合单价的确定依据是否正确

B．清单中提供了暂估单价的材料是否按暂估的单价进入综合单价

C．暂列金额是否按规定纳入综合单价

D．单价中是否考虑了承包人应承担的风险费用

49. 某工程施工合同约定，采用价格调整公式进行价格调整。施工中由于发包人采购的工程设备不能按期到货导致工期延误。对于合同约定竣工日期后继续施工的工程，现行价格指数应采用的是（　　）。

A．合同约定竣工日期的价格指数

B．计划进度日期与实际进度日期两者价格的较高者

C．实际竣工日期的价格指数

D．计划进度日期与实际进度日期两者价格的较低者

50. 当采用发包人认定的材料采购价格作为计量周期材料市场价格时，承包人应在采购材料前将（　　）报送发包人核对。

A．采购材料的品牌和质量标准　　B．采购材料的供应商和交货期

C．采购数量和新的材料单价　　D．采购材料的运输方式和费用

51. 工程变更涉及实质性内容变化并引起措施项目发生改变时，承包人提出调整措施项目费的，首先应采取的做法是（　　）。

A．提出措施项目变化后增加费用的估算

B．在该措施项目施工结束后提交增加费用的证据

C．将拟实施的方案提交发包人审核并说明变化情况

D．加快施工尽快完成措施项目

52. 某工程在施工过程中，因不可抗力造成损失，承包人及时向项目监理机构提出了索赔申请，并附有相关证明材料，要求补偿的经济损失如下：（1）在建工程损失30万元；（2）承包人的施工机械设备损坏损失5万元；（3）承包人受伤人员医药费和补偿金4.5万元；（4）工程清理修复费用2万元。该项目监理机构应批准的补偿金额为（　　）万元。

A．32.0　　B．36.5

C．37.0　　D．41.5

53．根据《标准施工招标文件》，下列引起承包人索赔的事件中，只能获得费用补偿的是(　　)。

A．发包人提前向承包人提供材料、工程设备

B．发包人提供的材料、工程设备不符合合同要求

C．发包人在工程竣工前提前占用工程

D．异常恶劣的气候条件导致工期延误

54．关于现场签证的说法，正确的是(　　)。

A．承包人应在发生现场签证时间的14d内向发包人提出签证

B．发包人未签证同意，承包人自行施工后发生争议的，责任由双方共同承担

C．发包人应在收到承包人的签证报告7d内给予确认或提出修改意见

D．发承包双方确认的现场签证费用与工程进度款同期支付

55．在工程合同中，关于预付款支付的说法，正确的是(　　)。

A．发包人可以向承包人收取预付款的利息

B．承包人应将预付款用于购买个人资产或投资

C．承包人应将预付款专用于合同工程，包括预先采购材料、租赁施工机具等

D．预付款支付比例无需遵循国家及省级、行业有关部门的规定

56．发包人在收到承包人提交的最终结清申请书后的约定时间内，应完成的工作是(　　)。

A．审核并支付全部剩余款项

B．核对并向承包人签发最终结清支付证书

C．与承包人重新谈判合同价格

D．评估承包人的整体工作表现

57．在工程总承包模式下，可行性研究或方案设计后项目清单编码包含四级编码，第三级为(　　)。

A．专业工程分类码　　B．房屋类型分类码

C．单位工程分类码　　D．可行性研究或方案设计后自编码

58．工程总承包模式中，因发包人提出工程变更引起承包人施工方案改变并导致措施项目发生变化时，承包人提出调整措施项目费，应事先将(　　)提交发包人确认，并应详细说明与原方案措施项目相比的变化情况。

A．工程变更的内容　　B．索赔意向通知

C．拟申请增加的费用明细　　D．拟实施的方案

59．招标人在施工招标文件中规定了暂定工程量的分项内容和暂定总价款时，投标人可采用的报价策略是(　　)。

A．适当提高暂定工程量分项内容的单价　　B．适当减少暂定工程量中的分项工程量

C．适当降低暂定工程量分项内容的单价　　D．适当增加暂定工程量中的分项工程量

60．大数据对工程计价领域的主要影响不包括(　　)。

A．数据来源的多样化　　B．提高计价准确性和效率

C．实时数据的应用　　D．提高数据一致性和准确性

二、多项选择题（共20题，每题2分。每题的备选项中，有2个或2个以上符合题意，至少有1个错项。错选，本题不得分；少选，所选的每个选项得0.5分）

61．在绘制现金流量图时，应把握的要素有现金流量的（　　）。

A．对象　　B．数额

C．累计额　　D．方向

E．发生的时点

62．关于财务基准收益率确定和选用要求的说法，正确的有（　　）。

A．财务基准收益率应由国家统一规定，投资者不得擅自确定

B．从不同角度编制的现金流量表应选用不同的基准收益率

C．确定财务基准收益率应考虑资金成本和机会成本

D．选用的基准收益率不应考虑通货膨胀的影响

E．选用基准收益率应考虑投资风险的影响

63．关于敏感性分析中临界点的说法，正确的有（　　）。

A．临界点是指方案不允许不确定因素向不利方向变化的极限值

B．临界点可用临界点百分比或者临界值分别表示某一变量的变化达到一定的百分比或者一定数值时，方案的经济效果指标将从不可行转变为可行

C．通过计算临界点来进行敏感性分析

D．临界点的确定可以通过敏感性分析图求得临界点的近似值

E．当产品价格下降到某一值时，财务内部收益率将刚好等于基准收益率，此点称为产品价格下降的临界点

64．关于融资租赁的说法，正确的有（　　）。

A．以融通资金和对设备的长期使用为前提，租赁期相当于设备的寿命期

B．具有不可撤销性、周期长等特点

C．适用于技术进步快、用途较广泛、使用具有季节性的设备

D．资产本身价值作为固定资产可计提折旧费

E．各期折旧费计入总成本费用，从而抵扣所得税纳税基数

65．在建设工程中运用价值工程时，提高工程价值的途径有（　　）。

A．通过采用新方案，既提高产品功能，又降低对象费用

B．通过设计优化，在对象费用不变的前提下，提高产品功能

C．施工单位通过严格履行施工合同，提高其社会信誉

D．在保证建设工程质量和功能的前提下，通过合理的组织管理措施降低费用

E．通过适当增加投入，较大幅度提高对象的整体功能

66．下列固定资产折旧方法中，属于加速折旧法的有（　　）。

A．年限平均法　　B．行驶里程法

C．工作台班法　　D．双倍余额递减法

E．年数总和法

67．关于资产负债表作用的说法，正确的有（　　）。

A．资产负债表能够反映企业在某一特定日期所拥有的各种资源总量及其分布情况

B．资产负债表能够反映企业的偿债能力

C．资产负债表可以提供某一日期的负债总额及其结构

D．资产负债表可以判断资本保值、增值的情况以及对负债的保障程度

E．能够反映企业在一定会计期间现金和现金等价物流入和流出的情况

68．现金等价物的特点包括（　　）。

A．企业持有的期限短

B．预期收益高

C．价值变动风险小的投资

D．流动性强

E．易于转换为已知金额现金

69．项目融资的特点有（　　）。

A．是以项目本身为主体安排的融资

B．可实现项目发起人公司负债型融资的要求

C．融资成本相对较低

D．对项目借款人实行有限追索

E．以项目发起人自身的资信作为贷款的首要条件

70．关于应收账款管理的说法，正确的有（　　）。

A．应收账款是企业流动资产中的一个重要项目，是商业信用的直接产物

B．应收账款拖欠时间越长，款项收回的可能性越小，形成坏账的可能性越大

C．实施对应收账款回收情况的监督，可以通过编制账龄分析表进行

D．制定收账政策，要在收账费用和所减少的坏账损失之间做出权衡

E．对过期很长的顾客，可以措辞婉转地写信或者发邮件催款

71．下列有关建设项目费用开支，应列入项目建设管理费的有（　　）。

A．监理费

B．竣工验收费

C．可行性研究费

D．节能评估费

E．劳动保护费

72．下列工作时间中，属于施工机械台班使用定额中必需消耗的时间有（　　）。

A．机械操作工人加班工作的时间

B．工序安排不合理造成的机械停工时间

C．正常负荷下机械的有效工作时间

D．有根据地降低负荷下的有效工作时间

E．不可避免的无负荷工作时间

73．设计概算的“三级概算”是指（　　）。

A．单位工程概算

B．单项工程综合概算

C．建设工程项目总概算

D．建设投资概算

E．主要工程项目概算

74．单位建筑工程概算的常用编制方法有（　　）。

A．概算定额法

B．预算定额法

C．概算指标法

D．类似工程预算法

E．生产能力指数法

75．工程量清单计价的综合单价包括（　　）。

A．人工费

B．材料费

C．规费

D．利润

E．企业管理费

76．工程量清单项目特征描述的重要意义在于（　　）。

A．项目特征体现清单规范性的特征

B．项目特征是区分清单项目的依据
C．项目特征对承包人的施工作业提出具体要求
D．项目特征是确定综合单价的前提
E．项目特征是履行合同义务的基础

77．最高投标限价的编制依据有（　　）。
A．企业定额
B．合理施工工期及常规施工工艺、顺序
C．工程价格信息、工程造价数据及指数
D．招标文件（包括招标工程量清单）
E．施工现场情况、地勘水文资料

78．下列工程项目或零星工作可采用计日工计量计价的有（　　）。
A．所有不能依据施工图纸、工程变更及合同约定计量规则进行计量的增加工程或替代工程
B．按发包人要求增加的短工期、零星、有限工程范围、工程数量少的工程项目
C．任何工作条件下的非正常操作所产生的额外费用
D．因极端天气导致的紧急工程及其引致的其他工程损坏的修复
E．修复承包人自身工作失误导致的周边受影响工程的费用

79．根据《标准施工招标文件》，下列导致承包人费用增加和工期延误的索赔事件中，承包人能同时获得费用、工期和利润补偿的有（　　）。
A．遇到不利物质条件　　　　B．异常恶劣的气候条件
C．不可抗力　　　　　　　　D．发包人提供图纸延误
E．监理人对隐蔽工程重新检验且结果合格

80．工程总承包项目的发承包双方应当按照招标文件和中标人的投标文件或谈判的结果，在合同中进行约定的事项有（　　）。
A．工程费用和工程总承包其他费的总额，结算与支付方式
B．投标保证金的数额、支付方式及时间
C．预付款的支付比例或金额、支付时间及抵扣方式
D．期中结算与支付的里程碑节点，进度款的支付比例
E．质量保证金的比例或数额、预留和返还方式及缺陷责任期

考前第 2 套卷参考答案及解析

一、单项选择题

1. B	2. D	3. C	4. C	5. D
6. B	7. B	8. A	9. B	10. A
11. A	12. A	13. C	14. A	15. C
16. B	17. B	18. C	19. B	20. B
21. C	22. D	23. C	24. A	25. D
26. B	27. B	28. D	29. B	30. A
31. D	32. D	33. B	34. C	35. D
36. B	37. A	38. B	39. B	40. C
41. B	42. C	43. A	44. C	45. A
46. D	47. B	48. C	49. B	50. C
51. C	52. A	53. A	54. D	55. C
56. B	57. C	58. D	59. A	60. D

【解析】

1. B。年名义利率为 8%，则季度名义利率为 8%/4=2%，本题为单利计息，则每季度末应支付的利息 =800×2%=16.00 万元。

2. D。选项 A 错误，在单位时间的资金增值率一定的条件下，资金使用时间越长，则资金的时间价值越大；使用时间越短，则资金的时间价值越小。选项 B 错误，在其他条件不变的情况下，投入运营的资金数量越多，资金的时间价值就越多；反之，资金的时间价值则越少。选项 C 错误，在资金周转效率一定的情况下，资金周转越快，在一定的时间内等量资金的周转次数越多，资金的时间价值越多；反之，资金的时间价值越少。

3. C。根据公式 $F=A(F/A,\ i,\ n)=A\dfrac{(1+i)^n-1}{i}$，则 5 年末可一次性回收的本利和 =

$$300\times\frac{(1+6\%)^5-1}{6\%}=1691.13\text{ 万元。}$$

4. C。建设期可按合理工期或预计的建设进度计划确定，运营期一般应以方案主要设备的经济寿命期确定，故选项 A、B 错误。计算期的长短主要取决于方案本身的特性，因此无法对方案计算期作出统一规定，故选项 D 错误。

5. D。该指标能够直接以货币额表示方案的盈利水平，不能直接反映方案单位投资的收益水平，也不能反映方案投资回收的速度，故选项 A、B 错误。当财务净现值大于零时，反映的是方案超额收益大于零，故该方案财务上可行；当财务净现值等于零时，说明该方案收益正好满足财务基准收益率要求的盈利水平，该方案财务上还是可行的；当财务净现值小于零时，说明该方案超额收益的现值小于零，也就是方案达不到事先设定的财务收益水平，故该方案财务上不可行，故选项 C 错误，选项 D 正确。

6．B。线性内插法计算财务内部收益率的公式为：$FIRR \approx i_1 + \frac{FNPV_1}{FNPV_1 + |FNPV_2|}(i_2 - i_1)$，

则该项目内部收益率 = $8\% + \frac{6000}{6000 + |-2000|}(10\% - 8\%) = 9.5\%$。

7．B。生产能力利用率表示的盈亏平衡点 BEP（%）= $\frac{BEP(Q)}{Q_d} \times 100\% = 5/10 \times 100\% =$ 50%，所以该方案以生产能力利用率表示的盈亏平衡点是 50%。当生产能力利用率大于 50% 时，该方案盈利；小于 50% 时，可能面临亏损。

8．A。敏感度系数较高者或临界点较低者为较为敏感的因素，故选项 B 错误。敏感度系数（S_{AF}）> 0，分析指标与不确定因素同方向变化；敏感度系数（S_{AF}）< 0，表示分析指标与不确定因素反方向变化，故选项 C 错误。敏感度系数的绝对值越大，分析指标对于该不确定因素的敏感度越高，故选项 D 错误。

9．B。由于设备遭受磨损的形式不同，补偿磨损的方式也存在差异。补偿分为局部补偿和完全补偿。设备有形磨损的局部补偿是大修理，设备无形磨损的局部补偿是现代化改装。

10．A。沉没成本 = 旧设备账面价值 - 当前市场价值 =3-2=1 万元。

11．A。价值工程的目标是提高对象的价值。

12．A。对于价值系数 $V < 1$ 的情形，企业应作为重点改进的区域，越低的越应优先改进，通过方案创新，寻找可能的替代方案，加以改进。同样，也可以根据成本改进期望值确定改进的功能区域，改进期望值越大的越应优先改进。本题中，根据成本改进期望值确定改进的功能区域：F_1：150−130=20 万元；F_2：180−170=10 万元；F_3：140−155=−15 万元；F_4：200−215=−15 万元。所以应优先选择 F_1 作为改进对象。

13．C。会计记录是指对经确认和计量的交易或事项及其金额，按照一定的规则和方法，通过分解、综合、汇总等手段记入有关账簿的过程。

14．A。重要性原则：企业提供的会计信息应当反映与企业财务状况、经营成果和现金流量等有关的所有重要交易或者事项。

15．C。收益性支出是指通过它所取得的财产或劳务的效益仅及于一个会计期间的支出。如企业外购材料、支付劳动报酬支出，以及管理费用、销售费用（营业费用）、财务费用支出等；另外，生产经营过程中缴纳税金、有关费用（消费税、城市维护建设税、资源税、教育费附加及房产税、土地使用税、车船使用税、印花税等）的支出也包括在收益性支出之内，它是企业得以存在并持续经营的必要的社会性支出。选项 A 属于资本性支出；选项 B 营业外支出；选项 D 属于利润分配支出。

16．B。对于性质和用途相似的存货，应当采用相同的成本计算方法确定发出存货的成本；对于不能替代使用的存货、为特定项目专门购入或制造的存货以及提供的劳务，通常采用个别计价法确定发出存货的成本。

17．B。财务费用指企业为筹集生产经营所需资金等而发生的费用，包括利息支出（减利息收入）、汇兑损失（减汇兑收益）以及相关的手续费、因借入资金所付出的不符合资本化条件的借款费用、除外币专门借款之外的其他外币借款本金及其利息所产生的汇兑差额等。

18. C。企业在资产负债表日，如果建造合同的结果能够可靠地估计，应当根据完工百分比法确认当期的合同收入。如果建造合同的结果不能可靠地估计，就不能根据完工百分比法确认合同收入。

19. B。当期确认的合同收入 = 合同总收入 × 完工进度 - 以前会计期间累计已确认的收入。则 2020 年应确认的合同收入 =5800×80%-550=4090 万元。

20. B。公司在分配当年税后利润时，首先需要提取利润的 10% 列入公司法定公积金。公司法定公积金累计额达到公司注册资本的 50% 以上的，可以不再提取。如果法定公积金不足以弥补以前年度亏损的，应先用当年利润弥补亏损。

21. C。资产负债表是根据资产、负债、所有者权益之间的关系，即“资产 = 负债 + 所有者权益”，按照一定的分类标准和顺序，把企业一定日期的资产、负债和所有者权益各项目进行适当排列，用以反映企业在某一特定日期财务状况的报表。

22. D。速动资产是指能够迅速变现为货币资金的各类流动资产，通常有两种计算方法：一种方法是将流动资产中扣除存货后的资产统称为速动资产：速动资产 = 流动资产 - 存货；另一种方法是将变现能力较强的货币资金、交易性金融资产、应收票据、应收账款和其他应收款等加总作为速动资产：速动资产 =货币资金 + 交易性金融资产 + 应收票据 + 应收账款 + 其他应收款。

23. C。企业筹资按照资金筹集渠道的不同可分为内源筹资和外源筹资。外源筹资又可分为直接筹资和间接筹资。直接筹资方式是指筹资主体不通过银行等金融中介机构而从资金提供者手中直接筹资。比如发行股票和企业债券筹资。在市场经济条件下，间接筹资方式是指筹资主体通过银行等金融中介机构向资金提供者间接筹资。比如，向商业银行申请贷款，委托信托公司进行证券化筹资等。

24. A。本题的计算过程为：企业借款每年的资金成本率 = $\frac{1500\times6\%\times(1-25\%)}{1500}$ =4.5%。

25. D。缺货成本指由于存货供应中断而造成的损失，包括材料供应中断造成的停工损失、产成品库存缺货造成的拖欠发货损失和丧失销售机会的损失（还应包括需要主观估计的商誉损失）。

26. B。一般而言，放弃现金折扣的成本可由下式求得：放弃现金折扣成本 =[折扣百分比 ÷（1- 折扣百分比）]×[360÷（信用期 - 折扣期）]，由此可得：该企业放弃现金折扣的成本 =[2%÷（1-2%）]×[360÷（30-10）]=36.73%。

27. B。国外运输保险费 =[离岸价（FOB）+ 国外运费]× 国外运输保险费率 /（1- 国外运输保险费率）

则该设备的国外运输保险费 =（2000+260）×0.27%/（1-0.27%）=6.12 万元。

28. D。人工费包括计时工资或计件工资、奖金、津贴补贴、加班加点工资、特殊情况下支付的工资。特殊情况下支付的工资是根据国家法律、法规和政策规定，因病、工伤、产假、计划生育假、婚丧假、事假、探亲假、定期休假、停工学习、执行国家或社会义务等原因按计时工资标准或计时工资标准的一定比例支付的工资。

29. B。已完工程及设备保护费是指竣工验收前，对已完工程及设备采取的必要保护措施所发生的费用。已完工程及设备保护费属于措施项目费。

30. A。生产准备费包括：（1）生产人员培训费：生产人员的培训费和学习资料费，以及异地培训发生的住宿费、伙食补助费、交通费等。（2）生产人员提前进厂费：生产单位人员为熟悉工艺流程、设备性能、生产管理等，提前进厂参与工艺设备、电气、仪表安装调试等生产准备工作而发生的人工费和社会保障费用。(3）办公及生活家具购置费：为保证建设项目初期正常生产（或营业、使用）所必须购置的生产、办公、生活家具用具等费用。(4）工器具及生产家具购置费：为保证建设项目初期正常生产所必须购置的第一套不够固定资产标准的设备、仪器、工卡模具、器具、生产家具等费用。

31. D。该项目的预备费的计算过程如下：

基本预备费 =（1500+400+300）×5%=110 万元；

静态投资 =1500+400+300+110=2310 万元；

建设期第 1 年投资 =2310×50%=1155 万元；

第 1 年价差预备费 $=1155\times[(1+7\%)^{0.5}\times(1+7\%)^{0.5}\times(1+7\%)^{1-1}-1]=80.85$ 万元；

建设期第 2 年投资 =2310×50%=1155 万元；

第 2 年价差预备费 $=1155\times[(1+7\%)^{0.5}\times(1+7\%)^{0.5}\times(1+7\%)^{2-1}-1]=167.36$ 万元；

预备费 = 基本预备费 + 价差预备费 =110+80.85+167.36=358.21 万元。

32. D。预算定额是以合格分项工程和结构构件为对象，指在正常的施工条件下，完成一定计量单位的合格分项工程和结构构件所需消耗的人工、材料、施工机械台班数量及其费用标准，故选项 A 错误。施工定额是施工企业编制施工组织设计和施工工作计划的依据，故选项 B 错误。预算定额是编制施工图预算的主要依据，同时也是编制概算定额的基础，故选项 C 错误，选项 D 正确。

33. B。有效工作的时间消耗中包括正常负荷下、有根据地降低负荷下的工时消耗。选项 A 属于不可避免的无负荷工作时间。选项 B 属于有根据地降低负荷下的工作时间。选项 C 属于不可避免的无负荷工作时间。选项 D 属于低负荷下的工作时间。

34. C。若运输费用为含税价格，则需要按“两票制”和“一票制”两种支付方式分别调整。

“两票制”支付方式，是指材料供应商就收取的货物销售价款和运杂费向建筑业企业分别提供货物销售和交通运输两张发票。在这种方式下，运杂费以接受交通运输与服务适用税率 9% 扣减增值税进项税额。

“一票制”支付方式，是指材料供应商就收取的货物销售价款和运杂费合计金额向建筑业企业仅提供一张货物销售发票。在这种方式下，运杂费采用与材料原价相同的方式扣减增值税进项税额。

35. D。人工幅度差用工数量 = Σ（基本用工 + 超运距用工 + 辅助用工）× 人工幅度差系数 =（4+0.5+0.3）×10%=0.48；预算定额人工消耗量 = 基本用工 + 辅助用工 + 超运距用工 + 人工幅度差 =（4+0.5+0.3+0.48）=5.28 工日 /$10m^3$。

36. B。设备及安装工程概算包括机械设备及安装工程概算、电气设备及安装工程概算、热力设备及安装工程概算以及工器具及生产家具购置费用概算等。选项 A、C、D 属于建筑工程概算。

37. A。当初步设计有详细的设备清单时，可直接按预算单价（预算定额单价）编制设备安装工程概算。使用预算单价法编制概算，计算比较具体，精确性较高。

38. B。设计概算与施工图预算外部审查或评审是指第三方审核。

39. B。拟建工程与已完或在建工程采用同一施工图，但基础部分和现场施工条件不同，则相同部分可采用对比审查法。

40．C。分部分项工程量清单项目编码分五级设置，用12位阿拉伯数字表示。其中1、2位为相关工程国家计算标准代码，3、4位为专业工程顺序码，5、6位为分部工程顺序码，7～9位为分项工程项目名称顺序码，10～12位为清单项目名称顺序码。

41．B。除另有说明外，所有清单项目的工程量以实体工程量为准，并以完成后的净值来计算。在计算综合单价时应考虑施工中的各种损耗和需要增加的工程量，或在措施费清单中列入相应的措施费用。

42．C。计日工是为了解决现场发生的零星工作的计价而设立的。计日工以完成零星工作所消耗的人工工时、材料数量、机械台班进行计量，并按照计日工表中填报的适用项目的单价进行计价支付。

43．A。招标人应在招标文件中如实公布最高投标限价，不得对所编制的最高投标限价进行上浮或下调，故选项B、C错误。招标人在招标文件中应公布最高投标限价各组成部分的详细内容，并应将最高投标限价及有关资料报送工程所在地工程造价管理机构备查，故选项A正确，选项D错误。

44．C。分部分项工程费=41000万元；措施项目费=41000×2.5%=1025万元；其他项目费=800万元；税金=（41000+1025+800）×9%=3854.250万元；该工程的最高投标限价=41000+1025+800+3854.250=46679.250万元。

45．A。项目特征是确定综合单价的重要依据之一，投标人投标报价时应依据招标文件中清单项目的特征描述确定综合单价，故选项A正确。在招标投标过程中，当招标工程量清单特征描述与设计图纸不符时，投标人应以招标工程量清单的项目特征描述为准，确定投标报价的综合单价，故选项B错误。在施工过程中，当出现的风险内容及其范围（幅度）在招标文件规定的范围（幅度）内时，综合单价不得变动，合同价款不作调整，故选项C错误。确定综合单价的第一步是确定计算基础。计算基础主要包括消耗量指标和生产要素单价。应根据本企业的实际消耗量水平，并结合拟定的施工方案确定完成清单项目需要消耗的各种人工、材料、施工机具台班的数量。计算时应采用企业定额，在没有企业定额或企业定额缺项时，可参照与本企业实际水平相近的国家、地区、行业计价依据和计价标准，并通过调整来确定清单项目的人、材、机单位用量，故选项D错误。

46．D。投标人对其他项目费投标报价时应遵循以下原则：（1）暂列金额按招标工程量清单中列出的金额填写。（2）暂估价不得变动和更改。暂估价中的材料、工程设备暂估价必须按照招标人提供的暂估单价计入清单项目的综合单价；专业工程暂估价按招标工程量清单中列出的金额填写。材料、工程设备暂估单价和专业工程暂估价均由招标人提供，为暂估价格，在工程实施过程中，对于不同类型的材料与专业工程采用不同的计价方法。（3）计日工按招标工程量清单中列出的项目和数量，自主确定综合单价并计算计日工金额。（4）总承包服务费根据招标文件中提出的需要投标人提供服务的范围、内容、要求及其招标工程量清单的特征描述自主确定，并列明其相应的计算方法。

47．B。政府或国有资金投资的建设工程的施工发承包，应采用工程量清单计价。

48．C。确定综合单价时的注意事项：（1）以项目特征描述为依据。（2）材料、工程设备暂估价的处理。（3）考虑合理的风险。

49．B。因非承包人原因导致工期延误的，计划进度日期后续工程的价格，采用计划进度日期与实际进度日期两者价格的较高者。

50．C。采用发包人认定的材料采购价格作为计量周期材料市场价格的，承包人应在采购材料前将采购数量和新的材料单价报送发包人核对，确认用于本合同工程时，发包人应确认采购材料的数量和单价，分批采购时按权重取平均值计算。发包人在收到承包人报送的确认资料后 3 个工作日不予答复的视为已经认可，作为调整合同价格的依据。如果承包人未报经发包人核对即自行采购材料，再报发包人确认调整合同价格的，如发包人不同意，则不作调整。

51．C。工程变更涉及合同工程范围、工期、质量、合同规范等实质性内容变化并引起措施项目发生改变时，发承包双方的不利一方提出调整措施项目费的，应事先将拟实施的方案提交另一方审核，并详细说明与原方案措施项目对比的变化情况。拟实施的方案经发承包双方确认后执行的，应按规定调整措施项目费。

52．A。因不可抗力事件导致的工程索赔，发承包双方应按下列原则分别承担并调整合同价格和工期：（1）永久工程、已运至施工现场的材料的损坏，以及因不可抗力事件引起施工场地内及工程损坏造成的第三方人员伤亡和财产损失由发包人承担。（2）承包人施工设备的损坏及停工损失和措施项目的损坏、清理、修复以及因承包人原因发生的第三方人员伤亡和财产损失由承包人承担。（3）发包人和承包人承担各自人员伤亡和财产的损失。（4）因不可抗力引起暂停施工的，停工期间按照发包人要求照管、清理、修复工程的费用和发包人要求留在施工现场必要的管理与保卫人员工资由发包人承担。（5）因不可抗力影响承包人履行合同约定的义务，引起工期延误的，应当顺延工期，发包人要求赶工的，由此增加的赶工费用由发包人承担。（6）其他情形按法律法规规定执行。发包人承担的损失包括（1）、（4）；承包人承担的损失包括（2）、（3）。因此补偿金额为：30+2=32.0 万元。

53．A。选项 B、C 可以索赔工期、费用和利润；选项 D 只可以索赔工期。

54．D。现场签证的程序：（1）承包人应在接受发包人要求的 7d 内向发包人提出签证，发包人签证后施工。若没有相应的计日工单价，签证中还应包括用工数量和单价、机械台班数量和单价、使用材料品种及数量和单价等。若发包人未签证同意，承包人施工后发生争议的，责任由承包人自负。（2）发包人应在收到承包人的签证报告 48h 内给予确认或提出修改意见，否则视为该签证报告已经认可。（3）发承包双方确认的现场签证费用与工程进度款同期支付。

55．C。发包人应按合同约定向承包人支付预付款，且不应向承包人收取预付款的利息，故选项 A 错误。承包人应将预付款专用于合同工程，可用于为履行合同而预先采购材料、租赁或采购相关施工机具、搭设现场临时设施、组织施工人员进场等工程施工前发生的必要费用，故选项 B 错误，选项 C 正确。预付款支付比例应符合国家及省级、行业有关部门的规定，预付款计算依据的合同价款应扣除合同总价所包含的暂列金额、计日工价款及专业工程暂估价，故选项 D 错误。

56．B。发包人在收到承包人提交的最终结清申请书后，应在约定时间内完成核对并向承包人签发最终结清支付证书。发包人逾期未完成核对，又未提出修改意见的，视为发包人同意承包人提交的最终结清申请书，且视为已签发最终结清支付证书。

57．C。可行性研究或方案设计后项目清单编码包含四级编码，并应符合下列规定：第一级为专业工程分类码，房屋建筑工程对应字母 A；第二级为房屋类型分类码，由两位阿拉伯数字组成；第三级为单位工程分类码，由两位阿拉伯数字组成；第四级为可行性研究或方案设计后自编码，由两位阿拉伯数字组成，在同一个建设项目存在多个同类单项工程时使用，如不存在多个同类单项工程，则自编码为 00。

58. D。因发包人提出工程变更引起承包人施工方案改变并导致措施项目发生变化时，承包人提出调整措施项目费，应事先将拟实施的方案提交发包人确认，并应详细说明与原方案措施项目相比的变化情况。拟实施的方案经发承包双方确认后执行，并应按规范确定措施项目费的调整。

59. A。业主规定了暂定工程量的分项内容和暂定总价款，并规定所有投标人都必须在总报价中加入这笔固定金额，但由于分项工程量不很准确，允许将来按投标人所报单价和实际完成的工程量付款。这种情况，由于暂定总价款是固定的，对各投标人的总报价水平竞争力没有任何影响，因此，投标时应当对暂定工程量分项内容的单价适当提高。

60. D。大数据对工程计价领域的影响主要表现在以下几个方面：（1）提高计价准确性和效率。（2）数据来源的多样化。（3）实时数据的应用。

二、多项选择题

61. B、D、E	62. B、C、E	63. B、D、E	64. A、B、D、E	65. A、B、D、E
66. D、E	67. A、B、C、D	68. A、C、D、E	69. A、D	70. A、B、C、D
71. B、E	72. C、D、E	73. A、B、C	74. A、C、D	75. A、B、D、E
76. B、D、E	77. B、C、D、E	78. B、D	79. D、E	80. A、C、D、E

【解析】

61. B、D、E。现金流量图应反映现金流量的三要素，即：现金流量的大小（现金流量数额）、方向（现金流入或现金流出）和作用点（现金流量发生的时点）。

62. B、C、E。选项 A 错误，是企业或行业投资者以动态的观点所确定的、可接受的方案的收益水平。选项 D 错误，应考虑通货膨胀的影响。

63. B、D、E。选项 A 错误，不确定因素的变化使方案由可行变为不可行的临界数值。选项 C 错误，敏感性分析的目的在于寻求敏感因素，通过计算敏感度系数和临界点来判断。

64. A、B、D、E。融资租赁是以融通资金和对设备的长期使用为前提，租赁期相当于设备的寿命期，具有不可撤销性、周期长等特点，适用于大型设备、专有技术设备等，故选项 A、B 正确，选项 C 错误。融资租赁设备的费用由两部分组成，即初始直接费和资产本身价值。资产本身价值作为固定资产可计提折旧费，而各期折旧费计入总成本费用，从而抵扣所得税纳税基数，故选项 D、E 正确。

65. A、B、D、E。提高工程价值的途径：

（1）双向型——功能提高，费用降低。即在提高对象功能的同时，又降低对象费用。

（2）改进型——功能提高，费用不变。即在对象费用不变的条件下，通过提高对象资源利用的成果或效用，达到提高对象功能和价值的目的。

（3）节约型——功能不变，费用降低。即在保持对象功能不变的前提下，通过降低费用，达到提高价值的目的。

（4）投资型——功能较大提高，费用较少提高。即通过适当增加投入，较大幅度提高对象的整体功能，从而提高对象的价值。

（5）牺牲型——功能略有下降，费用大幅度降低。即通过适当“牺牲”对象功能实现费用大幅度降低，从而提高对象价值。

66. D、E。年限平均法和工作量法是平均折旧法，双倍余额递减法和年数总和法计算的年折旧额逐年减少，是快速折旧法（也称加速折旧法）。

67. A、B、C、D。资产负债表能够反映企业资产、负债和所有者权益的全貌，可以帮助报表使用者了解企业的财务状况，其作用主要体现在以下三个方面：（1）资产负债表能够反映企业在某一特定日期所拥有的各种资源总量及其分布情况，可以分析企业的资产构成，以便及时进行调整。（2）资产负债表能够反映企业的偿债能力，可以提供某一日期的负债总额及其结构，表明企业未来需要用多少资产或劳务清偿债务以及清偿时间。（3）资产负债表能够反映企业在某一特定日期企业所有者权益的构成情况，可以判断资本保值、增值的情况以及对负债的保障程度。

68. A、C、D、E。现金等价物是指企业持有的期限短、流动性强、易于转换为已知金额现金、价值变动风险小的投资。

69. A、D。项目融资具有以下特点：（1）以项目为主体，项目融资是以项目为主体的融资活动。（2）有限追索贷款。项目的贷款人可以在贷款的某个特定阶段对项目借款人实行追索，或在一个规定范围内对公私合作双方进行追索。除此之外，项目出现任何问题，贷款人均不能追索到项目借款人除该项目资产、现金流量以及政府承诺义务之外的任何形式的资产。（3）合理分配投资风险。（4）项目资产负债表之外的融资。（5）灵活的信用结构。

70. A、B、C、D。通常企业采取的收账政策有：对过期较短的顾客，不过多地打扰，以免将来失去这一市场；对过期稍长的顾客，可以措辞婉转地写信或者发邮件催款；对过期较长的顾客，频繁地信件催款、电话催询；对过期很长的顾客，可以上门催款、催款时措辞严厉，必要时提请有关部门仲裁或提起诉讼，故选项E错误。

71. B、E。建设单位管理费又称项目建设管理费；是指项目建设单位从项目筹建之日起至办理竣工财务决算之日止发生的管理性质的支出，包括不在原单位发工资的工作人员工资及相关费用、办公费、办公场地租用费、差旅交通费、劳动保护费、工具用具使用费、固定资产使用费、招募生产工人费、技术图书资料费（含软件）、业务招待费、施工现场津贴竣工验收费和其他管理性质开支。

72. C、D、E。必需消耗的工作时间包括有效工作、不可避免的无负荷工作和不可避免的中断时间。而在有效工作的时间消耗中又包括正常负荷下、有根据地降低负荷下的工时消耗。

73. A、B、C。设计概算可分为单位工程概算、单项工程综合概算和建设工程项目总概算三级。当只有一个单项工程的建设项目时，应采用二级形式编制设计概算；当包含两个及以上单项工程的建设项目时，应采用三级编制形式。

74. A、C、D。单位建筑工程概算的编制方法有概算定额法、概算指标法、类似工程预算法；单位设备及安装工程概算的编制方法有预算单价法、扩大单价法、概算指标法等。

75. A、B、D、E。工程量清单计价的综合单价包括人工费、材料费、施工机具使用费、企业管理费和利润，综合单价分析表应明确各项费用的计算基础、费率和计算方法。

76. B、D、E。工程量清单项目特征描述的重要意义在于：（1）项目特征是区分清单项目的依据。（2）项目特征是确定综合单价的前提。（3）项目特征是履行合同义务的基础。

77. B、C、D、E。最高投标限价的编制依据有：（1）《建设工程工程量清单计价标准》GB/T 50500—2024；（2）招标文件（包括招标工程量清单、合同条款、招标图纸、技术标准规范等）及其补遗、澄清或修改；（3）相关国家及行业工程量计算标准，以及根据工程需要补充的工程量计算规则；（4）国家及省级、行业建设主管部门的有关规定；（5）与招标工程相关的技术标准规范；（6）工程特点及交付标准、地勘水文资料、现场情况；（7）合理施工工期及常规施工工艺、顺序；（8）工程价格信息及造价资讯、工程造价数据及指数；（9）其他相关资料。

78. B、D。以下工程项目或零星工作可采用计日工计量计价：（1）不能依据施工图纸、工程变更及合同约定计量规则进行计量的增加工程或替代工程；（2）按发包人要求增加的短工期、零星、有限工程范围、工程数量少的工程项目；（3）极端变化的工作条件导致的非正常操作；（4）进行紧急工程引致其他工程损坏的修复；（5）按发包人要求打开已隐蔽的工程，但相关工程通过检测证明符合合同要求的；（6）修复其他承包人完成工作后周边受影响工程的费用；（7）因发包人暂缓（停）工程引致工程延期而必须更换的材料设备的费用；（8）合同外发包人特殊要求的清扫和清场工作；（9）合同外发包人要求的测试运行；（10）非承包人原因导致的修复和恢复被损坏的微小工程（大规模的损坏恢复应按工程变更规定计量计价）。选项A错误，说法过于绝对。选项C错误，应是极端天气导致的。选项E错误，修复其他承包人完成工作后周边受影响工程的费用。

79. D、E。选项A只能索赔工期和费用；选项B只能索赔工期；选项C只能索赔工期和部分费用。

80. A、C、D、E。工程总承包项目的发承包双方应当按照招标文件和中标人的投标文件或谈判的结果，在合同中就价款对下列事项进行约定：（1）工程费用和工程总承包其他费的总额，结算与支付方式。（2）预付款的支付比例或金额、支付时间及抵扣方式。（3）期中结算与支付的里程碑节点，进度款的支付比例。（4）合同价款的调整因素、方法、程序及支付时间。（5）竣工结算编制与核对、价款支付及时间。（6）提前竣工的奖励及误期赔偿的计算与支付。（7）质量保证金的比例或数额、预留和返还方式及缺陷责任期。（8）违约责任以及争议解决方法。（9）与合同履行有关的其他事项。

《建设工程经济》
考前第3套卷及解析

《建设工程经济》考前第3套卷

一、单项选择题（共60题，每题1分。每题的备选项中，只有1个最符合题意）

1. 某公司向银行借款15万元，年利率为6%，按复利每季度计息一次，6年到期后一次性还本付息，则应付的利息是（　　）万元。

A．5.159　　B．6.278

C．6.386　　D．6.443

2. 关于现金流量图的说法，错误的是（　　）。

A．箭线方向表示现金流量的方向

B．箭线与时间轴的交点表示现金流量发生的时点（作用点）

C．时间轴上的点通常表示该时间单位的起始时点

D．在现金流量图中，只要箭线长短能相对体现各时点现金流量数值的差异即可

3. 某公司年初向银行存入一笔款项，存款年利率4%，按复利计息，在第三年末本利和为1258万元。则该公司年初应存入（　　）万元。

A．2668.97　　B．1498.30

C．1491.06　　D．1118.36

4. 下列方案经济效果评价指标中，属于动态评价指标的是（　　）。

A．投资收益率　　B．内部收益率

C．资产负债率　　D．流动比率

5. 某方案的现金流量为第1年年末投资500万元，第2年年末至第10年年末收入均为150万元，设基准收益率为10%，则该方案的财务净现值及是否可行的结论是（　　）。

A．285.32万元，可行　　B．−272.73万元，不可行

C．330.78万元，可行　　D．−330.78万元，不可行

6. 项目盈亏平衡分析时，下列成本费用中，属于固定成本的是（　　）。

A．计件工资　　B．无形资产摊销费

C．产品包装费　　D．生产设备燃料费

7. 某方案年设计生产能力8万台，年固定成本1000万元，预计产品单台售价500元，单台产品可变成本275元，单台产品营业税金及附加为销售单价的5%，则方案盈亏平衡点产量为（　　）万件。

A．4.44　　B．5.00

C．6.40　　D．6.74

8. 敏感性分析的局限性在于（　　）。

A．可以估计不确定因素对方案分析指标的影响程度，但不能揭示产生风险的根源

B．能够确定方案风险的影响范围，但不能量化方案风险的影响效果

C．可以找出方案分析指标对之敏感的不确定因素，但并不能估计其对方案分析指标的影响程度的大小

D．能够分析产生方案风险的根源，但不能提出对应风险的策略

9．由于科学技术进步的影响，设备制造工艺不断改进，劳动生产效率不断提高，使生产同样结构或性能的设备所需的社会必要劳动时间相应减少，设备制造成本和价格不断降低，致使原设备相对贬值。这类磨损称为（　　）。

A．第Ⅰ类有形磨损　　B．第Ⅰ类无形磨损

C．第Ⅱ类有形磨损　　D．第Ⅱ类无形磨损

10．不能成为设备更新估算依据的是设备的（　　）寿命。

A．技术　　B．经济

C．自然　　D．有效

11．某建筑企业持有的设备A在4年前购置，价格为260万元，预计可以使用10年，在第10年末预计净残值为25万元，年运行成本为80万元，目前市场转让价格为90万元。现在市场上同类设备B的购置价值为300万元，预计可以使用10年，在第10年末预计净残值为35万元，年运行成本为50万元，已知基准收益率为10%，利用费用年值法进行两方案的比较，下列说法正确的是（　　）。[（A/P，10%，6）=0.2296；（A/F，10%，6）=0.1296；（A/P，10%，10）=0.1627；（A/F，10%，10）=0.0627]

A．两方案结果一致　　B．继续使用设备A的方案较优

C．两方案无法比较　　D．购买新设备B的方案较优

12．下列价值工程对象选择方法中，以功能重要程度作为选择价值工程对象标准的是（　　）。

A．因素分析法　　B．强制确定法

C．ABC分析法　　D．价值指数法

13．某企业3年前30万元购置的一台设备，计量日可以按24万元卖出，卖出该设备需要发生的维修成本2.5万元、销售费用2万元、税费0.8万元，则该设备可变现净值为（　　）万元。

A．19.5　　B．18.7

C．24.7　　D．25.5

14．关于会计档案管理的说法，正确的是（　　）。

A．会计档案，一律不得销毁

B．会计档案的保管期限，从会计年度开始的第一天算起

C．会计档案的保管期限分为永久、定期两类，定期保管期限一般为20年

D．单位保存的会计档案一般不得对外借出

15．内部会计控制的核心是（　　）。

A．授权批准控制　　B．不相容职务相互分离控制

C．会计系统控制　　D．财产保全控制

16．某施工企业2023年1月份发生下列支出：支付2022年第4季度银行借款利息5000元；以现金1000元购买办公用品（行政管理部门使用）；预提本月负担的银行借款利息1500元。按权责发生制确认的1月份的费用为（　　）元。

A．1500　　B．2500

C．5000　　D．6500

17．施工企业发生的下列费用，属于管理费用的是（　　）。

A．广告费　　B．技术转让费
C．展览费　　D．汇兑损失

18．企业收入的确认和计量工作包括：①记账处理；②确定收入的确认时机；③确定收入的金额；④确认收入；⑤核对与调整。正确的顺序是（　　）。
A．③②①⑤④　　B．①②③⑤④
C．②③⑤④①　　D．②③①④⑤

19．确定建造合同完工进度的方法不包括（　　）。
A．根据累计实际发生的合同成本占合同预计总成本的比例确定
B．根据已经完成的合同工作量占合同预计总工作量的比例确定
C．根据已完成合同工作的技术测量确定
D．根据合同初始价格与工程预算价格的比例确定

20．下列关于施工企业利润总额的公式中，正确的是（　　）。
A．利润总额＝主营业务利润＋其他业务利润－管理费用－财务费用
B．利润总额＝主营业务利润＋其他业务利润
C．利润总额＝主营业务利润＋其他业务利润＋投资净收益
D．利润总额＝营业利润＋营业外收入－营业外支出

21．施工企业取得借款收到的现金流量属于（　　）。
A．经营活动产生的现金流量　　B．投资活动产生的现金流量
C．筹资活动产生的现金流量　　D．生产活动产生的现金流量

22．某企业上年初所有者权益总额为6000万元，年末所有者权益相对年初减少400万元。本年末所有者权益总额为6500万元，则该企业本年度的资本积累率为（　　）。
A．8.33%　　B．8.93%
C．16.07%　　D．6.56%

23．关于短期借款筹资特点的说法，正确的是（　　）。
A．可以随企业的需要安排，便于灵活使用
B．取得较复杂
C．短期内不需要归还
D．风险较小

24．关于资本结构优化的说法，正确的是（　　）。
A．资金成本是最低的资本结构，一定是每股收益最大的资本结构
B．企业最优的资本结构应当是使企业的价值最大化
C．债务资金越少，抵税作用越明显，每股收益越大，企业的价值也就越大
D．当债务资金比例超过一定限度时，企业债务资金越多，企业的价值会逐渐提高

25．企业应收账款管理中，可以通过“5C”系统对顾客的信用品质进行评估。“5C”系统，是评估顾客信用品质的五个方面，即“品质”“能力”“资本”“抵押”和“条件”。其中“能力”是指（　　）。
A．客户的信誉，过去付款的记录和债务偿还的情况
B．对客户支付能力的判断，主要考查客户流动资产的数量及性质，流动负债的组成
C．客户的财务实力、总资产和股东权益的大小
D．当前客户付款的经济环境，客户过去在经济萧条时能否付清货款

26. 某施工企业生产所需一种材料，年度采购总量为1000t，材料单价为3000元/t，一次订货变动成本为1500元，年平均储存成本为200元/t。则该材料的经济采购批量为（ ）t。

A．173.21　　B．164.50
C．132.46　　D．122.47

27. 某项目的设备及工器具购置费6000万元，建筑安装工程费5000万元，工程建设其他费3600元，基本预备费450万元，价差预备费610万元，建设期利息650万元，流动资金900万元，则该项目的动态投资部分为（ ）元。

A．2160　　B．1260
C．1060　　D．610

28. 下列费用中，属于建筑安装工程费中人工费的是（ ）。

A．职工福利费　　B．高空作业津贴
C．养老保险费　　D．工伤保险费

29. 下列费用中，属于建筑安装工程费中检验试验费的是（ ）。

A．对构件进行一般鉴定、检查所发生的费用
B．新材料的试验费
C．建设单位委托检测机构进行检验的费用
D．对构件进行破坏性试验的费用

30. 建设单位代表因工作需要在施工现场搭设临时办公室所需的费用在（ ）中开支。

A．工程建设其他费　　B．企业管理费
C．建筑安装工程措施费　　D．建筑安装工程材料费

31. 联合试运转费应包括（ ）。

A．施工单位参加联合试运转人员的工资
B．设备安装中的试车费用
C．试运转中暴露的设备缺陷的处理费
D．生产人员的提前进厂费

32. 某项目分部分项工程费3000万元，措施项目费90万元，其中安全文明施工费60万元；其他项目费80万元，规费40.5万元，以上费用均不含增值税进项税额。则该项目的增值税销项税额为（ ）万元。

A．96.315　　B．283.545
C．288.945　　D．321.050

33. 编制人工定额时，由于作业面准备不充分导致的停工时间应计入（ ）。

A．施工本身造成的停工时间　　B．多余和偶然时间
C．非施工本身造成的停工时间　　D．不可避免中断时间

34. 斗容量$1m^3$反铲挖土机，挖三类土，装车，挖土深度2m以内，小组成员两人，机械台班产量为4.56（定额单位$100m^3$），则用该机械挖土$100m^3$的人工时间定额为（ ）。

A．0.44台班　　B．0.44工日
C．0.22台班　　D．0.22工日

35. 已知某施工机械采购原值5万元，寿命期内检修次数为3次，检修间隔台班400台班，机械的残值率为5%，则该台施工机械的台班折旧费为（ ）元/台班。

A．29.69　　　　　　　　　　　　　　B．31.25
C．39.58　　　　　　　　　　　　　　D．41.67

36．工程计价信息是指国家、各地区、各部门工程造价管理机构、行业组织以及信息服务企业发布的指导或服务建设工程计价的（　　）。

A．工程造价指数、在建工程信息和工程造价指标
B．建设工程造价指数、要素价格信息、综合指标信息
C．人工价格信息、材料价格信息、机械价格信息及在建工程信息
D．价格信息、工程造价指数及刚开工的工程信息

37．某拟建砖混结构工程，结构特征与概算指标相比，仅外墙装饰面不同。概算指标中，外墙面为水泥砂浆抹面，单价为 9 元 /m^2，每平方米建筑面积消耗量为 0.80m^2；拟建工程外墙为贴釉面砖，单价为 43 元 /m^2，每平方米建筑面积消耗量为 1.05m^2。已知概算指标为 545 元 /m^2，则该拟建工程修正后的概算指标为（　　）元 /m^2。

A．507.05　　　　　　　　　　　　　B．520.05
C．569.95　　　　　　　　　　　　　D．582.95

38．采用二级预算编制形式的工程预算文件包括：封面、签署页及目录、编制说明和（　）等内容。

A．类似工程预算表、建设项目总预算表
B．单位工程预算表、单位工程综合预算表
C．总预算表、单位工程预算表
D．单位工程综合预算表、类似工程预算表

39．施工图预算审查方法中，审查质量高、效果好但工作量大的是（　　）。

A．标准预算审查法　　　　　　　　B．重点审查法
C．逐项审查法　　　　　　　　　　D．对比审查法

40．编制工程量清单时，在计算工程量后应完成的工作包括（　　）。

A．确定项目编码　　　　　　　　　B．确定项目特征
C．确定计量单位　　　　　　　　　D．确定工程内容

41．清单项目特征描述一般不包括（　　）。

A．项目的材质　　　　　　　　　　B．项目的组织方式
C．项目的型号、规格　　　　　　　D．项目的工艺特征

42．编制工程量清单出现《计算标准》附录中未包括的清单项目时，编制人应作补充，下列有关编制补充项目的说法中正确的是（　　）。

A．补充项目编码由 B 与三位阿拉伯数字组成
B．补充项目应报县级工程造价管理机构备案
C．补充项目的工作内容等应予以明确
D．补充项目编码应顺序编制，起始序号由编制人根据需要自主确定

43．关于工程量清单编制总说明的内容，下列说法中正确的是（　　）。

A．建设规模是指工程投资总额
B．工程特征是指结构类型及主要施工方案
C．环境保护要求包括避免材料运输影响周边环境的防护要求
D．施工现场实际情况是指自然地理条件

44．编制最高投标限价时，总承包服务费应按照（　　），并根据招标文件列出的内容和要求估算。

A．省级或行业建设主管部门规定

B．国家统一规定或参考相关规范

C．工程所在地同类项目总承包服务费平均水平

D．最高投标限价 编制单位咨询潜在投标人的报价

45．施工过程中，由于设计变更导致某分项工程实际施工的特征与招标工程量清单中的项目特征描述不一致时，该分项工程应按（　　）结算价款。

A．招标工程量清单中的工程量和投标文件中的综合单价

B．实际施工的工程量和投标文件中的综合单价

C．招标工程量清单中的工程量和发承包双方重新确定的综合单价

D．实际施工的项目特征，依据合同约定重新确定综合单价

46．编制投标文件时，招标文件中已提供暂估单价的某种材料，在确定相关分部分项工程综合单价时，该材料单价应根据（　　）计算。

A．政府建设主管部门公布的信息价　　B．投标人自主确定的材料价格

C．投标时当地该材料的市场平均价格　　D．招标文件提供的材料暂估单价

47．发生下列工程事项时，发包人应予计量的是（　　）。

A．承包人自行增建的临时工程

B．承包人原因造成超出合同约定工程范围的工程

C．承包人修复因不可抗力损坏工程增加的工程

D．承包人所完成、但不符合合同图纸及合同规范要求的工程

48．工程量清单中给定暂估价的材料和（或）暂估价的专业工程若属于依法必须招标的，应以（　　）取代暂估价，调整合同价格。

A．承包人自行估算的价格

B．市场平均价格

C．发包人指定的价格

D．招标确定的材料税前价格和（或）含税专业分包工程价格

49．某分项工程招标工程量清单数量为 $4000m^2$，施工中由于设计变更调减为 $3000m^2$，该项目最高投标限价的综合单价为 610 元 $/m^2$，投标报价为 460 元 $/m^2$。合同约定实际工程量与招标工程量偏差超过 ±15% 时，综合单价以最高投标限价为基础调整。若承包人报价浮动率为 10%，该分项工程费结算价为（　　）万元。

A．138　　B．140

C．184　　D．186.66

50．某工程本期完成合同价款为 1500 万元，其中：发承包双方确认应增加的索赔金额 300 万元，该工程的定值权重为 0.2。除人工费价格指数增长 20% 外，其他可调因子均未发生变化，人工费占可调值部分的 50%。按价格调整公式计算，该工程本期需调整的合同价款是（　　）万元。

A．96　　B．120

C．360　　D．450

51．在计算调整差额时，如果得不到计量周期市场价格信息或者发承包双方争议较大，可以

暂时采用（　　）计算，并在以后的付款中再按实际市场价格信息进行调整。

A．该计量周期工程造价管理机构发布的价格信息

B．计量周期前一次的市场价格信息

C．承包人提供的市场价格信息

D．发包人认定的市场价格信息

52．某工程采用工程量清单计价，施工过程中，业主将屋面防水变更为 PE 高分子防水卷材（1.5mm），清单中无类似项目，工程所在地造价管理机构发布该卷材单价为 20 元 /m^2，该地区定额人工费为 3.8 元 /m^2，机械使用费为 0.4 元 /m^2，除卷材外的其他材料费为 0.8 元 /m^2，管理费和利润为 1.4 元 /m^2。若承包人报价浮动率为 5%，则发承包双方协商确定该项目综合单价的基础为（　　）元 /m^2。

A．22.61　　B．22.99

C．23.75　　D．25.08

53．竣工结算后的索赔事件，承包人提出工程索赔的期限是（　　）。

A．承包人接受竣工付款证书之日　　B．发包人颁发工程接收证书时终止

C．自发承包双方最终结清时终止　　D．发包人实际支付竣工结算价款之日

54．下列事件中，需要进行现场签证的是（　　）。

A．合同范围以内零星工程的确认

B．修改施工方案引起工程量增减的确认

C．承包人原因导致设备窝工损失的确认

D．合同范围以外新增工程地确认

55．施工过程结算价款的支付比例应在合同中约定，不宜低于当期施工过程结算价款总额的（　　）。

A．75%　　B．80%

C．85%　　D．90%

56．关于工程保修的说法，正确的是（　　）。

A．保修期内发包人发现已接收的工程存在任何缺陷应书面通知承包人修复，承包人接到通知后应在 48h 内到现场修复缺陷

B．保修期内因地震造成工程的缺陷和损坏，可以委托承包人修复，发包人承担修复的费用并支付承包人合理的利润

C．保修期内因发包人使用不当造成工程的缺陷和损坏，可以委托承包人修复，发包人承担修复的费用但不支付承包人利润

D．保修期内因承包人原因造成工程的缺陷和损坏，承包人应负责修复并承担修复的费用，但不承担因工程缺陷和损坏造成的第三人人身和财产损失

57．工程总承包为可调总价合同，已签约合同价中的预备费应（　　）。

A．由发包人掌握使用，有余额归发包人所有

B．由发包人掌握使用，有余额归承包人所有

C．由承包人掌握使用，有余额归承包人所有

D．由承包人掌握使用，有余额归发包人所有

58．工程总承包合同中包含价格清单，价格清单中有适用于变更工程项目的，合同价格应（　　）。

A．所执行的变更工程的成本加利润　　B．采用该项目的费率和价格
C．参照类似项目的费率或价格　　D．成本加利润

59．国际工程投标报价时，在国内供应的材料、设备，下列关于其预算价格的计算式正确的是（　　）。
A．材料、设备价格＝到岸价＋海关税＋港口费＋运杂费＋保管费＋运输保管损耗＋其他费用
B．材料、设备价格＝市场价＋运输费＋采购保管损耗
C．材料、设备价格＝到岸价＋运杂费＋保管费＋运输保管损耗
D．材料、设备价格＝离岸价＋港口费＋运杂费＋保管费＋运输保管损耗＋其他费用

60．可以在通用领域胜任人类所有工作的人工智能类型是（　　）。
A．弱人工智能　　B．强人工智能
C．类人工智能　　D．超人工智能

二、多项选择题（共20题，每题2分。每题的备选项中，有2个或2个以上符合题意，至少有1个错项。错选，本题不得分；少选，所选的每个选项得0.5分）

61．下列经济效果评价指标中，属于盈利能力评价指标的有（　　）。
A．流动比率　　B．速动比率
C．静态投资回收期　　D．财务净现值
E．内部收益率

62．采用财务净现值指标评价方案经济效果的优点有（　　）。
A．不需要确定一个符合经济现实的折现率或财务基准收益率
B．直接反映方案单位投资的收益水平
C．计算比较简单，不受外部参数的影响
D．全面考虑了方案在整个计算期内现金流量的时间分布的状况
E．能够直接以货币额表示方案的盈利水平

63．下列设备磨损情形中，属于第Ⅰ类有形磨损的有（　　）。
A．设备零部件的原始尺寸或形状发生变化
B．设备零部件的精度降低
C．设备零部件损坏
D．金属性零部件生锈、腐蚀
E．橡胶件老化

64．对于承租人来说，设备租赁相对于设备购买的优势性有（　　）。
A．可以将承租的设备用于担保、抵押贷款
B．可用较少的资金获得生产急需的设备
C．可以自主对设备进行改造
D．租金可在税前扣除，享受税费上的利益
E．可避免通货膨胀和利率波动的冲击

65．功能定义应该从主要向次要，从大到小的步骤依次进行，其目的有（　　）。
A．明确现有产品所具有的功能状况　　B．明确用户要求的功能
C．便于确定功能系统结构　　D．提高功能，降低成本

E．为改进和创新拓宽思路

66．下列资产中，属于流动资产的有（　　）。

A．长期应收款　　B．应收账款

C．预付款项　　D．固定资产

E．存货

67．某固定总价建造合同，总造价为8000万元，合同工期为3年。经计算第1年完工进度为40%，第2年完工进度为60%，第3年全部完工交付使用。则关于合同收入确认的说法，正确的有（　　）。

A．第1年确认的合同收入为3200万元　　B．第2年确认的合同收入为3200万元

C．第3年确认的合同收入为0　　D．第3年确认的合同收入少于第2年

E．3年累计确认的合同收入为8000万元

68．关于财务报告列报基本要求的说法，正确的有（　　）。

A．重要项目单独列报

B．财务报表项目的列报应当在各个会计期间保持一致，不得随意变更

C．报表列示项目不应相互抵销

D．当期报表列报项目与上期报表列报项目应当具有可比性

E．企业至少应当按季度编制财务报表

69．下列资金成本中，属于筹集费用的有（　　）。

A．银行借款利息　　B．债券利息

C．广告费　　D．发行债券支付的印刷费

E．公证费

70．下列与材料有关的费用中，应计入建筑安装工程材料费的有（　　）。

A．运杂费　　B．运输损耗费

C．检验试验费　　D．采购费

E．工地保管费

71．根据工程定额编制下列工人工作时间消耗、机械工作时间消耗或材料的消耗，应计入人工、材料或施工机具定额的有（　　）。

A．施工本身造成的停工时间　　B．不可避免的施工废料

C．施工措施性材料的用量　　D．有根据地降低负荷下的工作时间

E．与机械保养相关的必要中断时间

72．下列费用中，不计入机械台班单价而需要单独列项计算的有（　　）。

A．安拆简单、移动需要起重及运输机械的轻型施工机械的安拆费及场外运费

B．安拆复杂、移动需要起重及运输机械的重型施工机械的安拆费及场外运费

C．利用辅助设施移动的施工机械的辅助设施相关费用

D．不需相关机械辅助运输的自行移动机械的场外运费

E．固定在车间的施工机械的安拆费及场外运费

73．下列文件中，包括在建设项目总概算文件中的有（　　）。

A．总概算表　　B．单项工程综合概算表

C．工程建设其他费用概算表　　D．单位工程概算表

E．分年投资计划表

74. 单位建筑工程概算工程量审查的主要依据有（　　）。

A．初步设计图纸　　B．施工图设计文件

C．概算定额　　D．概算指标

E．工程量计算规则

75. 在审查概算编制依据时，应考虑的因素包括（　　）。

A．定额和标准的时效性　　B．针对性

C．合理性　　D．必要性

E．适用性

76. 关于分部分项工程量清单中计量单位的选择，下列说法正确的有（　　）。

A．以重量计算的项目，其计量单位应为吨或千克

B．以吨为计量单位时，其计算结果应保留三位小数

C．以立方米为计量单位时，其计算结果应保留三位小数

D．以千克为计量单位时，其计算结果应保留一位小数

E．以“个”“项”为单位的，应取整数

77. 在招投标阶段，投标人不能自主确定其综合单价或费用的有（　　）。

A．安全生产措施费　　B．暂列金额

C．给定暂估价的材料　　D．计日工

E．总承包服务费

78. 施工过程结算价款确认后，承包人应向发包人提交施工过程结算款支付申请。支付申请不包括（　　）。

A．累计已完成的分部分项工程项目费的金额

B．施工期间所有工人的工资明细

C．累计已完成的措施项目费的金额

D．本期发包人应支付的额外奖金或补偿

E．本期合计应扣减的金额，包括应扣回的预付款和已支付进度款

79. 关于工程总承包项目工程变更时合同价款调整原则的说法，正确的有（　　）。

A．合同中未包含价格清单，合同价格应按照所执行的变更工程的成本加利润进行调整

B．价格清单中有适用于变更工程项目的，应采用该项目的费率和价格

C．价格清单中没有适用但有类似于变更工程项目的，可在合理范围内参照类似项目的费率或价格

D．价格清单中没有适用也没有类似于变更工程项目的，该工程项目应按成本加利润原则调整适用新的费率或价格

E．价格清单中有适用于变更工程项目的，承包人可根据当前市场价格进行重新报价

80. 国际工程投标总报价组成中，应计入开办费的有（　　）。

A．现场勘察费　　B．临时设施工程费

C．施工用水电费　　D．劳动保护费

E．现场工程师设施费

考前第3套卷参考答案及解析

一、单项选择题

1. D	2. C	3. D	4. B	5. C
6. B	7. B	8. C	9. B	10. C
11. D	12. B	13. B	14. D	15. B
16. B	17. B	18. A	19. D	20. D
21. C	22. C	23. A	24. B	25. B
26. D	27. B	28. B	29. A	30. A
31. A	32. C	33. A	34. B	35. A
36. B	37. D	38. C	39. C	40. D
41. B	42. C	43. C	44. A	45. D
46. D	47. C	48. D	49. B	50. A
51. A	52. C	53. C	54. B	55. D
56. B	57. A	58. B	59. A	60. B

【解析】

1. D。$I=P[(1+i)^n-1]=15\times[(1+6\%/4)^{4\times6}-1]=6.443$ 万元。

2. C。选项C错误，时间轴上的点称为时点，其中0表示时间序列的起点；n 表示时间序列的终点，除起点0和终点 n 外，其他时点既表示一个时间单位的结束（期末），也表示下一个时间单位的开始（期初）。

3. D。一次支付现值的计算公式为：$P=F(1+i)^{-n}$。

则该公司年初应存入：$1258\times(1+4\%)^{-3}=1118.36$ 万元。

4. B。方案经济效果评价指标中，静态评价指标包括：投资收益率、静态投资回收期、利息备付率、偿债备付率、资产负债率、流动比率、速动比率。动态评价指标包括：财务净现值、净现值率、费用现值、净年值、费用年值、内部收益率、动态投资回收期、效益费用比。选项A、C、D属于静态评价指标。

5. C。方案的财务净现值计算公式为：

$$FNPV=\sum_{t=0}^{n}(CI-CO)_t\frac{1}{(1+i_c)^t}$$

本题的计算过程为：

$$-500\times\frac{1}{(1+10\%)}+150\times\frac{1}{(1+10\%)^2}+150\times\frac{1}{(1+10\%)^3}+150\times\frac{1}{(1+10\%)^4}+150\times\frac{1}{(1+10\%)^5}+$$

$$150\times\frac{1}{(1+10\%)^6}+150\times\frac{1}{(1+10\%)^7}+150\times\frac{1}{(1+10\%)^8}+150\times\frac{1}{(1+10\%)^9}+150\times\frac{1}{(1+10\%)^{10}}$$

$=330.78$ 万元。

财务净现值的判定标准：

（1）当 $FNPV>0$ 时，反映的是方案有超额收益大于零，在财务上可行。

（2）当 $FNPV=0$ 时，说明该方案收益正好满足财务基准收益率要求的盈利水平，在财务上可行。

（3）当 $FNPV<0$ 时，说明该方案超额收益的现值小于零，也就是方案达不到事先设定的财务收益水平，在财务上不可行。

本题中，财务净现值 330.78 万元＞ 0，说明该方案在财务上是可行的。

6．B。根据成本费用与产量的关系可以将总成本费用分解为可变成本和固定成本两大类，通常可变成本是随方案产品产量的增减而成正比例变化的成本，如原材料、燃料、动力费、包装费、计件工资、单位产品税金及附加（不包含增值税）等。在产量发生变化时，假设单位产品的可变成本不发生变化。固定成本是指在一定的产量范围内不受产品产量影响的成本，如固定工资及福利费（计件工资除外）、固定资产折旧费、修理费、无形资产及其他资产摊销费、长期借款利息支出等。

7．B。根据计算公式盈亏平衡点产销量 $BEP(Q)=\dfrac{C_f}{P-C_u-T_u}$，该生产性建设项目的盈亏平衡产销量 $BEP(Q)$=1000/（500−275−500×5%）=5.00 万件。

8．C。敏感性分析局限性在于敏感性分析虽然可以找出方案分析指标对之敏感的不确定因素，并估计其对方案分析指标的影响程度，但并不能得知这些影响发生的可能性有多大，还要借助于概率分析等方法。

9．B。由于科学技术进步的影响，设备制造工艺不断改进，劳动生产效率不断提高，使生产同样结构或性能的设备所需的社会必要劳动时间相应减少，设备制造成本和价格不断降低，致使原设备相对贬值。这类磨损称为第Ⅰ类无形磨损。

10．C。设备的自然寿命，是指设备从全新状态下开始使用，直到因实体磨损严重而不能继续使用、报废为止所经历的全部时间，主要是由设备的有形磨损决定。设备不断变形老化，维修所支出的费用逐渐增加，从而出现经济上不合理的使用阶段，因此，设备的自然寿命不能成为设备更新的主要决策依据。

11．D。根据设备更新不考虑沉没成本的原则，设备 A 的原始购置价值 260 万元在 4 年前发生，对设备更新决策不会产生影响。从第三方视角分析，决策者现在可以用 90 万元购买旧设备 A，也可以用 300 万元购买新设备 B。需要注意的是：不能将旧设备的重置价 90 万元作为新设备 B 的收入，因为这笔收入不是新设备 B 本身带来的，不能将两个方案的现金流混淆。利用费用年值法进行两个方案的比较，各自的费用年值计算如下：

AC_A=90×（A/P，10%，6）+80−25×（A/F，10%，6）

=90×0.2296+80−25×0.1296

=97.42 万元

AC_B=300×（A/P，10%，10）+50−35×（A/F，10%，10）

=300×0.1627+50−35×0.0627

=96.62 万元

因为 $AC_A>AC_B$，则购买新设备 B 的方案较优。

12．B。强制确定法以功能重要程度作为选择价值工程对象的一种分析方法。适用于从产品或其组成部分的性能、效用维度选择价值工程对象。

13. B。在可变现净值计量下，资产按照其现在正常对外销售所能收到现金或者现金等价物的金额，扣减该资产至完工时估计将要发生的成本、估计的销售费用以及相关税费后的金额计量。故该设备现在的可变现净值为：24−2.5−2−0.8=18.7 万元。

14. D。经鉴定，仍需继续保存的会计档案，应当重新划定保管期限；对保管期满，确无保存价值的会计档案，可以销毁，故选项 A 错误。会计档案的保管期限，从会计年度终了后的第一天算起，故选项 B 错误。会计档案的保管期限分为永久、定期两类。定期保管期限一般分为 10 年和 30 年，故选项 C 错误。

15. B。内部会计控制的方法主要包括：不相容职务相互分离控制、授权批准控制、会计系统控制、预算控制、财产保全控制、风险控制、内部报告控制、电子信息技术控制等。不相容职务相互分离控制是内部控制的核心。

16. B。权责发生制原则以权利和责任的发生决定收入和费用所属会计期间。凡是在本会计期间已经收到和已经发生或应当负担的一切费用，不论其款项是否收到或付出，都作为本会计期间的收入和费用处理；凡不属于本会计期间的收入和费用，即使款项在本会计期间收到或付出，也不应作为本会计期间的收入和费用处理。费用所属会计期间确认均以责任（义务）已经发生为标准。所以确认 1 月份的费用为 1000+1500=2500 元。

17. B。管理费用指企业为组织和管理生产经营所发生的管理费用，包括企业在筹建期间发生的开办费、董事会和行政管理部门在企业的经营管理中发生的或者应由企业统一负担的公司经费，（包括行政管理部门职工工资、修理费、物料消耗、低值易耗品摊销、办公费用、差旅费等）、工会经费、董事会费（包括董事会成员津贴、会议费和差旅费等）、聘请中介机构费、咨询费（含顾问费）、诉讼费、业务招待费、技术转让费、矿产资源补偿费、研究费用、排污费、行政管理部门等发生的固定资产修理费用等后续支出等。

18. A。收入的确认和计量过程：（1）确定收入的来源。（2）确定收入发生的时间。（3）确定收入的金额。（4）确定收入的确认时机。（5）记账处理。（6）核对与调整。（7）确认收入。（8）报告与披露。

19. D。确定建造合同完工进度的方法包括：（1）根据累计实际发生的合同成本占合同预计总成本的比例确定。（2）根据已经完成的合同工作量占合同预计总工作量的比例确定。（3）根据已完成合同工作的技术测量确定。

20. D。利润总额 = 营业利润 + 营业外收入 − 营业外支出。

21. C。筹资活动是指导致企业资本及债务规模和构成发生变化的活动，其产生的现金流量至少应当单独列示反映下列信息的项目：（1）吸收投资收到的现金。（2）取得借款收到的现金。（3）收到其他与筹资活动有关的现金。（4）偿还债务支付的现金。（5）分配股利、利润或偿付利息支付的现金。（6）支付其他与筹资活动有关的现金。

22. C。企业资本积累率 = 本年所有者权益增长额 / 年初所有者权益 ×100%=[6500−（6000−400）]÷（6000−400）=16.07%。

23. A。在短期负债筹资中，短期借款的重要性仅次于商业信用。短期借款可以随企业的需要安排，便于灵活使用，且取得亦较简便。但其突出的缺点是短期内要归还，特别是在带有诸多附加条件的情况下更是风险加剧。

24. B。企业最优的资本结构应当是使企业的价值最大化，同时，资金成本也是最低的资本结构，而不一定是每股收益最大的资本结构，故选项 A 错误、选项 B 正确。由于债务利息较低且可以抵减企业所得税，债务资金越多，抵税作用越明显，每股收益越大，企业的价值也就越大，故选项 C 错误。当债务资金比例超过一定限度时，企业债务资金越多，面临的财务风险就越大，企业的价值也会逐渐降低，故选项 D 错误。

25. B。信用标准是指顾客获得企业的交易信用所应具备的条件。这可以通过“5C”系统来进行。所谓“5C”系统，是指评估顾客信用品质的五个方面，即：

（1）品质（Character）：客户的信誉，过去付款的记录和债务偿还的情况。客户是否表现为尽力偿债。

（2）能力（Capacity）：对客户支付能力的判断，主要考查客户流动资产的数量及性质，流动负债的组成。

（3）资本（Capital）：客户的财务实力、总资产和股东权益的大小。

（4）条件（Condition）：当前客户付款的经济环境，客户过去在经济萧条时能否付清货款。

（5）抵押（Collateral）：客户为得到信用而提供的可作为抵押品的资产。有抵押品，则企业提供信用的风险可减小。

26. D。材料的经济采购批量 = $\sqrt{2\times1500\times1000/200}$ =122.47t。

27. B。固定资产投资可分为静态投资部分和动态投资部分。静态投资由建筑安装工程费、设备及工器具购置费、工程建设其他费和基本预备费构成。动态投资部分包括价差预备费和建设期利息。则该项目的动态投资 =610+650=1260 万元。

28. B。人工费包括计时工资或计件工资、奖金、津贴补贴、加班加点工资、特殊情况下支付的工资。津贴补贴包括流动施工津贴、特殊地区施工津贴、高温（寒）作业临时津贴、高空津贴等。选项 A 属于企业管理费。选项 C、D 属于规费。

29. A。检验试验费是指对建筑以及材料、构件和建筑安装物进行一般鉴定、检查所发生的费用，包括自设试验室进行试验所耗用的材料等费用。不包括新结构、新材料的试验费，对构件做破坏性试验及其他特殊要求检验试验的费用和发包人委托检测机构进行检测的费用，对此类检测发生的费用，由发包人在工程建设其他费用中列支。

30. A。临时设施费是建设单位为满足工程项目建设、生活、办公的需要，用于临时设施建设、维修、租赁、使用所发生或摊销的费用。包括施工建设需要而提供到场地界区的未列入工程费用的临时水、电、路、信、气等工程和临时仓库、办公、生活等建（构）筑物的建设、维修、拆除、摊销费用或租赁费用，以及铁路、码头租赁等费用。场地准备及临时设施费应尽量与永久性工程统一考虑。此项费用不包括已列入建筑安装工程费用中的施工单位临时设施费用。

31. A。联合试运转费是指新建或新增生产能力的工程项目，在交付生产前按照批准的设计文件规定的工程质量标准和技术要求，对整个生产线或装置进行负荷联合试运转所发生的费用净支出，包括试运转所需材料、燃料及动力消耗、低值易耗品、其他物料消耗、工具用具使用费、机械使用费、联合试运转人员工资、非建设单位参加试运转人工费、专家指导费，以及必要的工业炉烘炉费。

32. C。增值税销项税额 = 税前造价 ×9%。税前造价为人工费、材料费、施工机具使用费、企业管理费、利润和规费之和，各费用项目均不包含增值税可抵扣进项税额的价格计算。增值税销项税额 =（3000+90+80+40.5）×9%=288.945 万元。

33. A。停工时间按其性质可分为施工本身造成的停工时间和非施工本身造成的停工时间两种。施工本身造成的停工时间，是由于施工组织不善、材料供应不及时、工作面准备工作做得不好、工作地点组织不良等情况引起的停工时间。非施工本身造成的停工时间，是由于水源、电源中断等引起的停工时间。前一种情况在拟定定额时不应该计算，后一种情况定额中则应给予合理的考虑。

34．B。单位产品人工时间定额（工日）= 小组成员总人数 / 台班产量 = $\frac{2}{4.56}$ =0.44 工日。

35．A。检修周期 = 检修次数 +1=3+1=4。耐用总台班 = 检修间隔台班 × 检修周期 = 400×4=1600 台班。国产施工机械预算价格按照机械原值、相关手续费和一次运杂费以及车辆购置税之和计算，即 50000 元。

$$台班折旧费=\frac{机械预算价格\times(1-残值率)}{耐用总台班}=\frac{50000\times(1-5\%)}{1600}=29.69元/台班。$$

36．B。工程计价信息是指国家、各地区、各部门工程造价管理机构、行业组织以及信息服务企业发布的指导或服务建设工程计价的建设工程造价指数、要素价格信息、综合指标信息等。

37．D。结构变化修正概算指标（元 /m^2）= 原概算指标 + 换入结构的工程量 × 换入结构的人材机费用单价 - 换出结构的工程量 × 换出结构的人材机费用单价。则该拟建工程修正后的概算指标为 545+43×1.05-9×0.80=582.95 元 /m^2。

38．C。采用二级预算编制形式的工程预算文件包括：封面、签署页及目录、编制说明、总预算表、单位工程预算表、附件等内容。

39．C。施工图预算审查方法的特点如下：

（1）全面审查法（逐项审查法），其优点是全面、细致，审查质量高、效果好。缺点是工作量大，时间较长。

（2）标准预算审查法，其优点是时间短、效果好、易定案。其缺点是适用范围小。

（3）分组计算审查法，其特点是审查速度快、工作量小。

（4）对比审查法是当工程条件相同时，用已完工程的预算或未完但已经过审查修正的工程预算对比审查拟建工程的同类工程预算。

（5）“筛选”审查法的优点是简单易懂，便于掌握，审查速度快，便于发现问题。

（6）重点审查法的优点是突出重点，审查时间短、效果好。

40．D。工程量清单编制程序如图 1 所示。

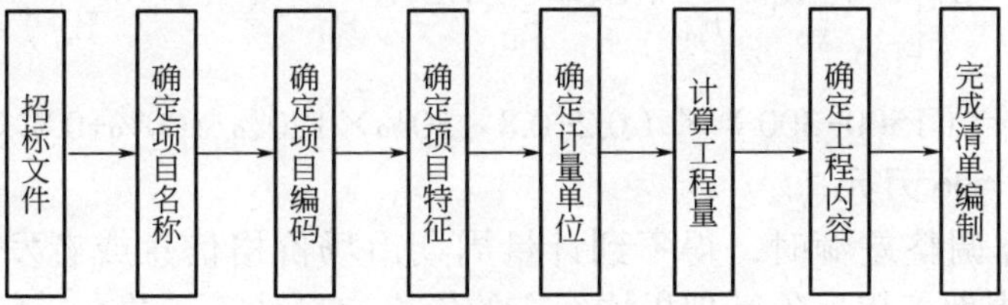

图 1　工程量清单编制程序

41．B。清单项目特征主要涉及项目的自身特征（材质、型号、规格、品牌）、项目的工艺特征以及对项目施工方法可能产生影响的特征。

42．C。补充项目的编码由工程量《计算标准》的代码 X 与字母 B 和三位阿拉伯数字组成，并应从 X001 起顺序编制，同一招标工程的项目不得重码，故选项 A、D 错误。在工程量清单中应附补充项目的项目名称、项目特征、计量单位、工程量计算规则和工作内容。将编制的补充项目报省级或行业工程造价管理机构备案，故选项 B 错误。

43．C。工程量清单编制总说明包括：工程概况；招标（或合同）范围；工程量清单编制依据；工程质量、材料、施工等的特殊要求；其他需要说明的事项。工程概况中，建设规模是指建筑面积；工程特征应说明基础及结构类型、建筑层数、高度、门窗类型及各部位装饰、装修做法，故选项 A、B 错误。施工现场实际情况是指施工场地的地表状况，故选项 D 错误。

44．A。编制最高投标限价时，总承包服务费应按照省级或行业建设主管部门的规定计算，并根据招标文件列出的内容和要求估算。

45．D。在招标投标过程中，当招标工程量清单特征描述与设计图纸不符时，投标人应以招标工程量清单的项目特征描述为准，确定投标报价的综合单价。当施工中施工图纸或设计变更与招标工程量清单项目特征描述不一致时，发承包双方应按实际施工的项目特征，依据合同约定重新确定综合单价。

46．D。暂估价中的材料、工程设备暂估价必须按照招标人提供的暂估单价计入清单项目的综合单价；专业工程暂估价按招标工程量清单中列出的金额填写。材料、工程设备暂估单价和专业工程暂估价均由招标人提供，为暂估价格，在工程实施过程中，对于不同类型的材料与专业工程采用不同的计价方法。

47．C。承包人实施的下列工程及工作不予计量：（1）承包人为完成永久工程所实施的临时工程，合同约定应予计量的临时工程除外；（2）承包人原因造成超出合同约定工程范围的工程；（3）承包人所完成、但不符合合同图纸及合同规范要求的工程；（4）承包人拆除及迁离不符合合同图纸及合同规范要求的工程或工作；（5）承包人责任造成的其他返工。

48．D。工程量清单中给定暂估价的材料和（或）暂估价的专业工程属于依法必须招标的，应以招标确定的材料税前价格和（或）含税专业分包工程价格取代暂估价，调整合同价格。

49．B。由于（4000−3000）/4000=25% > 15%，因此，根据合同要求，需调整单价。

由于 P_2×（1−L）×（1−15%）=610×（1−10%）×（1−15%）=466.65 元 /m^2 > 460 元 /m^2，P_1 按照 P_2×（1−L）×（1−15%）进行调整，即 P_1=466.65×3000=139995 元≈ 140 万元。

50．A。价格指数调差公式：

$$\Delta P = P_0\left[\mathrm{A}+\left(\mathrm{B}_1\times\frac{F_{t1}}{\mathrm{F}_{01}}+\mathrm{B}_2\times\frac{F_{t2}}{\mathrm{F}_{02}}+\mathrm{B}_3\times\frac{F_{t3}}{\mathrm{F}_{03}}+\&\quad+\mathrm{B}_n\times\frac{F_{tn}}{\mathrm{F}_{0n}}\right)-1\right]$$

=（1500−300）×（0.2+0.8×50%×120%/100%+0.8×50%−1）

=96 万元

51．A。在计算调整差额时，得不到计量周期市场价格信息或者发承包双方争议较大的，可暂用该计量周期工程造价管理机构发布的价格信息计算，并在以后的付款中再按实际市场价格信息进行调整。

52．C。无法找到适用和类似的项目单价时，应采用招标投标时的基础资料和工程造价管理机构发布的信息价格，按成本加利润的原则由发承包双方协商新的综合单价。该项目综合单价 =（3.8+20+0.4+0.8+1.4）×（1−5%）=25.08 元 /m^2。

53．C。发承包双方在办理了竣工结算后，应被认为承包人已无权再提出竣工结算前所发生的任何工程索赔。承包人在提交的最终结清申请中，只限于提出竣工结算后的工程索赔，提出工程索赔的期限应自发承包双方最终结清时终止。

54. B。现场签证的范围一般包括：（1）施工合同范围以外零星工程的确认。（2）在工程施工过程中发生变更后需要现场确认的工程量。（3）非承包人原因导致的人工、设备窝工及有关损失。（4）符合施工合同规定的非承包人原因引起的工程量或费用增减。（5）确认修改施工方案引起的工程量或费用增减。（6）工程变更导致的工程施工措施费增减等。

55. D。施工过程结算价款的支付比例应在合同中约定，不宜低于当期施工过程结算价款总额的 90%。

56. B。情况紧急必须立即修复缺陷或损坏的，发包人可以口头通知承包人并在口头通知后 48h 内书面确认，承包人应在专用合同条款约定的合理期限内到达工程现场并修复缺陷或损坏，故选项 A 错误。发包人应承担修复的费用，并支付承包人合理利润，故选项 C 错误。承包人应负责修复，并承担修复的费用以及因工程的缺陷、损坏造成的人身伤害和财产损失，故选项 D 错误。

57. A。工程总承包为可调总价合同，已签约合同价中的预备费应由发包人掌握使用，发包人按照合同约定支付后，预备费如有余额，应归发包人所有；工程总承包为固定总价合同，预备费可作为风险包干费用，在合同专用条件中约定，预备费归承包人所有。

58. B。合同中包含价格清单，合同价格应按照如下规则进行调整：（1）价格清单中有适用于变更工程项目的，应采用该项目的费率和价格。（2）价格清单中没有适用但有类似于变更工程项目的，可在合理范围内参照类似项目的费率或价格。（3）价格清单中没有适用也没有类似于变更工程项目的，该工程项目应按成本加利润原则调整适用新的费率或价格。

59. A。在国内供应的材料、设备，通常按下式计算材料、设备价格：材料、设备价格 = 到岸价 + 海关税 + 港口费 + 运杂费 + 保管费 + 运输保管损耗 + 其他费用。

60. B。国际上一般将人工智能分为弱人工智能、强人工智能和超人工智能。弱人工智能只能在限定领域解决特定问题，强人工智能可以在通用领域胜任人类所有工作，而超人工智能远超人类智慧，具备复杂的语言表达、抽象思维能力和科学创新能力等。

二、多项选择题

61. C、D、E	62. D、E	63. A、B、C	64. B、D、E	65. A、B、C、E
66. B、C、E	67. A、E	68. A、B、C、D	69. C、D、E	70. A、B、D、E
71. B、C、D、E	72. B、C	73. A、B、C、D	74. A、C、E	75. A、B、C、E
76. A、B、E	77. A、B、C	78. B、D	79. A、B、C、D	80. A、C、E

【解析】

61. C、D、E。方案经济效果评价指标中，盈利能力静态评价指标包括：投资收益率、静态投资回收期。盈利能力动态评价指标包括：财务净现值、净现值率、费用现值、净年值、费用年值、内部收益率、动态投资回收期、效益费用比。偿债能力评价指标包括：利息备付率、偿债备付率、资产负债率、流动比率、速动比率。

62. D、E。财务净现值指标的优点是：考虑了资金的时间价值，并全面考虑了方案在整个计算期内现金流量的时间分布的状况；经济意义明确直观，能够直接以货币额表示方案的盈利水平。缺点是：必须先确定一个符合经济现实的折现率或财务基准收益率，而在方案的决策过程中，由于环境因素变化和决策者的心理预期波动，该折现率的设定往往是比较困难的；该指标并不能直接反映方案单位投资的收益水平，也不能反映方案投资回收的速度。

63．A、B、C。第I类有形磨损通常表现为以下情况：（1）设备零部件的原始尺寸或形状发生变化。（2）设备零部件的精度降低。（3）设备零部件损坏。

64．B、D、E。选项A错误，不能用于担保、抵押贷款。选项C错误，在租赁期间承租人对租用设备只有使用权而没有所有权，故承租人无权随意对设备进行改造或处置。

65．A、B、C、E。功能定义的目的有：（1）明确现有产品所具有的功能状况。（2）明确用户要求的功能。（3）便于确定功能系统结构。（4）为功能评价提供条件。（5）为改进和创新拓宽思路。

66．B、C、E。流动资产是指可以在一年内或超过一年的一个营业周期（指从购买用于加工的原材料等资产到其收回现金或现金等价物的时间段）内变现、耗用的资产，主要为交易目的而持有。包括货币资金、交易性金融资产、衍生金融资产、应收票据、应收账款、应收款项融资、预付款项、其他应收款、存货、合同资产、持有待售资产、一年内到期的非流动资产、其他流动资产。

67．A、E。本题中合同收入的确认过程如下：

第1年确认的合同收入 =8000×40%=3200 万元；

第2年确认的合同收入 =8000×60%-3200=1600 万元；

第3年确认的合同收入 =8000-（3200+1600）=3200 万元。

3年累计确认的合同收入为8000万元。

68．A、B、C、D。财务报告的列报要求，主要包括以下几个方面：（1）企业应当以持续经营为基础。（2）除现金流量表按照收付实现制原则编制外，企业应当按照权责发生制原则编制财务报表。（3）财务报表项目的列报应当在各个会计期间保持一致，不得随意变更。（4）重要项目单独列报。（5）报表列示项目不应相互抵销。（6）当期报表列报项目与上期报表列报项目应当具有可比性。（7）企业至少应当按年编制财务报表。（8）其他应披露的信息。

69．C、D、E。资金占用费是指企业占用资金支付的费用，如银行借款利息和债券利息等。筹集费用是指在资金筹集过程中支付的各项费用，如发行债券支付的印刷费、代理发行费、律师费、公证费、广告费等，它通常是在筹集资金时一次性支付，在使用资金的过程中不再发生。

70．A、B、D、E。考核材料费组成时，选项C经常作为干扰选项出现，属于企业管理费。材料费组成中，采购及保管费包括采购费、仓储费、工地保管费、仓储损耗。

71．B、C、D、E。施工本身造成的停工时间属于损失时间，故选项A错误。必须消耗的材料属于施工正常消耗，是确定材料消耗定额的基本数据。其中，直接用于建筑和安装工程的材料编制材料净用量定额，不可避免的施工废料和材料损耗编制材料损耗定额，故选项B正确。施工中的材料可分为实体材料和非实体材料两类。非实体材料是指在施工中必须使用但又不能构成工程实体的施工措施性材料。非实体材料主要是指周转性材料，如模板、脚手架、支撑等，故选项C正确。在必需消耗的工作时间里，包括有效工作、不可避免的无负荷工作和不可避免的中断三项时间消耗。而在有效工作的时间消耗中又包括正常负荷下、有根据地降低负荷下的工时消耗，故选项D、E正确。

72．B、C。安拆费及场外运费单独计算的情况包括：（1）安拆复杂、移动需要起重及运输机械的重型施工机械，其安拆费及场外运费单独计算。（2）利用辅助设施移动的施工机械，其辅助设施（包括轨道和枕木）等的折旧、搭设和拆除等费用可单独计算。（3）自升式塔式起重机、施工电梯安拆费的超高起点及其增加费，各地区、部门可根据具体情况确定。选项A，应计入台班单价；选项D、E，属于不需计算的情况。

73. A、B、C、D。建设工程项目总概算是以整个建设工程项目为对象，确定项目从立项开始，到竣工交付使用整个过程的全部建设费用的文件。包括：（1）总概算表。（2）工程建设其他费用概算表。（3）单项工程综合概算表。（4）单位工程概算表。（5）附录：补充估价表。

74. A、C、E。工程量根据初步设计图纸、概算定额、工程量计算规则的要求进行审查。包括：审查工程量计算规则的选用是否正确；审查工程量的计算是否存在重复计算现象；审查工程量汇总计算是否正确。

75. A、B、C、E。审查设计概算的编制依据包括：定额和标准的时效性、针对性、合理性、对影响造价或投资水平的主要因素或关键工程的必要说明、适用性。

76. A、B、E。分部分项工程量清单的计量单位应按《计算标准》确定。除各专业另有特殊规定外，均按以下基本单位计量：

（1）以重量计算的项目——吨或千克（t或kg）。

（2）以体积计算的项目——立方米（m^3）。

（3）以面积计算的项目——平方米（m^2）。

（4）以长度计算的项目——米（m）。

（5）以自然计量单位计算的项目——个、套、块、组、台……

（6）没有具体数量的项目——宗、项……

以“吨”为计量单位的应保留小数点后三位数字，第四位小数四舍五入；以“立方米”“平方米”“米”“千克”为计量单位的应保留小数点后二位数字，第三位小数四舍五入；以“项”“个”等为计量单位的应取整数。

77. A、B、C。措施项目费由投标人自主确定，但其中安全生产措施费必须按照国家或省级、行业建设主管部门的规定计价，不得作为竞争性费用。暂列金额应按照招标工程量清单中列出的金额填写。暂估价不得变动和更改。暂估价中的材料、工程设备必须按照暂估单价计入综合单价；专业工程暂估价按招标工程量清单中列出的金额填写。计日工按招标工程量清单中列出的项目和数量，自主确定综合单价并计算计日工金额。总承包服务费根据招标文件中提出的需要投标人提供服务的范围、内容、要求及其招标工程量清单的特征描述自主确定，并列明其相应的计算方法。

78. B、D。施工过程结算价款确认后，承包人应向发包人提交施工过程结算款支付申请。支付申请应包括下列内容：（1）累计已完成的施工过程结算款：①累计已完成的分部分项工程项目费的金额；②累计已完成的措施项目费的金额；③累计已完成的其他项目费的金额；④累计已完成合同价款调整的金额；⑤累计应计算的增值税；（2）累计已支付的施工过程结算款；（3）本期合计应扣减的金额：①本期应扣回的预付款；②本期应扣回的已支付进度款；③本期发包人应扣减的金额；（4）本期应支付的施工过程结算款。

79. A、B、C、D。除专用合同条件另有约定外，当工程总承包项目发生工程变更时变更估价的原则如下：（1）合同中未包含价格清单，合同价格应按照所执行的变更工程的成本加利润进行调整；（2）合同中包含价格清单，合同价格应按照如下规则进行调整：①价格清单中有适用于变更工程项目的，应采用该项目的费率和价格；②价格清单中没有适用但有类似于变更工程项目的，可在合理范围内参照类似项目的费率或价格；③价格清单中没有适用也没有类似于变更工程项目的，该工程项目应按成本加利润原则调整适用新的费率或价格。

80. A、C、E。开办费在不同的招标项目中包括的内容可能不相同，一般可能包括：现场勘察费、现场清理费、进场临时道路费、业主代表和现场工程师设施费、现场试验设施费、施工用水电费、脚手架及小型工具费、承包商临时设施费、现场保卫设施和安装费用、职工交通费。选项 B 属于其他待摊费；选项 D 属于现场管理费。

《建设工程项目管理》

考前第 1 套卷及解析

《建设工程项目管理》考前第1套卷

一、单项选择题（共70题，每题1分。每题的备选项中，只有1个最符合题意）

1. 对于实行项目资本金制度的投资项目，用来确定资本金的项目总投资是指该投资项目的(　　)之和。

A. 固定资产投资与全部流动资金　　B. 固定资产投资与铺底流动资金

C. 建设投资与建设期贷款利息　　D. 问工程费用与预备费

2. 下列工程承包模式中，建设单位需要在施工承包意向合同下，与各单位分别签订施工合同的是(　　)。

A. 工程总承包模式　　B. 平行承包模式

C. 联合体承包模式　　D. 合作体承包模式

3. 下列管理模式的特征中，属于 Partnering 模式特征的是(　　)。

A. 承包商承担大部分风险　　B. 业主管理工程实施

C. 信息开放性　　D. 采用单价合同

4. 经项目监理机构审查合格的工程项目施工组织设计，应由(　　)签认。

A. 监理单位技术负责人　　B. 总监理工程师

C. 建设单位项目负责人　　D. 总监理工程师代表

5. 在工程项目开工前，质量监督机构接受建设单位有关建设工程质量监督的申报手续，并对有关文件进行审查，审查合格后签发(　　)。

A. 工程质量监督文件　　B. 施工许可证

C. 工程质量监督报告　　D. 监督计划方案

6. 某工程项目管理组织结构如图1所示，这种组织结构形式的优点是(　　)。

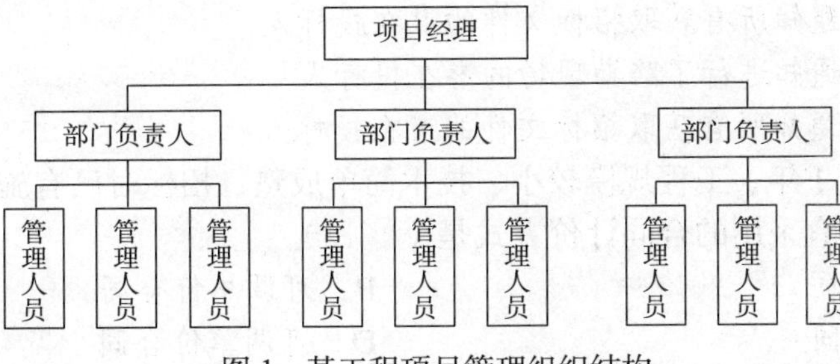

图1　某工程项目管理组织结构

A. 目标控制职能分工明确　　B. 权力集中、隶属关系明确

C. 可减轻总监理工程师负担　　D. 强化了各职能部门横向联系

7. 下列工程项目管理组织结构形式中，具有较大的机动性和适应性，能够实现集权和分权最优结合的组织形式是(　　)。

A. 职能式　　B. 直线式

C. 矩阵式　　D. 直线职能式

8. 以若干单位工程组成的群体工程或特大型工程项目为主要对象编制的施工组织设计是（　　）。

A．施工组织总设计

B．单位工程施工组织设计

C．分部分项工程施工组织设计

D．施工方案

9. 在单位工程施工进度计划的编制程序中，计算工程量之后紧接着应（　　）。

A．确定施工顺序

B．确定工作的持续时间

C．计算劳动量和机械台班数

D．编制初始施工进度计划

10. 在工程项目目标控制措施中，采用工程网络计划技术进行动态控制属于（　　）。

A．组织措施

B．技术措施

C．经济措施

D．合同措施

11. 根据《质量管理体系 基础和术语》GB/T 19000—2016，质量管理的首要关注点是（　　）。

A．满足顾客要求

B．全员积极参与

C．领导作用

D．持续改进

12. 卓越绩效管理的目的是（　　）。

A．能够指导组织对其质量管理体系的成熟度进行评价

B．为组织增强其实现持续成功的能力提供指南

C．通过质量管理体系的有效应用及持续改进，增强顾客满意度

D．提升组织核心竞争力

13. 风险管理原则轮中的核心是（　　）。

A．领导作用与承诺

B．社会责任

C．提升绩效

D．创造和保护价值

14. 某工程招标过程中，投标人甲踏勘现场后，按规定以书面形式向招标人提出问题要求澄清。根据《中华人民共和国招标投标法实施条例》，此时招标人澄清的正确做法是（　　）。

A．以电话形式通知甲投标人

B．以书面形式通知所有获取招标文件的潜在投标人

C．以书面形式通知进行了踏勘现场的潜在投标人

D．以电话形式通知所有获取招标文件的潜在投标人

15. 对于工期不超过 1 年、工程规模较小、技术简单成熟、招标时已有施工图设计文件的中小型工程，一般宜采用的合同计价方式是（　　）。

A．固定总价合同

B．可调总价合同

C．固定单价合同

D．可调单价合同

16. 招标人在施工招标文件中规定了暂定金额的分项内容和暂定总价款时，投标人可采用的报价策略是（　　）。

A．适当提高暂定金额分项内容的单价

B．适当减少暂定金额中的分项工程量

C．适当降低暂定金额分项内容的单价

D．适当增加暂定金额中的分项工程量

17.《标准施工招标文件》规定的施工合同组成文件中，需要发包人和承包人双方共同签字盖章的文件是（　　）。

A．通用合同条款

B．合同协议书

C．专用合同条款　　　　　　　　　　　　D．技术标准和要求

18. 根据《标准施工招标文件》，关于合同进度计划的说法，正确的是（　　）。
A．监理人应编制施工进度计划和施工方案说明并报发包人
B．实际进度与合同进度不符时，承包人应提交修订合同进度计划申请报告等资料，报监理人审批
C．监理人不能直接向承包人作出修订合同进度计划的指示
D．监理人无需获得发包人的同意，可以直接在合同约定期限内批复修订的合同进度计划

19. 根据《标准施工招标文件》中的通用合同条款，承包人的施工安全责任是（　　）。
A．执行监理人编制的施工安全措施计划
B．要求发包人提供劳动保护用具
C．制定施工安全操作规程
D．承担施工现场所有人员工伤事故的赔偿责任

20. 根据《标准施工招标文件》，关于施工合同索赔程序的规定，正确的是（　　）。
A．设计变更发生后，承包人应在14d内向发包人提交索赔通知
B．索赔事件持续进行，承包人应在事件终了后立即提交索赔报告
C．承包人在发出索赔意向通知书后28d内，向监理人正式递交索赔通知书
D．索赔意向通知发出后42d内，承包人应向监理人提交索赔报告及有关资料

21. 根据《建设工程施工专业分包合同（示范文本）》GF—2003—0213，关于发包人、承包人和分包人关系的说法，正确的是（　　）。
A．发包人向分包人提供具备施工条件的施工场地
B．分包人可直接致函发包人或监理人
C．就分包范围内的有关工作，承包人随时可以向分包人发出指令
D．分包合同价款与总承包合同相应部分价款存在连带关系

22. 某投标人中标后发现其报价有较大失误，因而拒绝与业主签订施工合同。其采取的风险应对策略属于（　　）。
A．风险减轻　　　　　　　　　　　　B．风险自留
C．风险转移　　　　　　　　　　　　D．风险规避

23. 建设工程招标投标过程中，投标保证金将被没收的情形是（　　）。
A．投标人的投标报价明显低于其实际成本
B．投标人的资格文件中有虚假材料并导致废标
C．投标人在中标后无正当理由不与招标人订立合同
D．投标人向招标人提出修改招标文件的要求

24. 影响建设工程设计进度的因素不包括（　　）。
A．设计文件审查批准延误　　　　　　B．工程进度计划系统结构不合理
C．业主建设意图和要求的改变　　　　D．设计各专业之间协调配合不畅

25. 在建设单位计划系统中，对工程项目可行性研究、项目评估甚至包括初步设计等工作的进度安排是（　　）。
A．工程项目建设总进度计划　　　　　B．工程项目年度计划
C．单位工程施工进度计划　　　　　　D．工程项目前期工作计划

26. 在有足够工作面和资源的前提下，施工工期最短的施工组织方式是（　　）。

A．依次施工　　B．搭接施工

C．平行施工　　D．流水施工

27. 下列流水施工参数中，用来表达流水施工在空间布置上开展状态的参数是（　　）。

A．施工过程数和流水强度　　B．流水强度和工作面

C．施工段数和施工过程数　　D．工作面和施工段数

28. 建设工程组织加快的成倍节拍流水施工时，所具有的特点是（　　）。

A．专业工作队数等于施工过程数

B．相邻施工过程的流水节拍相等

C．相邻施工段之间可能有空闲时间

D．各专业工作队能够在施工段上连续作业

29. 某分部工程有两个施工过程，各分为 4 个施工段组织流水施工，流水节拍分别为 3d、4d、3d、3d 和 2d、5d、4d、3d，则流水步距和流水施工工期分别为（　　）d。

A．3d 和 16d　　B．3d 和 17d

C．5d 和 18d　　D．5d 和 19d

30. 某工程网络计划中，工作 M 的持续时间为 4d，工作 M 的三项紧后工作的最迟开始时间分别为第 21 天、第 18 天和第 15 天，则工作 M 的最迟开始时间是第（　　）天。

A．11　　B．14

C．15　　D．17

31. 某双代号网络计划如图 2 所示（时间单位：d），该网络计划存在（　　）条关键线路。

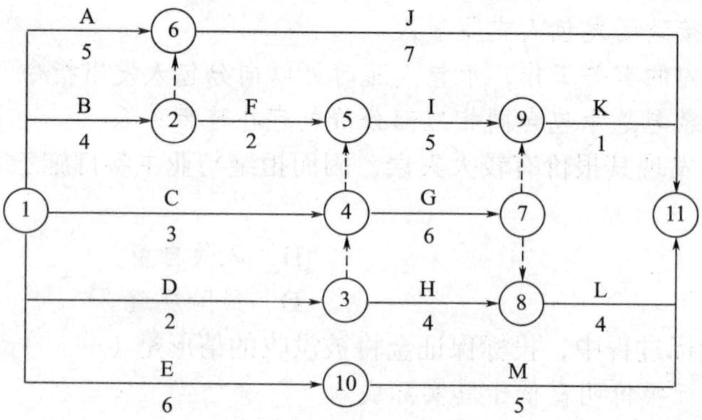

图 2　双代号网络计划

A．1　　B．2

C．3　　D．4

32. 在工程网络计划中，关键工作的特点是（　　）。

A．关键工作一定在关键线路上　　B．关键工作的持续时间最长

C．关键工作的总时差最小　　D．关键工作的持续时间最短

33. 施工进度调整系统过程中，需要进行的工作是（　　）。

A．建立进度数据采集系统　　B．收集实际进度数据

C．分析进度偏差产生的原因　　D．实际进度与计划进度的对比分析

34. 某工程双代号时标网络计划执行到第5周末时，实际进度前锋线如图3所示。从图中可以看出（   ）。

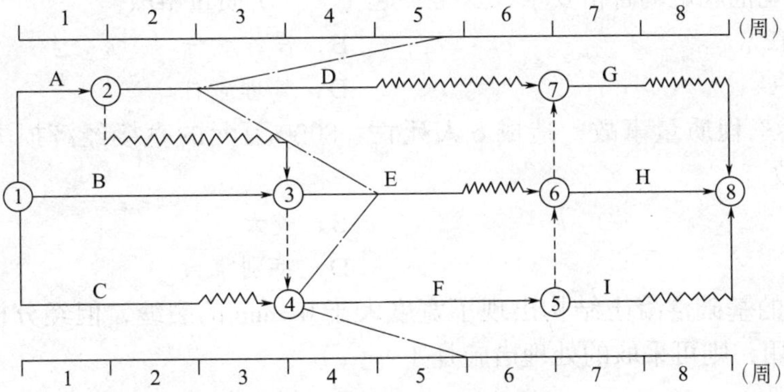

图3　某工程双代号时标网络计划

A．工作D拖延2周，不影响工期
B．工作E拖延1周，影响工期1周
C．工作F拖延2周，影响工期2周
D．工作D拖延3周，不影响后续工作

35. 建设工程投资决策阶段的质量控制工作是（   ）。
A．确定项目应采用的质量标准和管理方法
B．编制项目质量控制工作计划
C．确定项目应达到的质量目标和水平
D．编制项目质量管理体系文件

36. 关于工程质量管理体系性质的说法，正确的是（   ）。
A．工程质量管理体系是工程项目管理组织质量管理体系的子系统
B．工程质量管理体系是一个一次性的质量控制工作体系
C．工程质量管理体系是监理单位建立的质量控制工作体系
D．工程质量管理体系不随项目管理机构的解体而消失

37. 某工程承包商从一生产厂家购买了一批相同规格的预制构件，并将其整齐码放在现场。对这批构件进行进场检验时，宜采用的抽样方法是（   ）。
A．简单随机抽样
B．系统随机抽样
C．分层随机抽样
D．整群随机抽样

38. 在常规无损检测方法中，仅用于探测被检物表面开口缺陷的质量检验方法是（   ）。
A．磁粉方法
B．超声和射线照相方法
C．电磁（涡流）方法
D．渗透方法

39. 施工质量统计分析方法中，直方图法的主要用途是（   ）。
A．描述质量缺陷的数据状况
B．确定质量问题的主要原因
C．判断工序的稳定性
D．分门别类地分析质量问题

40. 为做好技术交底，应由施工项目技术人员编制技术交底书，并经（   ）批准实施。
A．总监理工程师
B．项目经理
C．专业监理工程师
D．项目技术负责人

41. 进行施工质量验收时，分部工程的划分依据是（   ）。
A．工程量、施工段
B．专业性质、工程部位

C．材料、施工工艺　　　　D．工种、设备类别

42．某钢筋混凝土工程施工过程中，由于工人不按施工操作规程进行振捣导致混凝土密实度达不到验收规范规定的合格要求，这是一起（　　）质量事故。

A．指导责任　　　　B．操作责任

C．外部责任　　　　D．管理责任

43．某工程发生工程质量事故，造成6人死亡、8000万元的直接经济损失，该事故属于（　　）事故。

A．一般　　　　B．较大

C．重大　　　　D．特别重大

44．某工程项目的基础混凝土结构出现了宽度大于0.3mm的裂缝，但经分析其不影响结构的安全和使用，则可采取的处理措施是（　　）。

A．加固处理　　　　B．返工处理

C．不作处理　　　　D．返修处理

45．下列工程质量成本中，属于外部损失成本的是（　　）。

A．机具设备保养不善造成的损失　　　　B．质量事故处理费用

C．工程保修费　　　　D．违反标准及操作规程的损失费用

46．施工责任成本是以履行施工合同为前提，依据施工项目（　　），经过施工单位和项目管理机构协商确定的由项目管理机构控制的成本总额。

A．固定成本　　　　B．目标成本

C．概算成本　　　　D．预算成本

47．以项目实施方案为依据，以落实项目经理责任目标为出发点，根据企业的施工定额编制的施工成本计划是一种（　　）成本计划。

A．竞争性　　　　B．参考性

C．实施性　　　　D．战略性

48．某分部工程的成本计划数据见表1，则第4周的施工成本计划值是（　　）万元。

表1　某分部工程的成本计划数据

编码	项目名称	时间（周）	费用强度（万元/周）	工程进度（周）											
				1	2	3	4	5	6	7	8	9	10	11	12
11	场地平整	1	20	—											
12	土方开挖	4	30		—	—	—	—							
13	基础垫层	4	45			—	—	—	—						
14	混凝土基础	6	80				—	—	—	—	—	—			
15	土方回填	3	30										—	—	—

A．155　　　　B．75

C．80　　　　D．125

49．某桩基工程承包合同约定：工程桩180根，单价为1.4万元/根；经确认承包商实际完成的工程桩为160根，实际单价为1.6万元/根。该打桩工程的已完工程实际费用（*ACWP*）、拟完工程预算费用（*BCWS*）和已完工程预算费用（*BCWP*）的关系可表示为（　　）。

A．$BCWP > ACWP > BCWS$　　B．$BCWS > BCWP > ACWP$

C．$ACWP > BCWS > BCWP$　　D．$BCWS > ACWP > BCWP$

50．关于挣值法及其应用的说法，正确的是（　　）。

A．挣值法有四个基本参数和三个评价指标

B．费用（进度）绩效指数反映的是绝对偏差

C．费用（进度）偏差仅适合对同一项目作偏差分析

D．进度偏差为正值，表明进度延误

51．关于工程成本会计核算、业务核算和统计核算区别和联系的说法，正确的是（　　）。

A．会计核算是对已发生的经济进行核算，而业务核算和统计核算还对正在进行的经济活动进行核算

B．业务核算是价值核算，会计核算的范围比业务核算的范围更广

C．统计核算和会计核算必须用货币计量，业务核算可以用实物量或劳动量计量

D．统计核算是利用会计核算和业务核算的核算资料把数据按统计方法加以系统管理，发现企业生产经营活动的规律

52．关于分部分项工程施工成本分析的说法，错误的是（　　）。

A．分部分项工程成本分析是施工项目成本分析的基础

B．成本分析的对象为已完成分部分项工程

C．须对施工项目中的所有分部分项工程进行成本分析

D．要进行预算成本、目标成本和实际成本的“三算”对比，分别计算实际偏差和目标偏差

53．下列施工现场危险源中，属于第一类危险源的是（　　）。

A．存放汽油的区域缺乏必要隔离措施　　B．工人取用汽油操作不规范

C．汽油储存设备老化　　D．现场存放大量汽油

54．某建筑企业对近10年发生的人身伤害类事故进行了统计分析，发现性格内向不爱说话的员工发生事故的概率相对较高，该企业决定在下一步增加心理测试环节以避免该类人员从事高风险工作。根据事故理论，该企业人员以及岗位适配的做法，符合的理论是（　　）。

A．能量意外释放理论　　B．事故轨迹交叉理论

C．瑞士奶酪模型理论　　D．事故频发倾向理论

55．根据安全生产费用管理相关规定，建设单位应当在合同中单独约定并于工程开工日一个月内向承包单位支付企业安全生产费用的比例最低为（　　）。

A．20%　　B．30%

C．40%　　D．50%

56．下列施工企业新员工上岗前安全教育内容中，属于班组级安全教育内容的是（　　）。

A．企业劳动方针　　B．企业安全生产规章制度

C．岗位安全操作规程　　D．安全生产法律法规

57．根据《建设工程安全生产管理条例》，施工单位针对达到一定规模的危险性较大的分部分项工程编制的专项施工方案，需经（　　）签字后实施。

A．施工项目经理和建设单位技术负责人

B．施工单位法定代表人和建设单位技术负责人

C. 施工单位技术负责人和总监理工程师

D. 建设单位技术负责人和总监理工程师

58. 安全风险等级从高到低划分为重大风险、较大风险、一般风险和低风险，黄色标示（　　）。

A. 重大风险　　B. 较大风险

C. 一般风险　　D. 低风险

59. 应急管理部门和负有安全生产监督管理职责的有关部门逐级上报安全事故情况时，每一级上报的时间不得超过（　　）h。

A. 12　　B. 24

C. 48　　D. 2

60. 循环经济的“3R”原则中“再循环”是指（　　）。

A. 通过输入端控制方式，用较少资源投入来达到既定的生产目的

B. 通过过程端控制方式，将废物的全部或部分作为其他产品的部件予以使用

C. 通过输出端控制方式，将生产出来的物品在完成其使用功能后通过回收利用重新变成可用资源

D. 通过过程端控制方式，将废物直接作为产品或经修复、翻新、再制造后继续作为产品使用

61. 利用可周转使用的材料和构件代替施工现场主要道路硬化处理，属于绿色施工中的（　　）。

A. 节材与材料资源利用　　B. 节地与施工用地保护

C. 节能与能源利用　　D. 节水与水资源利用

62. 安全文明施工费的结算依据是（　　）。

A. 安全文明施工费台账

B. 安全文明施工费报价单

C. 施工合同及实施过程中的费用核查情况

D. 有关企业安全生产费用提取制度

63. 根据《关于印发〈企业境外经营合规管理指引〉的通知》（发改外资〔2018〕1916号），企业应以（　　）为导向，明确合规管理工作内容，健全合规管理架构，制定合规管理制度，完善合规运行机制。

A. 执行合规管理制度和程序　　B. 开展合规评审与改进

C. 倡导合规经营价值观　　D. 建立权责清晰的合规治理结构

64. 企业要在经营过程中遵守规制、规则和规范，承担社会与环境责任，反腐败、反垄断、反欺诈，避免商业贿赂和违规经营，这表明国际工程承包具有（　　）。

A. 合规风险　　B. 经济风险

C. 市场风险　　D. 社会风险

65. 根据FIDIC《施工合同条件》（新红皮书），下列施工合同文件，最具优先解释权的是（　　）。

A. 中标函　　B. 通用条件

C. 投标函　　D. 专用条件A部分

66. 根据FIDIC《设计采购施工（EPC）/交钥匙工程合同条件》（银皮书），对符合要求的分包工作，承包商应在不少于28d前向业主通知的事项不包括（　　）。

A．分包商承担现场安全管理的任务

B．拟雇用的分包商，并附包括其相关经验的详细资料

C．分包商承担工作的拟定开工日期

D．分包商承担现场工作的拟定开工日期

67. 适用于在签订合同时工程范围尚未确定，合同双方先约定合同的目标成本，当实际费用节支或超支时，双方按合同约定的方式分摊的工程施工合同（ECC）的计价模式是（　　）。

A．目标合同　　B．成本补偿合同

C．管理合同　　D．标价合同

68. 下列合同形式主要用于私营的房屋建筑工程的是（　　）。

A．NEC合同　　B．AIA系列合同条件

C．EPC合同　　D．ECC合同

69. 建筑信息模型中的信息可以随着工程建设不同阶段和变化而更新和调整，这体现了建筑信息模型具有（　　）的基本特征。

A．模型信息的动态性　　B．模型信息的完备性

C．模型信息的关联性　　D．模型信息的一致性

70. 智能建造应以（　　）为基础。

A．新一代信息技术融合应用　　B．单一应用人工智能技术应用

C．建筑机器人开发应用　　D．数智化管控平台应用

二、多项选择题（共30题，每题2分。每题的备选项中，有2个或2个以上符合题意，至少有1个错项。错选，本题不得分；少选，所选的每个选项得0.5分）

71. 根据《建设工程监理规范》GB/T 50319—2013，关于工程监理人员职责的说法，正确的有（　　）。

A．总监理工程师应签发工程款支付证书

B．总监理工程师应组织编写监理月报

C．总监理工程师应主持安全事故处理

D．专业监理工程师应处理质量问题和质量事故

E．总监理工程师应主持审查分包单位资格

72. 施工总承包单位按合同约定选定分包单位后，项目监理机构根据施工总承包单位报送的分包单位资格报审表及相关资料审查的内容有（　　）。

A．企业资质等级证书　　B．类似工程业绩

C．专职管理人员资格　　D．专项施工方案

E．安全生产许可文件

73. 单位工程施工组织设计的内容包括（　　）。

A．施工总平面布置　　B．主要施工方案

C．工程概况　　D．施工部署

E．施工准备与资源配置计划

74. 环境管理体系的核心内容中，属于领导作用的内容有（　　）。

A. 组织的角色、职责和权限　　B. 环境方针

C. 绩效评价　　D. 沟通和培训

E. 领导作用和承诺

75. 项目群具有的特征有（　　）。

A. 为利益相关方提供收益　　B. 具有复杂性和不确定性

C. 具有兼容性和实施性　　D. 帮助实现战略目标或经营目标

E. 由具有相互依存和相互关联的项目群组件构成

76. 根据《标准施工招标文件》中的通用合同条款，承包人的主要义务有（　　）。

A. 按工作内容和施工进度要求，编制施工组织设计和施工进度计划

B. 负责办理施工场地临时道路占用的许可手续

C. 测设施工控制网并报监理人审批

D. 保证工程施工和人员的安全

E. 对深基坑工程和地下暗挖工程编制专项施工方案

77. 根据《标准施工招标文件》中的通用合同条款，施工合同履行期间，属于变更范围的有（　　）。

A. 承包人投入施工设备的数量超过投标文件承诺的数量

B. 为完成工程需要追加的额外工作

C. 改变合同中任何一项工作的施工时间

D. 改变合同中任何一项工作的质量特性

E. 承包人在合同中的某项工作转由发包人自行实施

78. 根据《最高人民法院关于审理建设工程施工合同纠纷案件适用法律问题的解释（一）》（法释〔2020〕25号），当事人对付款时间没有约定或者约定不明的，对视为应付款时间的说法，正确的有（　　）。

A. 建设工程已实际交付的，为交付之日

B. 建设工程没有交付的，为提交竣工结算文件之日

C. 建设工程未交付，工程价款也未结算的，为当事人起诉之日

D. 建设工程已实际交付的，为竣工验收合格之日

E. 建设工程没有交付的，为竣工验收合格之日

79. 根据《建设工程施工专业分包合同（示范文本）》GF—2003—0213，属于承包人工作的有（　　）。

A. 编制分包工程详细的施工组织设计

B. 提供分包工程施工所需的施工场地

C. 向分包人进行设计图纸交底

D. 编制分包工程年、季、月工程进度计划

E. 与项目监理人进行直接工作联系

80. 建设工程风险识别的方法有（　　）。

A. 损失控制法　　B. 预防计划法

C. 初始清单法　　D. 专家调查法

E. 财务报表法

81．与横道计划相比，网络计划的优点有（　　）。

A．能够直观表示各项工作的进度安排

B．有利于实现对施工进度的动态控制

C．对于分析进度计划执行中各项工作之间的相互影响非常重要

D．有利于施工进度管理中挖掘潜力

E．可以直观表达各项工作之间的搭接关系

82．建设工程组织流水施工时，流水步距的大小取决于相邻两个专业工作队（　　）。

A．参加流水的施工过程数

B．施工段的划分数量

C．各施工段上的流水节拍

D．参加流水施工的作业队数

E．流水施工的组织方式

83．工程网络计划优化的目的有（　　）。

A．压缩计算工期以满足要求工期

B．寻求资源需求量最少的计划安排

C．寻求工程总成本最低时的工期安排

D．满足资源限制条件，使工期延长最少

E．按要求工期寻求最低成本的计划安排

84．某双代号时标网络计划如图 4 所示，关于时间参数及关键线路的说法，正确的有（　　）。

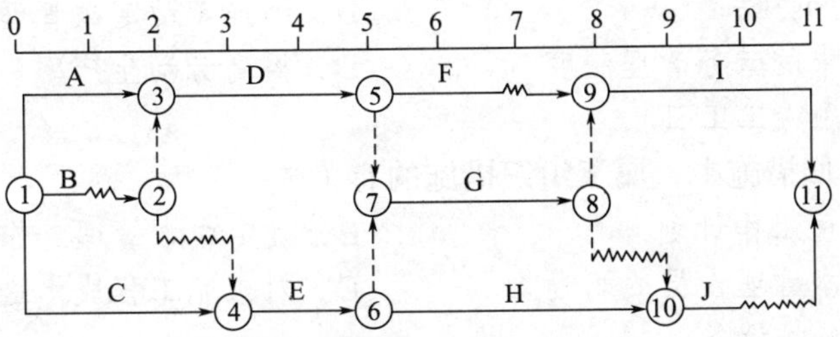

图 4　某双代号时标网络计划

A．工作 A 的总时差为 1，自由时差为 0

B．工作 C 的总时差为 0，自由时差为 0

C．工作 B 的总时差为 1，自由时差为 1

D．工作 H 的最早完成时间为 9，最迟完成时间为 9

E．①→②→④→⑥→⑦→⑧→⑨→⑪是关键线路

85．采用 S 曲线比较工程实际进度与计划进度，可获得的信息有（　　）。

A．工程实际拥有的总时差

B．工程实际进展情况

C．工程实际进度超前或拖后的时间

D．工程实际超额或拖欠完成的任务量

E．后期工程进度预测

86．下列影响工程质量的环境因素中，属于管理环境因素的有（　　）。

A．施工现场的照明情况

B．质量管理制度

C．施工现场的道路条件

D．质量评价标准

E．质量检验、监控制度

87．采用排列图法分析工程质量影响因素时，可将影响因素分为（　　）。

A．偶然因素　　B．主要因素
C．系统因素　　D．次要因素
E．一般因素

88．下列施工质量控制工作中，属于事前控制的有（　　）。
A．对质量活动结果的评价认定
B．对质量偏差的纠正
C．编制和审查施工组织设计、施工方案
D．对各项作业技术活动操作者的行为约束
E．施工现场准备和施工部署

89．总监理工程师组织主体结构分部工程验收时，应参加验收的人员有（　　）。
A．设计单位项目负责人　　B．勘察单位项目负责人
C．施工单位技术、质量部门负责人　　D．施工单位项目负责人
E．建设单位项目负责人

90．工程成本受多种因素影响，施工质量的不达标或低质量将增加（　　）。
A．额外监测和测试费用　　B．设计成本
C．维护和修理成本　　D．修复和重建成本
E．客户满意度和声誉成本

91．控制人工费支出的主要手段包括（　　）。
A．实行超产奖励办法　　B．加强劳动定额管理
C．实行弹性需求的劳务管理制度　　D．提高劳动生产率
E．降低工程耗用人工工日

92．下列施工成本纠偏措施中，属于组织措施的有（　　）。
A．编制成本管理工作计划　　B．确定成本管理工作流程
C．明确各级成本管理人员的职责　　D．对未完工程成本进行预测
E．使用先进的机械设备

93．危险源辨识与风险评价方法有（　　）。
A．LEC评价法　　B．预先危险性分析
C．系统分析　　D．安全检查表法
E．危险与可操作性分析

94．关于施工安全生产目标的说法，正确的有（　　）。
A．特殊工种持证上岗率100%　　B．死亡率为零
C．月轻伤频率在0.5%以下　　D．安全防护设施使用率100%
E．建筑施工安全检查得分率80%以上

95．根据《建设工程安全生产管理条例》，施工单位应编制专项施工方案并组织专家论证、审查的分部分项工程有（　　）。
A．拆除工程　　B．深基坑工程
C．地下暗挖工程　　D．起重吊装工程
E．高大模板工程

96．重大事故隐患报告内容应包括（　　）。
A．隐患排查治理制度　　B．隐患排查治理和监控责任制

C．隐患的危害程度和整改难易程度分析　　D．隐患的现状及其产生原因
E．隐患的治理方案

97．关于噪声与振动控制的说法，正确的有（　　）。
A．在施工场界需对噪声进行定时监测
B．施工现场应使用低噪声、低振动的机具
C．施工车辆进出现场，不宜鸣笛
D．噪声测量测点应设在对噪声敏感建筑物影响较大、距离较近的位置
E．噪声测量应在无雨雪、无雷电天气，风速为 10m/s 以下时进行

98．《商务部等 19 部门关于促进对外承包工程高质量发展的指导意见》（商合发〔2019〕273 号）提出推动对外承包工程转型升级和高质量发展的基本原则是（　　）。
A．坚持企业主体　　B．坚持规范有序
C．坚持效益稳定　　D．坚持互利共赢
E．坚持质量优先

99．在国际工程投标中，可考虑偏高报价的工程有（　　）。
A．业主对工期要求过紧，需要大量赶工的工程
B．专业要求高的技术密集型工程，本公司有专长，商誉高
C．支付条件不理想、要求垫付资金、无预付款的工程
D．地质条件复杂、把握不准、可能遇到特殊情况的工程
E．施工条件好的工程

100．BIM 技术应用实施模式中，建设单位的职责有（　　）。
A．与各参与方签订合同
B．组织策划项目 BIM 实施策略
C．接收通过审查的 BIM 交付模型和成果档案
D．组织开展对各参与方的 BIM 工作流程的培训
E．委托工程项目 BIM 总协调方

考前第1套卷参考答案及解析

一、单项选择题

1. B	2. D	3. C	4. B	5. A
6. B	7. C	8. A	9. C	10. B
11. A	12. D	13. D	14. B	15. A
16. A	17. B	18. B	19. C	20. C
21. C	22. D	23. C	24. B	25. D
26. C	27. D	28. D	29. D	30. A
31. A	32. C	33. C	34. C	35. C
36. B	37. C	38. D	39. C	40. D
41. B	42. B	43. C	44. D	45. C
46. D	47. C	48. A	49. C	50. C
51. D	52. C	53. D	54. D	55. D
56. C	57. C	58. C	59. D	60. C
61. B	62. C	63. C	64. A	65. A
66. A	67. A	68. B	69. A	70. A

【解析】

1. B。所谓项目资本金，是指在项目总投资中由投资者认缴的出资额。这里的总投资，是指投资项目的固定资产投资与铺底流动资金之和。

2. D。合作体承包模式是当工程项目包含专业工程类别多、数量大，或专业配套需要时，一家单位无力实行施工总承包，而建设单位又希望承包方有一个统一的协调组织时，就可能产生几家单位自愿成立一个合作体，然后以合作体名义与建设单位签订工程承包意向合同（也称基本合同）。达成协议后，各单位再分别与建设单位签订施工合同，并在合作体统一计划、指挥和协调下完成施工任务。

3. C。Partnering 模式的特征主要表现在：（1）出于自愿；（2）高层管理者参与；（3）Partnering 协议不是法律意义上的合同；（4）信息开放性。

4. B。经项目监理机构审查符合要求的施工组织设计，由总监理工程师签认后报送建设单位。

5. A。工程质量监督机构收到工程质量监督申报资料后，对于经审核符合要求的，应办理工程质量监督登记手续，并向建设单位签发工程质量监督文件。不符合条件的，应及时告知建设单位进行补报。

6. B。图1所示组织结构图为直线式组织结构。直线式组织结构的主要优点是结构简单、权力集中、易于统一指挥、隶属关系明确、职责分明、决策迅速。

7. C。矩阵式组织结构的优点是能够根据工程任务的实际情况灵活组建与之相适应的项目管理机构，实现集权与分权的最优结合，有利于调动各类人员的工作积极性，使项目管理工作顺利进行。但矩阵式组织结构的稳定性较差，尤其是业务人员的工作岗位调动频繁。此外，矩阵中每一位成员同时受项目经理和职能部门经理的双重领导，如果处理不当，会造成矛盾，产生扯皮现象。

8．A。施工组织总设计是指以若干单位工程组成的群体工程或特大型工程项目为主要对象编制的施工组织设计。施工组织总设计对整个工程项目施工过程起着统筹规划、重点控制的作用。

9．C。单位工程施工进度计划可按以下程序编制：（1）划分工作；（2）确定施工顺序；（3）计算工程量；（4）计算劳动量和机械台班数；（5）确定工作的持续时间；（6）编制初始施工进度计划；（7）施工进度计划的调整和优化。

10．B。工程项目目标在很大程度上需要通过采取技术措施来实现。为此，需要结合工程项目目标控制需求和工程特点，编制项目管理规划、施工组织设计、施工方案并对其技术可行性进行审查、论证；改进施工方法和施工工艺，采用更先进的施工机具；采用新技术、新材料、新工艺、新设备等“四新”技术并组织专家论证其可靠性和适用性等。还要在整个项目实施过程中，采用工程网络计划技术、价值工程、挣值分析等方法和数字化、智能化技术等进行动态控制。

11．A。质量管理的首要关注点是满足顾客要求并且努力超越顾客期望。

12．D。卓越绩效管理的目的是提升组织核心竞争力。评价组织的绩效管理水平，除关注其过去的绩效指标外，还注重对市场和竞争对手的分析，与行业内标杆企业进行对比，力求在企业战略制定和经营管理等方面超过竞争对手，占据更多的市场份额，获得长远发展。

13．D。《风险管理 指南》GB/T 24353—2022 采用“三轮”形式概括了风险管理的原则、框架和过程，使风险管理标准内容描述更简洁、更易理解，更加注重与企业管理活动的融入和整合。风险管理原则轮中，核心是“创造和保护价值”；风险管理框架轮中，核心是“领导作用与承诺”；风险管理过程轮中，反映了风险评估的经典过程：风险识别—风险分析—风险评价。

14．B。投标预备会后，招标人在投标人须知前附表规定的时间内，将对投标人所提问题的澄清，以书面方式通知所有购买招标文件的投标人。该澄清内容为招标文件的组成部分。

15．A。固定总价合同一般适用于下列情形：（1）招标时已有施工图设计文件，施工任务和发包范围明确，合同履行中不会出现较大设计变更。（2）工程规模较小、技术不太复杂的中小型工程或承包工作内容较为简单的工程部位，施工单位可在投标报价时合理地预见施工过程中可能遇到的各种风险。（3）工程量小、工期较短（一般为 1 年之内），合同双方可不必考虑市场价格浮动对承包价格的影响。

16．A。招标人规定了暂定金额的分项内容和暂定总价款，并规定所有投标人都必须在总报价中加入这笔固定金额，但由于分项工程量不很准确，允许将来按投标人所报单价和实际完成的工程量付款。这种情况下，由于暂定总价款是固定的，对各投标人的总报价水平没有任何影响，因此，投标时应适当提高暂定金额的单价。

17．B。施工发包人和承包人的法定代表人或其委托代理人在合同协议书上签字并盖单位章后，施工合同生效。

18．B。承包人应按专用合同条款约定的内容和期限，编制详细的施工进度计划和施工方案说明报送监理人，故选项 A 错误。不论何种原因造成工程的实际进度与合同进度计划不符时，承包人可以在专用合同条款约定的期限内向监理人提交修订合同进度计划的申请报告，并附有关措施和相关资料，报监理人审批，故选项B正确。监理人可以直接向承包人作出修订合同进度计划的指示，承包人应按该指示修订合同进度计划，报监理人审批，故选项C错误。监理人应在专用合同条款约定的期限内批复。监理人在批复前应获得发包人同意，故选项D错误。

19．C。承包人应按合同约定的安全工作内容编制施工安全措施计划，应按监理人的指示制定应对灾害的紧急预案。施工安全措施计划和应对灾害的紧急预案均应报送监理人审批，故选项A错误。承包人应严格按照国家安全标准制定施工安全操作规程，配备必要的安全生产和劳动保护设施，加强对承包人人员的安全教育，并发放安全工作手册和劳动保护用具，故选项B错误，选项C正确。承包人对其履行合同所雇佣的全部人员，包括分包人人员的工伤事故承担责任，但由于发包人原因造成承包人人员的工伤事故，应由发包人承担责任，故选项D错误。

20．C。承包人认为有权得到追加付款和（或）延长工期的，应按以下程序向发包人提出索赔：（1）承包人应在知道或应当知道索赔事件发生后28d内，向监理人递交索赔意向通知书，并说明发生索赔事件的事由。（2）承包人应在发出索赔意向通知书后28d内，向监理人正式递交索赔通知书。（3）索赔事件具有连续影响的，承包人应按合理时间间隔继续递交延续索赔通知，说明连续影响的实际情况和记录，列出累计的追加付款金额和（或）工期延长天数。（4）在索赔事件影响结束后的28d内，承包人应向监理人递交最终索赔通知书，说明最终要求索赔的追加付款金额和延长的工期，并附必要的记录和证明材料。

21．C。承包人应向分包人提供与分包工程相关的各种证件、批件和各种相关资料，向分包人提供具备施工条件的施工场地，故选项A错误。未经承包人允许，分包人不得以任何理由与发包人或监理人发生直接工作联系，分包人不得直接致函发包人或项目监理机构，也不得直接接受发包人或监理人的指令，故选项B错误。分包合同价款与总包合同相应部分价款无任何连带关系，故选项D错误。

22．D。风险规避是彻底规避风险的一种做法，即断绝风险来源。不与业主签订合同就会避免风险的发生，属于风险规避的应对策略。

23．C。投标担保的主要目的是保证投标人在递交投标文件后不得撤销投标文件，中标后不得无正当理由不与招标人订立合同，在签订合同时不得向招标人提出附加条件或者不按照招标文件要求提交履约担保。否则，招标人有权不予退还其提交的投标保证金。

24．B。影响设计进度的因素包括：（1）业主建设意图及要求的改变；（2）设计各专业之间的协调配合；（3）设计文件审查批准延误。

25．D。工程项目前期工作计划是指对工程项目可行性研究、项目评估甚至包括初步设计等工作的进度安排。

26．C。平行施工方式：充分利用工作面进行施工，工期短。依次施工方式：没有充分地利用工作面进行施工，工期长。流水施工：尽可能地利用工作面进行施工，工期比较短。

27．D。空间参数是指在组织流水施工时，用以表达流水施工在空间布置上开展状态的参数。空间参数通常包括工作面和施工段数。时间参数是指在组织流水施工时，用以表达流水施工在时间安排上所处状态的参数，主要包括流水节拍、流水步距和流水施工工期等。工艺参数是指在组织流水施工时，用以表达流水施工在施工工艺方面进展状态的参数，通常包括施工过程数和流水强度两个参数。

28．D。加快的成倍节拍流水施工具有以下特点：（1）同一施工过程在各个施工段上的流水节拍均相等；不同施工过程的流水节拍为倍数关系。（2）相邻施工过程的流水步距相等，且等于流水节拍的最大公约数。（3）专业工作队数大于施工过程数。对于流水节拍大的施工过程，可按其倍数增加相应专业工作队数目。（4）各专业工作队在施工段上能够连续作业，施工段之间没有空闲时间。

29．D。本题的计算如下：

（1）求各施工过程流水节拍的累加数列：

施工过程 1：3，7，10，13

施工过程 2：2，7，11，14

（2）错位相减求得差数列：

$$\begin{array}{rrrrrr} & 3 & 7 & 10 & 13 & \\ - & & 2 & 7 & 11 & 14 \\ \hline & 3 & 5 & 3 & 2 & -14 \end{array}$$

（3）在差数列中取最大值，即为相邻两个施工过程的流水步距，则流水步距 K=max{3，5，3，2，−14}=5d。

（4）流水工期 $T=\sum K+\sum t_n+\sum Z-\sum C$，式中，$t_n$ 为最后一个施工过程（或专业工作队）在各施工段上的流水节拍之和。本题中无技术间歇时间和提前插入时间，则流水工期 T=5+2+5+4+3=19d。

30．A。工作的最迟完成时间应等于其紧后工作最迟开始时间的最小值，则工作 M 的最迟完成时间 =min{21，18，15}=15；工作的最迟开始时间等于工作的最迟完成时间减去工作的持续时间，即工作 M 的最迟开始时间 =15−4=11。

31．A。总持续时间最长的线路称为关键线路。关键线路包括：①→④→⑦→⑧→⑪。

32．C。总时差最小的工作为关键工作。

33．C。施工进度调整系统过程内容包括：（1）分析进度偏差产生的原因；（2）分析进度偏差对后续工作和总工期的影响；（3）确定后续工作和总工期的限制条件；（4）调整施工进度计划。选项 A、B、D 属于进度监测系统过程的内容。

34．C。由图 3 可以看出，工作 D 拖延 3 周，因为工作 D 有 3 周的总时差，2 周的自由时差，因此其拖延不影响工期，但影响后续工作最早开始时间，故选项 A、D 错误。工作 E 拖延 1 周，不影响工期，因为其总时差为 1 周，故选项 B 错误。工作 F 拖延 2 周，将影响工期 2 周，因为工作 F 为关键工作，故选项 C 正确。

35．C。建设工程投资决策阶段主要是确定建设工程应达到的质量目标及水平。

36．B。工程质量管理体系是工程项目管理组织的一个目标控制体系，它与项目投资控制、进度控制、职业健康安全与环境管理等目标控制体系，共同依托于同一项目管理组织机构，故选项 A 错误。工程质量管理体系是以工程项目为对象，由工程项目实施的总组织者负责建立的面向项目对象开展质量控制的工作体系，故选项 C 错误。工程质量管理体系根据工程项目管理的实际需要而建立，随着工程项目的完成和项目管理组织的解体而消失，因此，是一个一次性的质量管理工作体系，不同于企业质量管理体系，故选项 B 正确，选项 D 错误。

37．C。简单随机抽样就是排除人的主观因素，按以下方式逐个抽取样本单元的方法：

第一样本单元从总体中所有 N 个抽样单元中随机抽取；第二个样本单元从剩下的（$N-1$）个抽样单元中随机抽取；依此类推，直至抽取 n 个样本单元为止。系统随机抽样是指将总体中的抽样单元按某种次序排列，在规定范围内随机抽取一个或一组初始单元，然后按一套规则确定其他样本单元的抽样方法。分层随机抽样是指将总体分割成互不重叠的子总体（层），在每层中独立地按给定的样本量进行简单随机抽样。整群随机抽样是指将总体分成若干互不重叠的群，每个群由若干个体组成。总体中随机抽取若干个群，抽出的群中所有个体便组成样本。

38．D。在常规无损检测方法中，渗透方法仅用于探测被检物表面开口的缺陷。

39．C。直方图的主要用途是：判断工序的稳定性、推断工序质量规格标准的满足程度、分析不同因素对质量的影响、计算工序能力等。

40．D。技术交底书应由施工项目技术人员编制，并经项目技术负责人批准实施。

41．B。检验批应根据施工组织、质量控制和专业验收需要，按工程量、楼层、施工段划分，检验批抽样数量应符合有关专业验收标准的规定。分项工程应根据工种、材料、施工工艺、设备类别划分。分部工程应根据专业性质、工程部位划分。单位工程应为具备独立使用功能的建筑物或构筑物。

42．B。操作责任事故：工程施工过程中，由于操作人员违规操作造成的质量事故，如土方工程中不按规定的填土含水率和碾压遍数施工；浇筑混凝土时随意加水；工序操作中不按操作规程进行操作等原因造成的质量事故。

43．C。工程质量事故等级划分如图 5 所示。

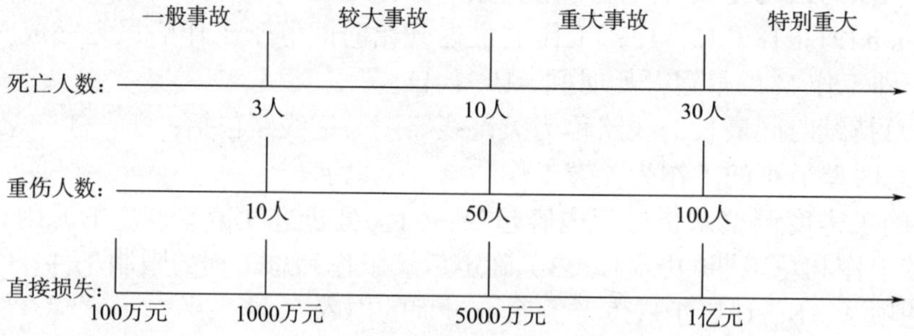

图 5　工程质量事故等级划分

每一事故等级所对应的 3 个条件是独立成立的，只要符合其中一条就可以判定，最后选择等级最高的作为正确答案。

注意等级标准中所称的以上包括本数，所称的以下不包括本数。

本题中，6 人死亡属于较大事故，8000 万元的直接经济损失属于重大事故，所以该事故属于重大事故。

44．D。当工程的某些部分的质量虽未达到规范、标准或设计规定的要求，存在一定的缺陷，但经过返修后可以达到要求的质量标准，又不影响使用功能或外观的要求时，可采取返修处理的方法。例如，某些混凝土结构表面出现蜂窝、麻面，经调查分析，该部位经返修处理后，不会影响其使用及外观；对混凝土结构局部出现的损伤，如结构受撞击、局部未振实、冻害、火灾、酸类腐蚀、碱集料反应等，当这些损伤仅在结构的表面或局部，不影响其使用和外观，可进行返修处理。再比如对混凝土结构出现的裂缝，经分析研究后如果不影响结构的安全和使用时，也可采取返修处理。例如，当裂缝宽度不大于 0.2mm 时，可采用表面密封法；当裂缝宽度大于 0.3mm 时，可采用嵌缝密闭法；当裂缝较深时，则应采取灌浆修补的方法。

45．C。内部损失成本是指在工程施工过程中因指挥决策失误、违反标准及操作规程、成品保护及机具设备保养不善等引起工程质量缺陷而造成的损失，以及为处理工程质量缺陷而发生的费用，包括返工损失、返修损失、停工损失、质量事故处理费用等。外部损失成本是指工程移交后，在使用过程中发现工程质量缺陷而需支付的费用总和，包括工程保修费、损失赔偿费等。

46．D。施工责任成本是以履行施工合同为前提，依据施工项目预算成本，经过施工单位和项目管理机构协商确定的由项目管理机构控制的成本总额。

47．C。实施性成本计划是指在工程项目施工准备阶段，以项目实施方案为依据，以落实项目经理责任目标为出发点，根据企业施工定额编制的施工成本计划。

48．A。从横道图中可以看出，第 4 周施工计划要做三项工作：土方开挖、基坑垫层和混凝土基础，相应的费用强度为 30 万元 / 周、45 万元 / 周和 80 万元 / 周，因此，第 4 周的施工成本计划值 =30 ＋ 80 ＋ 45=155 万元。

49．C。挣值法的三个基本参数包括：

已完工程实际费用（*ACWP*）=Σ（已完成工程量 × 实际单价）=160×1.6=256 万元。

拟完工程预算费用（*BCWS*）=Σ（计划工程量 × 预算单价）=180×1.4=252 万元。

已完工程预算费用（*BCWP*）=Σ（已完成工程量 × 预算单价）=160×1.4=224 万元。

即：*ACWP* ＞ *BCWS* ＞ *BCWP*。

50．C。选项 A 错误，挣值有三个基本参数和四个评价指标。选项 B 错误，费用（进度）绩效指数反映的是相对偏差。选项 D 错误，当进度偏差（*SV*）为正值时，表明实际进度提前。

51．D。选项 A 错误，会计核算和统计核算是对已经发生的经济活动进行核算，而业务核算不但可以核算已经完成的项目是否达到原定的目的、取得预期的效果，而且可以对尚未发生或正在发生的经济活动进行核算。选项 B 错误，会计核算主要是价值核算，业务核算的范围比会计核算、统计核算要广。选项 C 错误，统计核算的计量尺度比会计核算宽，可以用货币计算，也可以用实物或劳动量计量。

52．C。分部分项工程成本分析是施工项目成本分析的基础。分部分项工程成本分析的对象为已完成分部分项工程。分析的方法是：进行预算成本、目标成本和实际成本的“三算”对比，分别计算实际偏差和目标偏差，分析偏差产生的原因，为今后的分部分项工程成本寻求节约途径。由于施工项目包括很多分部分项工程，不可能也没有必要对每一个分部分项工程都进行成本分析。

53．D。施工生产危险源是指施工现场及施工生产过程中危险的根源、可能导致危险事件发生的状态或行为，或两者的组合。危险源可分为第一类危险源和第二类危险源。第一类危险源是指施工现场及施工生产过程中存在的，可能发生意外释放能量（机械能、电能、势能、化学能、热能等）的根源，包括施工现场或施工生产过程中各种能量或危险物质。

54．D。事故频发倾向理论是指个别人容易发生事故的、稳定的、个人的内在倾向。基于事故频发倾向理论，预防安全事故的措施有：（1）人员选择，即通过严格的生理、心理检验，选择身体、智力、性格特征及动作特征等方面优秀的人才就业；（2）人事调整，即把企业中的事故频发倾向者调整岗位或解雇。

55. D。建设单位应在合同中单独约定并于工程开工日一个月内向承包单位支付至少50% 企业安全生产费用。

56. C。班组级岗前安全教育内容应包括：（1）岗位安全操作规程；（2）岗位之间工作衔接配合的安全与职业卫生事项；（3）有关事故案例；（4）其他需要培训的内容。

57. C。《建设工程安全生产管理条例》规定，对达到一定规模的危险性较大的分部分项工程编制专项施工方案，并附具安全验算结果，经施工单位技术负责人、总监理工程师签字后实施，由专职安全生产管理人员进行现场监督。

58. C。安全风险等级从高到低划分为重大风险、较大风险、一般风险和低风险，分别用红、橙、黄、蓝四种颜色标示。其中，重大安全风险应填写清单、汇总造册，按照职责范围报告属地负有安全生产监督管理职责的部门。要依据安全风险类别和等级建立企业安全风险数据库，绘制企业“红橙黄蓝”四色安全风险空间分布图。

59. D。应急管理部门和负有安全生产监督管理职责的有关部门逐级上报事故情况，每级上报的时间不得超过 2h。

60. C。循环经济的“3R”原则，即“减量化”“再利用”“再循环”。“减量化”原则：通过输入端控制方式，用较少资源投入来达到既定的生产目的，从经济活动的源头就注意节约资源和减少废弃物排放。“再利用”原则：通过过程端控制方式，将废物直接作为产品或经修复、翻新、再制造后继续作为产品使用，或者将废物的全部或部分作为其他产品的部件予以使用。“再循环”原则：通过输出端控制方式，将生产出来的物品在完成其使用功能后通过回收利用重新变成可用资源，减少垃圾的产生。

61. B。施工前应制定合理的场地使用计划；施工中应减少场地干扰，保护环境。节地与施工用地保护措施包括：施工现场道路按照永久道路和临时道路相结合的原则布置；施工现场内形成环形通路，减少道路占用土地；施工现场主要道路的硬化处理宜采用可周转使用的材料和构件。

62. C。施工单位应设立安全文明施工费专用账户，建立安全文明施工措施费台账，做到专款专用，确保按投标报价及相关标准要求投入，施工合同和实施过程中的费用核查情况是安全文明措施费的结算依据。

63. C。根据《关于印发〈企业境外经营合规管理指引〉的通知》（发改外资〔2018〕1916 号），企业应以倡导合规经营价值观为导向，明确合规管理工作内容，健全合规管理架构，制定合规管理制度，完善合规运行机制，加强合规风险识别、评估与处置，开展合规评审与改进，培育合规文化，形成重视合规经营的企业氛围。

64. A。合规风险是指企业因没有遵循法律法规和准则而可能遭受法律制裁、监管处罚、重大财产损失、声誉损失以及其他负面影响的风险。近年来，中国企业境外经营的合规风险上升，涉及项目招标投标、合同履约、劳工权益保护、环境保护等多个领域，企业遭受处罚的风险事件时有发生，亟需树立合规意识，重视合规风险。企业要在经营过程中遵守规制、规则和规范，承担社会与环境责任，反腐败、反垄断、反欺诈，避免商业贿赂和违规经营。

65. A。根据 FIDIC《施工合同条件》（新红皮书），施工合同由如下文件组成，如有矛盾、歧义或不一致，优先解释顺序如下：（1）合同协议书；（2）中标函；（3）投标函；（4）专用条件 A 部分——合同数据；（5）专用条件 B 部分——特别规定；（6）通用条件；（7）规范要求；（8）图纸；（9）资料表；（10）联营体承诺书（如果承包商是联营体）；（11）构成合同组成部分的任何其他文件。

66. A。根据 FIDIC《设计采购施工（EPC）/ 交钥匙工程合同条件》（银皮书），对符合要求的分包工作，承包商应在不少于 28d 前向业主通知以下事项：（1）拟雇用的分包商，并附包括其相关经验的详细资料；（2）分包商承担工作的拟定开工日期；（3）分包商承担现场工作的拟定开工日期。

67. A。工程施工合同（ECC）的目标合同计价模式适用于在签订合同时工程范围尚未确定，合同双方先约定合同的目标成本，当实际费用节支或超支时，双方按合同约定的方式分摊。

68. B。美国建筑师协会（AIA）制定的系列合同条件在美国及美洲地区广泛使用，也是国际上有代表性的合同条件之一。AIA 系列合同条件主要用于私营的房屋建筑工程，该合同条件下确定了传统模式、设计—建造模式、CM 模式和集成化管理模式等不同类型的工程管理模式。

69. A。建筑信息模型中的信息可以随着工程建设不同阶段和变化而更新和调整。它强调了建筑信息模型作为一个动态的数据存储和管理工具的特性。

70. A。智能建造应以新一代信息技术融合应用为基础。智能建造绝非是在工程建造过程中单一应用人工智能技术，应是将新一代信息技术融合应用于建造过程。

二、多项选择题

71. A、B、E	72. A、B、C、E	73. B、C、D、E	74. A、B、E	75. A、B、D、E
76. A、C、D、E	77. B、C、D	78. A、B、C	79. B、C、E	80. C、D、E
81. B、C、D	82. C、E	83. A、C、D、E	84. B、C	85. B、C、D、E
86. B、E	87. B、D、E	88. C、E	89. A、C、D	90. A、C、D、E
91. B、D、E	92. A、B、C	93. A、B、D、E	94. A、B、D	95. B、C、E
96. C、D、E	97. B、C、D	98. A、B、D、E	99. A、B、C、D	100. A、B、C、E

【解析】

71. A、B、E。总监理工程师应参与或配合工程质量安全事故的调查和处理，故选项 C 错误。专业监理工程师负责处置发现的质量问题和安全事故隐患，故选项 D 错误。

72. A、B、C、E。工程有分包单位的，施工总包单位应将分包单位资格报审表及相关资料报送项目监理机构。项目监理机构将会审查施工分包单位以下内容：（1）营业执照、企业资质等级证书；（2）安全生产许可文件；（3）类似工程业绩；（4）专职管理人员和特种作业人员资格。

73. B、C、D、E。单位工程施工组织设计的内容包括：工程概况、施工部署、施工进度计划、施工准备与资源配置计划、主要施工方案、施工现场平面布置等。

74. A、B、E。领导作用与环境管理体系中的“策划”“支持和运行”“绩效评价”及“改进”四大部分均紧密联系，且处于核心地位。领导作用包括三方面内容：（1）领导作用和承诺；（2）环境方针；（3）组织的角色、职责和权限。

75. A、B、D、E。项目群可以是战略性的、变革性的或经营性的。项目群具有以下特征：（1）项目群由具有相互依存和相互关联的项目群组件构成；（2）项目群为利益相关方提供收益，并帮助实现战略目标或经营目标；（3）项目群具有复杂性和不确定性，需要加以管理来尽可能减少复杂性和不确定性。

76. A、C、D、E。承包人的主要义务有：（1）查勘施工现场。（2）编制工程实施措施计划。主要包括：施工组织设计和施工进度计划；工程质量保证措施文件；施工安全管理措施计划，对危险性较大的分部分项工程编制专项施工方案，经监理人审查批准后方可实施；环境保护措施计划。（3）负责施工现场内交通道路和临时工程。（4）测设施工控制网，并将施工控制网点的资料报送监理人审批。（5）提出开工申请。（6）完成各项承包工作。（7）保证工程施工和人员的安全。（8）负责施工场地及其周边环境与生态的保护工作。（9）避免施工对公众与他人的利益造成损害。（10）工程的维护和照管。选项B属于发包人的义务。

77. B、C、D。在履行合同中发生以下情形之一，应进行变更：（1）取消合同中任何一项工作，但被取消的工作不能转由发包人或其他人实施；（2）改变合同中任何一项工作的质量或其他特性；（3）改变合同工程的基线、标高、位置或尺寸；（4）改变合同中任何一项工作的施工时间或改变已批准的施工工艺或顺序；（5）为完成工程需要追加的额外工作。

78. A、B、C。《最高人民法院关于审理建设工程施工合同纠纷案件适用法律问题的解释（一）》（法释〔2020〕25号）规定，利息从应付工程价款之日开始计付。当事人对付款时间没有约定或者约定不明的，下列时间视为应付款时间：（1）建设工程已实际交付的，为交付之日；（2）建设工程没有交付的，为提交竣工结算文件之日；（3）建设工程未交付，工程价款也未结算的，为当事人起诉之日。

79. B、C、E。承包人应提供总承包合同（有关承包工程的价格内容除外）供分包人查阅。承包人应完成的工作通常有：（1）向分包人提供根据总承包合同由发包人办理的与分包工程相关的各种证件、批件、相关资料，向分包人提供具备施工条件的施工场地。（2）组织分包人参加发包人组织的图纸会审，向分包人进行设计图纸交底。（3）提供合同专用条款中约定的设备和设施，并承担因此发生的费用。（4）随时为分包人提供确保分包工程的施工所要求的施工场地和通道等，满足施工运输的需要，保证施工期间的畅通。（5）负责整个施工场地的管理工作，协调分包人与同一施工场地的其他分包人之间的交叉配合，确保分包人按照经批准的施工组织设计进行施工。（6）为运至施工场地内用于分包工程的材料和待安装设备办理保险。发包人已经办理的保险视为承包人办理的保险。

80. C、D、E。建设工程风险识别的方法有：专家调查法、财务报表法、初始清单法、流程图法、统计资料法等。

81. B、C、D。与横道计划相比，网络计划具有以下特点：（1）能够明确表达各项工作之间的先后顺序关系（也即逻辑关系），这对于分析进度计划执行中各项工作之间的相互影响非常重要；（2）能够通过时间参数计算，找出影响工期的关键工作和关键线路；（3）能够通过时间参数计算，确定各项工作的机动时间（也即时差），有利于施工进度管理中挖掘潜力，还可用来优化网络计划；（4）能够利用项目管理软件进行计算、优化和调整，实现对施工进度的动态控制。

82. C、E。流水步距的大小取决于相邻两个专业工作队各施工段上的流水节拍及流水施工的组织方式。

83. A、C、D、E。工期优化，是指网络计划的计算工期不满足要求工期时，通过压缩关键工作的持续时间以满足要求工期目标的过程，故选项A正确。费用优化又称工期－成本优化，是指寻求工程总成本最低时的工期安排，或按要求工期寻求最低成本的计划安排的过程，故选项 C、E 正确。在通常情况下，网络计划的资源优化分为两种，即“资源有限，工期最短”的优化和“工期固定，资源均衡”的优化。前者是通过调整计划安排，在满足资源限制条件下，使工期延长最少的过程；而后者是通过调整计划安排，在工期保持不变的条件下，使资源需用量尽可能均衡的过程，故选项 D 正确。

84．B、C。本题的关键线路为：①→③→⑤→⑦→⑧→⑨→⑪（A → D → G → I）、①→④→⑥→⑦→⑧→⑨→⑪（C → E → G → I），故选项 E 错误。工作 A 为关键工作，总时差、自由时差均为 0，故选项 A 错误。工作 C 为关键工作，总时差、自由时差均为 0，故选项 B 正确。工作 B 的总时差 =min{0+1，0+2}=1，自由时差 =1，故选项 C 正确。工作 H 的最早完成时间为 9，最迟完成时间为 10，故选项 D 错误。

85．B、C、D、E。通过比较实际进度 S 曲线和计划进度 S 曲线，可以获得如下信息：（1）工程实际进展状况。（2）工程实际进度超前或拖后的时间。在 S 曲线比较图中可以直接读出实际进度比计划进度超前或拖后的时间。（3）工程实际超额或拖欠的任务量。在 S 曲线比较图中也可直接读出实际进度比计划进度超额或拖欠的任务量。（4）后期工程进度预测。

86．B、E。环境因素有很多，主要指自然环境、技术环境和管理环境。自然环境包括地质条件、水文条件、气象条件和周边建筑、地下障碍物及其他不可抗力等因素；技术环境包括施工所依据的规范、规程、设计图纸、质量评价标准等因素；管理环境包括质量检验、监控制度、质量管理制度等。

87．B、D、E。排列图在实际应用中，一般将累计频率在 0～80% 范围内的因素定为 A 类因素，即主要因素；累计频率在 80%～90% 范围内的因素定为 B 类因素，即次要因素；累计频率在 90%～100% 范围内的因素定为 C 类因素，即一般因素。

88．C、E。施工质量控制是一个包含事前控制、事中控制和事后控制三大环节的系统过程。事前控制，就是要预先进行周密的质量计划，并按质量计划进行质量活动前准备工作状态的控制。例如在施工准备阶段，施工单位编制和审查施工组织设计、施工方案，进行施工现场准备和施工部署等。事中控制，是指对产品生产过程中各项作业技术活动操作者的行为约束和对质量活动过程和结果的监督控制。事后控制，是指对质量活动结果的评价认定和对质量偏差的纠正。

89．A、C、D。分部工程应由总监理工程师组织施工单位项目负责人和项目技术负责人等进行验收。勘察、设计单位项目负责人和施工单位技术、质量部门负责人应参加地基与基础分部工程的验收，设计单位项目负责人和施工单位技术、质量部门负责人应参加主体结构、节能分部工程的验收。

90．A、C、D、E。施工质量的不达标或低质量将增加修复和重建成本、返工和修正成本、额外监测和测试费用、低效和浪费成本、维护和修理成本，以及客户满意度和声誉成本。

91．B、D、E。加强劳动定额管理、提高劳动生产率、降低工程耗用人工工日，是控制人工费支出的主要手段。

92．A、B、C。施工成本纠偏措施的组织措施有：实行项目经理责任制，落实成本管理的组织机构和人员，明确各级成本管理人员的任务和职能分工、权利和责任。组织措施的另一方面是编制成本管理工作计划、确定合理详细的工作流程。要做好施工采购计划，通过生产要素的优化配置、合理使用、动态管理，有效控制实际成本。组织措施是其他各类措施的前提和保障。选项 D 属于经济措施。选项 E 属于技术措施。

93. A、B、D、E。危险源辨识与风险评价方法有：安全检查表法、预先危险性分析、危险与可操作性分析、事故树分析法、LEC 评价法。

94. A、B、D。施工安全生产目标分为伤亡控制目标和安全管理效果目标。

（1）伤亡控制目标：如杜绝伤亡事故，死亡率为零，重伤率为零，月轻伤频率在 0.3% 以下。

（2）安全管理效果目标：包括安全管理工作落实效果和安全管理总体效果。前者如安全教育合格率 100%，特殊工种持证上岗率 100%，施工现场安全各项设施合格率 100%，安全防护设施使用率 100%，劳动保护用品及防护用品使用率 100% 等；后者如建筑施工安全检查得分率 90% 以上，创建安全文明工地等。

95. B、C、E。工程中涉及深基坑、地下暗挖工程、高大模板工程的专项施工方案，施工单位应当组织专家进行论证、审查。

96. C、D、E。重大事故隐患报告内容应包括：（1）隐患的现状及其产生原因；（2）隐患的危害程度和整改难易程度分析；（3）隐患的治理方案。

97. B、C、D。在施工场界需对噪声进行实时监测。噪声测量应根据施工场地周围噪声敏感建筑物位置和声源位置的布局，测点应设在对噪声敏感建筑物影响较大、距离较近的位置。测点通常应设在建筑施工场界外 1m，高度 1.2m 以上的位置。测量应在无雨雪、无雷电天气，风速为 5m/s 以下时进行。施工期间，测量连续 20min 的等效声级，夜间同时测量最大声级。

98. A、B、D、E。《商务部等 19 部门关于促进对外承包工程高质量发展的指导意见》（商合发〔2019〕273 号）提出推动对外承包工程转型升级和高质量发展的基本原则有：（1）坚持企业主体；（2）坚持质量优先；（3）坚持互利共赢；（4）坚持规范有序。

99. A、B、C、D。投标报价对能否中标和预期收益有重要影响，对不同项目投标报价水平的选择可参考表 2。

表 2　不同项目投标报价水平的选择

可考虑偏低报价	可考虑偏高报价
（1）施工条件好、工作简单、工程量大、业内企业基本都能做的； （2）投标对手多，竞争激烈的； （3）本公司目前急于打入某一市场、某一地区； （4）分期分批建设的工程，通过本工程实施有利于获得后续工程； （5）支付条件好的工程； （6）虽已在某地区经营多年，但即将面临没有工程的情况，设备、劳务等无工地转移时	（1）施工条件差、环境恶劣的工程； （2）专业要求高的技术密集型工程，本公司有专长，商誉高； （3）投标竞争对手少的工程； （4）地质条件复杂、把握不准、可能遇到特殊情况的工程，如水下地下开挖工程； （5）支付条件不理想、要求垫付资金、无预付款的工程； （6）业主对工期要求过紧，需要大量赶工的； （7）总价低的小工程，投标人兴趣不大但被邀请投标的

100. A、B、C、E。建设单位职责：（1）组织策划项目 BIM 实施策略，确定项目的 BIM 应用目标、应用要求，并落实相关费用。（2）委托工程项目 BIM 总协调方。BIM 总协调方可以为满足要求的建设单位相关部门、设计单位、施工单位或第三方咨询机构。（3）与各参与方签订合同。（4）接收通过审查的 BIM 交付模型和成果档案。

《建设工程项目管理》
考前第2套卷及解析

《建设工程项目管理》考前第2套卷

一、单项选择题（共70题，每题1分。每题的备选项中，只有1个最符合题意）

1. 关于项目资本金的说法，正确的是（　　）。

A．项目资本金是债务性资金　　B．项目法人承担项目资本金的利息

C．投资者可抽回项目资本金　　D．投资者可转让项目资本金

2. 建设工程缺陷责任期通常从（　　）起计算。

A．试生产工作完成之日　　B．办理竣工结算之日

C．竣工验收合格之日　　D．出具工程接收证书之日

3. 关于CM模式的说法，正确的是（　　）。

A．部分工程的施工提前到工程项目的设计阶段

B．要求在工程设计全部结束之后，进行施工招标

C．工程设计与施工由一个总承包单位统筹安排

D．所有分包不得通过招标的方式展开竞争

4. 下列监理机构人员的职责中，总监理工程师可以书面授权委托给总监理工程师代表的是（　　）。

A．签发工程开工令　　B．组织编写监理月报

C．审批监理实施细则　　D．组织编写工程质量评估报告

5. 下列情形中，总监理工程师应及时签发工程暂停令的是（　　）。

A．施工单位采用的施工工艺不当造成工程质量问题的

B．建设单位要求暂停施工且工程需要暂停施工的

C．施工单位施工中存在安全事故隐患的

D．施工单位未按施工方案施工大幅增加工程费用的

6. 对业主而言，项目进度目标指的是（　　）。

A．交付使用的时间目标　　B．竣工时间目标

C．移交时间目标　　D．竣工结算时间目标

7. 工程项目部编制责任矩阵，首先应该进行的工作是（　　）。

A．画出纵横交叉的责任矩阵图

B．检查各职能部门或人员的项目管理任务分配是否均衡适当

C．列出参与项目管理及负责执行项目任务的个人或职能部门名称

D．列出需要完成的项目管理任务

8. 建设工程施工组织设计的编制依据不包括（　　）。

A．工程设计文件　　B．施工合同文件

C．监理实施细则　　D．工程地质条件

9. 施工组织设计应由（　　）主持编制。

A．项目负责人　　B．项目技术负责人

C．施工单位负责人　　D．施工单位技术负责人

10. 在工程项目目标控制措施中，完善沟通机制和工作流程，促进各参建单位、各职能部门间协同工作属于（　　）。

A．组织措施　　B．技术措施

C．经济措施　　D．合同措施

11. 根据《质量管理体系 基础和术语》GB/T 19000—2016，提高组织创造和提供价值能力的必要条件是（　　）。

A．满足顾客要求　　B．全员积极参与

C．领导作用　　D．持续改进

12. 在卓越绩效评价准则框架中，构成“领导作用”三角的是（　　）。

A．“领导”“战略”“顾客与市场”　　B．“领导”“资源”“结果”

C．“领导”“资源”“顾客与市场”　　D．“领导”“战略”“结果”

13. 建设单位可以通过公开招标方式选择承包单位，公开招标方式的优点是（　　）。

A．可以减少合同履行过程中的承包商违约风险

B．可以减少评标工作量，降低费用

C．可以缩短招标准备工作时间，提高效率

D．可以在较大程度上避免招标过程中的贿标行为

14. 投标申请人对资格预审文件有异议的，应在递交资格预审文件截止时间（　　）日前由招标人提出。

A．7　　B．5

C．3　　D．2

15. 采用最低评价法进行施工评标时，经评审的投标价相等时，应以（　　）的优先。

A．施工组织的设计得分高　　B．施工方案得分高

C．施工项目经理得分高　　D．投标报价低

16. 招标人按照投标人须知前附表要求，对于符合招标文件规定的未中标人的设计成果给予补偿后，关于该设计成果使用的说法，正确的是（　　）。

A．招标人应保护未中标人知识产权且不得使用其设计成果

B．招标人有权免费使用未中标人的设计成果

C．应由中标人与未中标人协商使用其设计成果的许可和费用

D．中标人应邀请未中标人加入其设计团队并使用未中标人的设计成果

17. 根据《标准施工招标文件》中的通用合同条款，属于发包人义务的是（　　）。

A．组织设计交底　　B．编制施工环保措施计划

C．审批施工组织设计　　D．组织论证专项施工方案

18. 根据《标准施工招标文件》，承包人自检确认的工程隐蔽部位具备覆盖条件后，监理人未按与承包人约定的时间进行检查且没有其他指示，承包人正确的做法是（　　）。

A．自行完成覆盖工作，并将相应记录报送监理人签字确认

B．自行完成覆盖工作，并拒绝监理人重新检查的要求

C．自行完成覆盖工作，并向监理人进行索赔

D．报告政府质量监督机构后自行完成覆盖工作

19. 根据《标准施工招标文件》，关于施工合同变更权和变更程序的说法，正确的是（　　）。

A．承包人书面报告发包人后，可根据实际情况对工程进行变更

B．发包人可以直接向承包人发出变更意向书

C．承包人根据合同约定，可以向监理人提出书面变更建议

D．监理人应在收到承包人书面建议后30d内做出变更指示

20．根据《标准设计施工总承包招标文件》，合同文件包括：①承包人建议书；②中标通知书；③合同协议书。仅就上述组成文件而言，正确的优先解释顺序为（　　）。

A．①—②—③　　B．③—①—②

C．①—③—②　　D．③—②—①

21．根据《建设工程施工劳务分包合同（示范文本）》GF—2003—0214，关于保险的说法，正确的是（　　）。

A．劳务分包人必须为从事危险的职工办理意外伤害保险并支付保险费用

B．运至施工现场用于劳务施工的材料，由劳务分包人办理保险并支付保险费用

C．工程承包人提供给劳务分包人使用的设备由劳务分包人办理保险，并支付保险费用

D．劳务分包人开始施工前，应由发包人为施工现场所有人员办理保险，由劳务分包人支付费用

22．工程承包风险管理包括（　　）等环节。

A．风险识别、风险分析、风险转移、风险应对

B．制定风险管理目标、确定风险范围、选择风险管理方法、明确风险管理责任

C．风险识别、风险评估、风险应对、风险监控

D．收集风险信息、确定风险因素、编制风险报告、进行风险监控

23．下列工程保险的险种中，以工程发包人和承包人双方名义共同投保的是（　　）。

A．建筑工程一切险　　B．工伤保险

C．人身意外伤害险　　D．执业责任险

24．下列影响工程施工进度的因素中，属于建设单位因素的是（　　）。

A．汇率浮动和通货膨胀　　B．不明的水文气象条件

C．提供的场地不能满足工程正常需要　　D．合同签订时遗漏条款、表述失当

25．建设单位计划系统中，用来明确各种设计文件交付日期、主要设备交货日期、施工单位进场日期、水电及道路接通日期等的计划表是（　　）。

A．施工总进度计划表　　B．投资计划年度平衡表

C．工程项目进度平衡表　　D．工程建设总进度计划表

26．工程项目组织依次施工的特点是（　　）。

A．能充分利用工作面进行施工，工期较短

B．能由一个工作队完成全部工作任务，有利于专业化作业

C．单位时间内利用的施工机具少，有利于调配施工机具

D．专业工作队连续施工，有利于最大限度地搭接施工

27．关于流水节拍及其特征的说法，正确的是（　　）。

A．有节奏流水施工的流水节拍相等　　B．流水节拍根据施工过程数量确定

C．流水节拍也称为流水能力　　D．流水节拍决定单位时间资源供应量

28．某工程有3个施工过程，划分为4个施工段组织加快的成倍节拍流水施工，各施工过程流水节拍分别是6d、6d和9d，则该工程的流水步距和专业工作队总数分别是（　　）。

A．3d和7个　　B．3d和6个

C．2d 和 7 个　　　　D．2d 和 6 个

29．某工程网络计划如图 1 所示，存在的绘图错误是（　　）。

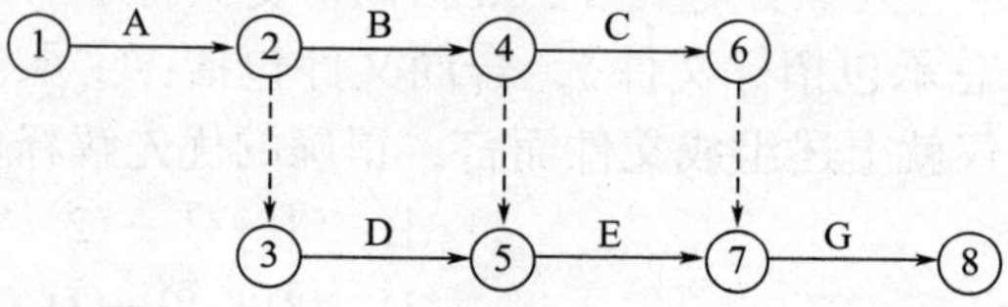

图 1　某工程网络计划

A．工作的节点编号不规范　　　　B．存在多余的虚工作

C．存在多个终点节点　　　　D．存在未标注名称的工作

30．某项目双代号网络计划如图 2 所示（时间单位：d），该网络计划的计算工期是（　　）d。

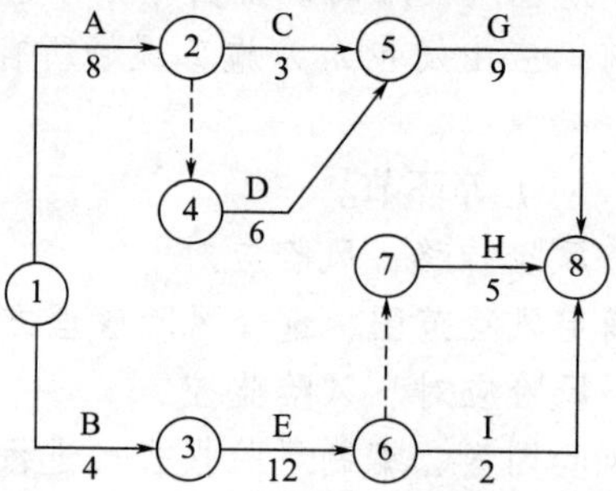

图 2　某项目双代号网络计划

A．23　　　　B．18

C．20　　　　D．21

31．关于双代号网络计划中关键节点的说法，错误的是（　　）。

A．关键工作的开始节点和完成节点必为关键节点

B．两端节点均为关键节点的工作不一定是关键工作

C．关键节点组成的线路必为关键线路

D．关键线路上的节点必为关键节点

32．关于双代号网络计划关键线路的说法，正确的是（　　）。

A．一个网络计划可能有几条关键线路

B．在网络计划执行中，关键线路始终不会改变

C．关键线路是总的工作持续时间最短的线路

D．关键线路上的工作总时差为零

33．建设工程进度调整系统过程中，发现实际进度出现偏差时，分析该偏差对后续工作及总工期的影响后，在采取措施调整进度计划前需要进行的工作是（　　）。

A．确定工期和后续工作的限制条件　　　　B．分析实际进度偏差产生的原因

C．确定后续工作的总时差　　　　D．提出调整进度计划拟采取的措施

34．工程网络计划实施过程中，当某项工作实际进度拖后而影响工程总工期时，在不改变工作逻辑关系的前提下，可通过（　　）的方法有效缩短工期。

A．缩短某些工作持续时间　　　　B．组织搭接或平行作业

C．减少某些工作机动时间　　　　　　　　D．分段组织流水施工

35．我国实行的执业资格制度及作业人员持证上岗制度，体现对影响施工质量因素中（　　）的控制。

A．方法　　　　　　　　　　　　　　B．环境

C．机械　　　　　　　　　　　　　　D．人

36．工程质量管理体系运行的核心机制是（　　）。

A．反馈机制　　　　　　　　　　　　B．动力机制

C．持续改进机制　　　　　　　　　　D．约束机制

37．一次抽样检验方案通常用（N，n，C）表示，其中 N 为送检批的大小，n 为抽样的样本数大小，C 为合格判定数，若检验出 n 中有 d 件不合格品，当（　　）时，该送检批合格。

A．$d=C+1$　　　　　　　　　　　　B．$d < C+1$

C．$d > C$　　　　　　　　　　　　D．$d \leqslant C$

38．施工质量统计分析方法中，反映质量特性与质量缺陷产生原因之间关系的方法是（　　）。

A．直方图法　　　　　　　　　　　　B．相关图法

C．排列图法　　　　　　　　　　　　D．因果分析图法

39．应用直方图法分析工程质量状况时，直方图出现折齿型分布的原因是（　　）。

A．数据分组不当或组距确定不当　　　B．少量材料不合格

C．短时间内工人操作不熟练　　　　　D．数据分类不当

40．施工中对进场水泥质量的重点控制内容是（　　）。

A．安全性复试　　　　　　　　　　　B．水服比复试

C．坍落度试验　　　　　　　　　　　D．强度复试

41．当工程在保修期内出现涉及结构安全或影响使用功能的严重质量缺陷时，应（　　）。

A．由施工单位提出保修设计方案并实施保修

B．由原监理单位提出保修设计方案，施工单位实施保修

C．由建设单位应向施工单位发出保修通知

D．由原设计单位或相应资质等级的设计单位提出保修设计方案，施工单位实施保修

42．下列工程质量事故中，属于技术原因引发的质量事故是（　　）。

A．采用了不适宜的施工工艺引发的质量事故

B．检测仪器设备管理不善而失准引起的质量事故

C．质量管理措施落实不力引起的质量事故

D．设备事故导致连带发生的质量事故

43．下列可能导致工程质量缺陷的因素中，属于违背基本建设程序的是（　　）。

A．未按有关施工规范施工　　　　　　B．计算简图与实际受力情况不符

C．图纸技术交底不清　　　　　　　　D．未经竣工验收就交付使用

44．工程质量问题经检测鉴定达不到设计要求，但经原设计单位核算，仍能满足结构安全和使用功能的可（　　）。

A．修补处理　　　　　　　　　　　　B．返工处理

C．补强处理　　　　　　　　　　　　D．不作处理

45．工程成本管理是指施工项目管理机构以（　　）为主线，对工程成本进行计划、控制、分析，并进行工程成本管理绩效考核的过程。

A．实际成本　　B．责任成本

C．计划成本　　D．目标成本

46．某施工企业经过投标获得了某工程的施工任务，合同签订后，公司有关部门开始选派项目经理并编制成本计划，该阶段所编制的成本计划属于（　　）。

A．竞争性成本计划　　B．指导性成本计划

C．实施性成本计划　　D．战略性成本计划

47．关于编制施工项目成本计划时考虑预备费的说法，正确的是（　　）。

A．只针对整个项目考虑总的预备费，以便灵活调用

B．在分析各分项工程风险基础上，只针对部分分项工程考虑预备费

C．既要针对项目考虑总的预备费，也要在分项工程中安排适当的不可预见费

D．不考虑整个项目预备费，由施工企业统一考虑

48．项目施工成本的过程控制过程主要包括（　　）。

A．管理行为控制过程和指标控制过程

B．管理控制过程和评审控制过程

C．管理人员激励过程和指标控制过程

D．管理行为控制过程和目标考核过程

49．某清单项目计划工程量为 300m^3，预算单价为 600 元 /m^3，已完工程量为 350m^3，实际单价为 650 元 /m^3。采用挣值法分析该项目成本，正确的是（　　）。

A．费用节约，进度延误　　B．费用节约，进度提前

C．费用超支，进度延误　　D．费用超支，进度提前

50．成本偏差分析可采用不同的表达方法，常用的是（　　）。

A．横道图法、表格法和曲线法

B．网络图法、横道图法和表格法

C．比较法、因素分析法和差额计算法

D．网络图法、表格法和曲线法

51．施工成本分析的主要工作有：①收集成本信息；②选择成本分析方法；③分析成本形成原因；④进行成本数据处理；⑤确定成本结果。正确的步骤是（　　）。

A．①—②—④—⑤—③　　B．②—③—①—⑤—④

C．①—③—②—④—⑤　　D．②—①—④—③—⑤

52．关于施工项目材料费分析的说法，正确的是（　　）。

A．运距长短对于材料费没有直接影响

B．材料费分析中不应考虑材料的保管费

C．材料单价、材料储备天数和日平均用量均影响储备资金占用量

D．租赁周转材料的时间越长，租赁费支出越少

53．下列危险源控制方法中，可用于控制第二类危险源的是（　　）。

A．采取应急救援方法　　B．建立健全危险源管理规章制度

C．隔离危险物质　　D．限制能量释放

54．辨识危险源时，从一个可能的事故开始，自下而上，层层地寻找顶事件的直接原因事件

和间接原因事件，直至基本原因事件，并用逻辑图表达事件之间的逻辑关系。这种分析方法是（　　）。

A．事故树分析法　　　　B．LEC 评价法

C．预先危险性分析法　　　　D．安全检查表法

55．企业最基本的安全管理制度是（　　）。

A．安全生产检查制度　　　　B．安全生产许可证制度

C．全员安全生产责任制度　　　　D．安全生产教育培训制度

56．施工企业在安全生产许可证有效期内，严格遵守有关安全生产的法律法规，未发生死亡事故的，安全生产许可证期满时，经原安全生产许可证的颁发管理机关同意，可不再审查，其有效期延期（　　）年。

A．1　　　　B．3

C．2　　　　D．5

57．关于防高处坠落安全技术措施的说法，正确的是（　　）。

A．在坠落高度基准面 2m 进行临边作业时，应在临空一侧设置防护栏杆，但不必用密目式安全立网或工具式栏板封闭

B．当垂直洞口短边边长大于或等于 800mm 时，应在临空一侧设置高度不小于 900m 的防护栏杆，并采用密目式安全立网或工具式栏板封闭

C．非竖向洞口短边边长大于等于 1000mm 时，应在洞口作业侧设置高度不小于 900mm 的防护栏杆，并采用安全平网封闭

D．悬空作业（安装拆除模板、吊装等），施工人员必须站在操作平台上作业并系好安全带

58．企业应急预案分为（　　）。

A．综合应急预案、专项应急预案、现场处置方案

B．综合应急预案、单项应急预案、重点应急预案

C．企业应急预案、项目应急预案、人员应急预案

D．企业应急预案、职能部门应急预案、项目应急预案

59．根据《生产安全事故报告和调查处理条例》，某生产安全事故造成 5 人死亡、1 亿元直接经济损失，该生产安全事故属于（　　）。

A．特别重大事故　　　　B．重大事故

C．严重事故　　　　D．较大事故

60．下列行为中，对事故发生单位主要负责人处上一年年收入 60% 至 80% 罚款的情形是（　　）。

A．漏报事故　　　　B．瞒报、谎报、迟报事故

C．干涉事故调查工作　　　　D．维护负有事故责任的人员

61．清理高层建筑施工垃圾的正确做法是（　　）。

A．搭设封闭性临时专用道或采用容器吊运

B．将各楼层施工垃圾焚烧后装入密封容器吊走

C．将施工垃圾洒水后沿临边窗口倾倒至地面后集中处理

D．将施工垃圾从电梯井倾倒至地面后集中处理

62．施工现场必须设置“五牌一图”，其中“一图”是指（　　）。

A．施工进度横道图 B．大型机械布置位置图

C．施工现场交通组织图 D．施工现场总平面图

63．根据《关于印发〈企业境外经营合规管理指引〉的通知》(发改外资〔2018〕1916号)，既是最重要、最基本的合规制度，也是其他合规制度基础和依据的是（ ）。

A．合规行为准则 B．合规管理办法

C．合规治理结构 D．合规内部审计

64．做好投标报价的基础和前提是（ ）。

A．现场踏勘 B．工程量的确认和复核

C．业主方和竞争者调查 D．社会经济环境调查

65．根据FIDIC《施工合同条件》(新红皮书)，“不可预见”的条款规定主要是为了（ ）。

A．让承包商承担所有风险

B．使业主获得更高的利润

C．将承包商的风险限制在“可预见的”范围内

D．允许承包商随意提高标价

66．根据FIDIC《设计采购施工（EPC）/交钥匙工程合同条件》(银皮书)，承包商应向业主提交最终的运行与维护手册的时间是在（ ）。

A．竣工验收合格之后 B．竣工试验开始之前

C．竣工验收合格之前 D．业主签发接收证书之前

67．在AlA系列合同中，业主与施工承包商、CM承包商、供应商，以及总承包商与分包商之间的标准合同文件是（ ）。

A．A系列 B．B系列

C．C系列 D．D系列

68．在实现建设工程项目管理数智化的重要手段中，智能建造侧重于（ ）。

A．建造过程和方式 B．建筑模型

C．建造条件和场景 D．全要素数据的全面集成

69．BIM技术应用实施模式中，BIM总协调方的职责不包括（ ）。

A．协助建设单位进行BIM成果归档 B．制定项目BIM应用方案

C．组织策划项目BIM的实施策略 D．对项目各参与方提供BIM技术支持

70．关于智慧工地基本特点的说法，正确的是（ ）。

A．资源整合与节约 B．BIM建模

C．工业化协同发展 D．信息的共享和协作

二、多项选择题（共30题，每题2分。每题的备选项中，有2个或2个以上符合题意，至少有1个错项。错选，本题不得分；少选，所选的每个选项得0.5分）

71．工程总承包模式的优点主要体现在（ ）等方面。

A．建设单位前期工作量小 B．使工程项目责任主体单一化

C．有利于缩短建设工期 D．可减轻建设单位合同管理的负担

E．便于建设单位提前确定工程造价

72．施工项目经理应具有的权限包括（ ）。

A．主持项目经理部工作 B．组织分包合同和供货合同签订

C．组织项目投标及施工合同签订　D．组织制定项目经理部管理制度
E．参与组建项目经理部

73．根据《建设工程项目管理规范》GB/T 50326—2017，项目管理规划包括（　　）。
A．项目施工组织设计　B．项目管理实施规划
C．项目管理实施大纲　D．项目管理规划大纲
E．项目目标控制规划

74．根据《质量管理体系 基础和术语》GB/T 19000—2016，质量管理应遵循的原则有（　　）。
A．过程方法　B．循证决策
C．全员积极参与　D．领导作用
E．以内部实力为关注焦点

75．全面一体化管理体系文件的编制原则有（　　）。
A．方法合理原则　B．系统协调原则
C．合理优化原则　D．证实检查原则
E．操作可行原则

76．招标人不予受理投标人投标文件的情形是（　　）。
A．以快递方式送达　B．接近截止时间送达
C．逾期送达　D．未按要求密封和加写标记
E．未送达指定地点

77．根据《标准施工招标文件》中的通用合同条款，对于发包人负责提供的材料和工程设备，承包人应完成的工作内容有（　　）。
A．提交材料和工程设备的质量证明文件
B．根据合同计划安排向监理人报送要求发包人交货的日期计划
C．会同监理人在约定的时间和交货地点共同进行验收
D．运输、保管材料和工程设备
E．支付材料和工程设备合同价款

78．根据《标准施工招标文件》中的通用合同条款，承包人有权且只能提出工期和费用补偿的情形有（　　）。
A．监理人的指示延误　B．发包人提供的材料和设备提前交货
C．施工场地发掘文物　D．发包人未按合同约定支付进度款
E．施工中遇到不利物质条件

79．根据《标准设计施工总承包招标文件》，承包人在编制进度款支付分解表时，对拟支付的款项进行分解应考虑的因素有（　　）。
A．工程效率　B．费用性质
C．计划发生时间　D．相应工作量
E．人员安排

80．根据《标准材料采购招标文件》中的通用合同条款，卖方按照合同约定的进度交付合同约定的材料并提供相关服务后，买方在支付进度款前需收到卖方提交的单据有（　　）。
A．卖方出具的交货清单正本一份
B．买方签署的收货清单正本一份

C．制造商出具的出厂质量合格证正本一份
D．合格价格100%金额的增值税发票正本一份
E．保险公司出具的履约保函正本一份

81．工程建设总进度计划包括（　　）。
A．投资计划年度分配表
B．工程项目进度平衡表
C．工程项目一览表
D．工程项目总进度计划表
E．年度建设资金平衡表

82．建设工程组织等节奏流水施工的特点有（　　）。
A．专业工作队数等于施工过程数
B．施工过程数等于施工段数
C．各施工段上的流水节拍相等
D．有的施工段之间可能有空闲时间
E．相邻施工过程之间的流水步距相等

83．下列建设工程进度计划编制工作中，属于绘制网络图阶段工作内容的有（　　）。
A．确定进度计划目标
B．调查研究劳动力、材料和施工机具需求情况
C．确定关键线路和关键工作
D．分析各项工作之间的逻辑关系
E．将工程项目由粗到细进行分解

84．某工程单代号网络计划如图3所示（时间单位：d），时间参数计算正确的有（　　）。

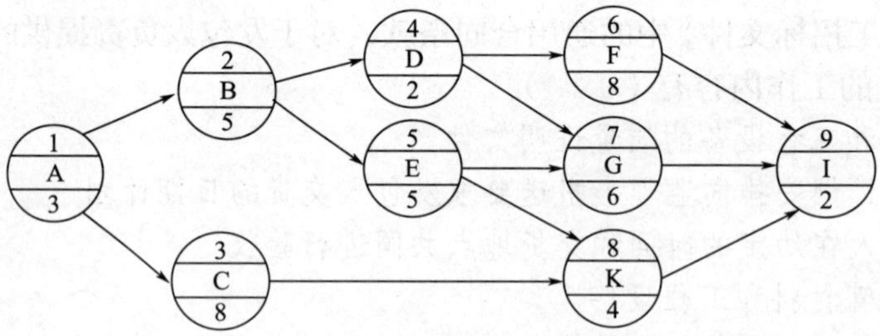

图3　某工程单代号网络计划

A．工作G的最早开始时间为第10天
B．工作G的最迟开始时间为第13天
C．工作E的最早完成时间为第13天
D．工作E的最迟完成时间为第15天
E．工作D的总时差为1d

85．通过缩短某些工作的持续时间来调整施工进度计划时，可采取的技术措施有（　　）。
A．改进施工工艺
B．采用更先进的施工方法
C．采用更先进的施工机械
D．改善劳动条件
E．增加工作面

86．全面质量管理的基本特点包括（　　）。
A．参加管理人员的全面性
B．管理范围的全面性
C．管理实施的循环性
D．管理方法的多样性
E．管理内容的全面性

87．下列建设工程固有特性中，属于安全特性的有（　　）。
A．使用耐久性
B．平面、空间布置合理

C．采光、通风、隔声、隔热性能良好　　D．满足强度、刚度、稳定性要求
E．防灾、抗灾能力强

88．施工质量统计分析中，应用控制图分析判断生产过程是否处于稳定状态，可判断生产过程为异常的情形有（　　）。
A．点子几乎全部落在控制界线内　　B．中心线同一侧出现 7 点链
C．中心线两侧有 5 点连续上升　　D．点子排列显示周期性变化
E．连续 11 点中有 10 点在中心线同一侧

89．根据工程质量事故造成损失的程度分级，属于较大事故的有（　　）。
A．50 人以上 100 人以下重伤
B．3 人以上 10 人以下死亡
C．1 亿元以上直接经济损失
D．1000 万元以上 5000 万元以下直接经济损失
E．5000 万元以上 1 亿元以下直接经济损失

90．下列质量成本中，属于预防成本的有（　　）。
A．工序检验费　　B．工序控制费
C．工程质量验收费　　D．新工艺鉴定费
E．外购件检验试验费

91．下列施工机械使用费控制措施中，属于控制台班数量的有（　　）。
A．选择适合项目施工特点的施工机械
B．保证施工机械设备的作业时间，安排好生产工序的衔接
C．提高机械设备单位时间的生产效率和利用率
D．加强设备租赁计划管理，减少不必要的设备闲置和浪费
E．加强机械设备配件管理，建立健全配件领发料制度

92．某商品混凝土目标成本与实际成本对比见表 1，关于其成本分析的说法，正确的有（　　）。

表 1　某商品混凝土目标成本与实际成本对比表

项目	单位	目标	实际
产量	m^3	600	640
单价	元	715	755
损耗	%	4	3

A．产量增加使成本增加了 28600 元
B．实际成本与目标成本的差额是 51536 元
C．单价提高使成本增加了 26624 元
D．该商品混凝土目标成本是 497696 元
E．损耗率下降使成本减少了 4832 元

93．根据能量意外释放论，可以利用各种屏蔽来防止意外的能量转移，从而防止事故的发生。防止能量意外释放的措施包括（　　）。
A．防止能量蓄积　　B．用安全的能源代替不安全的能源

C．在时间和空间上把能量与人体隔离　　　D．完善管理缺陷
E．缓慢地释放能量

94．企业主要负责人对本单位安全生产工作的职责有（　　）。
A．组织制定并实施本单位安全生产教育和培训计划
B．组织制定并实施本单位的生产安全事故应急救援预案
C．保证本单位安全生产投入的有效实施
D．及时、如实调查生产安全事故
E．建立健全并落实本单位全员安全生产责任制，加强安全生产标准化建设

95．根据《建设工程安全生产管理条例》，对基坑支护与降水工程，正确的安全管理做法有（　　）。
A．施工单位应当编制专项施工方案，并附具安全验算结果
B．所有专项施工方案均应组织专家进行论证、审查
C．专项施工方案由专职安全生产管理人员进行现场监督
D．专项施工方案经现场监理工程师签字后即可实施
E．专项施工方案应由企业法定代表人审批

96．根据《生产安全事故报告和调查处理条例》，关于施工安全事故调查的说法，正确的有（　　）。
A．特别重大事故由国务院或国务院授权有关部门组织事故调查组进行调查
B．重大事故、较大事故由事故发生地省级人民政府负责调查
C．未造成人员伤亡的一般事故，县级人民政府可以委托事故发生单位组织事故调查组进行调查
D．事故发生地与事故发生单位不在同一个县级以上行政区域的，由事故发生地人民政府负责调查
E．事故调查组应当自事故发生之日起45日内提交事故调查报告

97．下列施工技术中，属于绿色施工的有（　　）。
A．选择高效节能、耐久性好的保温隔热材料
B．采用外墙保温板替代混凝土施工模板
C．现场拌和混凝土
D．采用人造板材替代木质板材
E．采用专业加工配送的钢筋

98．根据《建筑与市政工程绿色施工评价标准》GB/T 50640—2023，施工现场污水排放应符合的规定包括（　　）。
A．现场道路周边设置排水沟
B．现场厕所设置化粪池并定期清理
C．试验室养护用水可直接排入市政污水管道，检测频率不应少于1次／月
D．工地厨房污水可直接排入市政污水管道
E．钻孔桩作业采用泥浆循环利用系统，不得外溢漫流

99．根据FIDIC《施工合同条件》（新红皮书），同时满足（　　）条件时，可对该项工作规定的费率或价格进行确定调整。
A．该工作测量工程量比工程量清单或其他资料中所列工程量的变动超过了10%

B．工程量的变动与合同规定费率的乘积超过了中标合同额的0.1%

C．工程量的变动直接导致该项工作每单位成本的变动超过1%

D．合同中没有规定此项工作为固定费率或固定费用

E．合同中有相应的可供参考费率或价格的工作

100．智慧工地建设原则包括（　　）。

A．优化管理效率

B．资源整合与节约

C．全过程覆盖

D．满足社会监管需求

E．数字化管理

考前第 2 套卷参考答案及解析

一、单项选择题

1. D	2. C	3. A	4. B	5. B
6. A	7. D	8. C	9. A	10. A
11. B	12. A	13. D	14. D	15. D
16. B	17. A	18. A	19. C	20. D
21. A	22. C	23. A	24. C	25. C
26. C	27. D	28. A	29. B	30. A
31. C	32. A	33. A	34. A	35. D
36. B	37. D	38. D	39. A	40. D
41. D	42. A	43. D	44. D	45. B
46. B	47. C	48. A	49. D	50. A
51. D	52. C	53. B	54. A	55. C
56. B	57. D	58. A	59. A	60. B
61. A	62. D	63. A	64. B	65. C
66. D	67. A	68. A	69. C	70. D

【解析】

1. D。项目资本金属于非债务性资金，项目法人不承担这部分资金的任何利息和债务。投资者可按其出资比例依法享有所有者权益，也可转让其出资，但不得以任何方式抽回。对于银行等金融机构或资本市场的投资者而言，项目资本金可视为项目法人进行债务融资的信用基础。

2. C。建设工程自竣工验收合格之日起即进入缺陷责任期。施工承包单位应在缺陷责任期内对已交付使用的工程质量缺陷承担责任。缺陷责任期最长不超过 2 年。

3. A。CM 承包模式采用快速路径法施工，即在工程设计尚未结束之前，当工程某些部分的施工图设计已经完成时，就开始进行该部分工程的施工招标，从而使这部分工程的施工提前到工程项目的设计阶段，故选项 A 正确，选项 B 错误。CM 模式是指由建设单位委托一家 CM 单位承担项目管理工作，该 CM 单位以承包单位的身份进行施工管理，并在一定程度上影响工程设计活动，组织快速路径的生产方式，使工程项目实现有条件的“边设计、边施工”，故选项 C 错误。采用 CM 承包模式时，施工任务要进行多次分包，施工合同总价不是一次确定，而是有一部分完整施工图纸，就分包一部分，将施工合同总价化整为零。而且每次分包都通过招标展开竞争，每个分包合同价格都通过谈判进行详细讨论，从而使各个分包合同价格汇总后形成的合同总价更具合理性，故选项 D 错误。

4. B。总监理工程师不得将下列工作委托给总监理工程师代表：（1）组织编制监理规划，审批监理实施细则；（2）根据工程进展及监理工作情况调配监理人员；（3）组织审查施工组织设计、（专项）施工方案；（4）签发工程开工令、暂停令和复工令；（5）签发工程款支付证书，组织审核竣工结算；（6）调解建设单位与施工单位的合同争议，处理工程索赔；（7）审查施工单位的竣工申请，组织工程竣工预验收，组织编写工程质量评估报告，参与工程竣工验收；（8）参与或配合工程质量安全事故的调查和处理。

5. B。工程施工有下列情形之一的，总监理工程师应及时签发工程暂停令：（1）建设单位要求暂停施工且工程需要暂停施工的；（2）施工单位未经批准擅自施工或拒绝项目监理机构管理的；（3）施工单位未按审查通过的工程设计文件施工的；（4）施工单位未按批准的施工组织设计、（专项）施工方案施工或违反工程建设强制性标准的；（5）施工存在重大质量、安全事故隐患或发生质量、安全事故的。

6. A。业主方项目管理是指站在业主角度，通过有效控制工程建设进度、质量和投资目标，最终实现工程项目的价值。其中，进度目标是指工程项目交付使用的时间目标；质量目标是指工程特性要满足相关标准规定及业主需求；投资目标是指工程建设总投资。

7. D。工程项目部编制责任矩阵，可按下列程序进行：

（1）列出需要完成的项目管理任务。

（2）列出参与项目管理及负责执行项目任务的个人或职能部门名称。

（3）以项目管理任务为行，以执行任务的个人或部门为例，画出纵横交叉的责任矩阵图。

（4）在责任矩阵图的行与列交叉窗口中，用不同字母或符号表示项目管理任务与执行者的责任关系，从而建立“人”与“事”的关联。任务执行者在项目管理中通常有三种角色：（1）负责人 P；（2）支持者或参与者 S；（3）审查者 R。

（5）检查各职能部门或人员的项目管理任务分配是否均衡适当。有过度分配或者分配不当的，则需要进行调整和优化。

8. C。施工组织设计的编制依据有：（1）工程建设有关法律法规及政策；（2）工程建设标准和技术经济指标；（3）工程设计文件；（4）工程招标投标文件或施工合同文件；（5）工程现场条件，工程地质及水文地质、气象等自然条件；（6）与工程有关的资源供应情况；（7）施工单位的生产能力、机具设备状况及技术水平等。

9. A。施工组织设计应由项目负责人主持编制，可根据需要分阶段编制和审批。

10. A。工程项目目标控制组织措施包括：建立健全组织机构和规章制度，配备相应管理人员并明确岗位职责分工；完善沟通机制和工作流程，促进各参建单位、各职能部门间协同工作；强化动态控制中的激励，调动和发挥员工实现项目目标的积极性和创造性；建立工程项目目标控制工作考评机制，通过绩效考核实现持续改进等。

11. B。整个组织内各级胜任、经授权并积极参与的人员，是提高组织创造和提供价值能力的必要条件。为了有效和高效地管理组织，各级人员得到尊重并参与其中是极其重要的。通过表彰、授权和提高能力，促进在实现组织的质量目标过程中的全员积极参与。

12. A。“领导”“战略”“顾客与市场”构成“领导作用”三角，强调高层领导在组织所处的特定环境中，通过制定以顾客与市场为中心的战略，为组织谋划长远未来。“领导作用”是驱动力，关注的是组织如何做正确的事。

13. D。采用公开招标方式的优点是，招标人可在较广范围内选择承包商，投标竞争激烈，有利于招标人将工程项目交予可靠的承包商实施，并获得有竞争性的报价。同时，也可在较大程度上避免招标过程中的贿标行为。但其缺点是，准备招标、对投标申请者进行资格预审和评标的工作量大，招标时间长、费用高。

14．D。潜在投标人或者其他利害关系人对资格预审文件有异议的，应在提交资格预审申请文件截止时间2日前向招标人提出。

15．D。采用最低评价法进行施工评标时，经评审的投标价相等时，投标报价低的优先；投标报价也相等的，由招标人自行确定。

16．B。设计成果补偿：招标人对符合招标文件规定的未中标人的设计成果进行补偿的，按投标人须知前附表规定给予补偿，并有权免费使用未中标人设计成果等。

17．A。发包人的义务包括：（1）发出开工通知；（2）提供施工场地；（3）协助承包人办理证件和批件；（4）组织设计交底；（5）支付合同价款；（6）组织竣工验收。

18．A。经承包人自检确认的工程隐蔽部位具备覆盖条件后，承包人应通知监理人在约定的期限内检查。监理人未按约定的时间进行检查的，除监理人另有指示外，承包人可自行完成覆盖工作，并作相应记录报送监理人，监理人应签字确认。监理人事后对检查记录有疑问的，可按约定重新检查。

19．C。在履行合同过程中，经发包人同意，监理人可按合同约定的变更程序向承包人作出变更指示，承包人应遵照执行。没有监理人的变更指示，承包人不得擅自变更，故选项A错误。在合同履行过程中，可能发生通用合同条款约定情形的变更，监理人可向承包人发出变更意向书，故选项B错误。承包人收到监理人按合同约定发出的图纸和文件，经检查认为其中存在约定情形的，可向监理人提出书面变更建议，故选项C正确。监理人收到承包人书面建议后，应与发包人共同研究，确认存在变更的，应在收到承包人书面建议后的14d内作出变更指示，故选项D错误。

20．D。组成设计施工总承包合同的各项文件应互相解释，互为说明。除专用合同条款另有约定外，解释合同文件的优先顺序如下：（1）合同协议书；（2）中标通知书；（3）投标函及投标函附录；（4）专用合同条款；（5）通用合同条款；（6）发包人要求；（7）承包人建议书；（8）价格清单；（9）其他合同文件。

21．A。劳务分包人施工开始前，工程承包人应获得发包人为施工场地内的自有人员及第三方人员生命财产办理的保险，且不需劳务分包人支付保险费用。运至施工场地用于劳务施工的材料和待安装设备，由工程承包人办理或获得保险，且不需劳务分包人支付保险费用。工程承包人必须为租赁或提供给劳务分包人使用的施工机械设备办理保险，并支付保险费用。劳务分包人必须为从事危险作业的职工办理意外伤害保险，并为施工场地内自有人员生命财产和施工机械设备办理保险，支付保险费用。

22．C。工程承包风险管理包括风险识别、风险评估、风险应对、风险监控等环节。

23．A。《标准施工招标文件》通用条款规定，承包人应以发包人和承包人的共同名义向双方同意的保险人投保建筑工程一切险、安装工程一切险。具体投保内容、保险金额、保险费率、保险期限等有关内容在专用合同条款中约定。

24．C。建设单位因素：建设单位使用要求改变而进行设计变更；应提供的施工场地条件不能及时提供或所提供的场地不能满足正常施工需要；建设资金不到位，不能及时向施工单位支付工程款等。选项A属于社会环境因素，选项B属于自然条件因素，选项D属于施工单位组织管理因素。

25．C。工程项目进度平衡表主要用来明确设计文件交付日期、主要设备交货日期、施工单位进场日期、水电及道路接通日期等，以保证工程建设中各环节相互衔接，确保工程项目按期投产或交付使用。

26. C。依次施工具有以下特点：

（1）没有充分利用工作面进行施工，工期较长。

（2）如果按专业组建工作队，则各专业工作队不能连续作业、工作出现间歇，劳动力和施工机具等资源无法均衡使用。

（3）如果由一个工作队完成全部施工任务，则不能实现专业化施工，不利于提高劳动生产率和工程质量。

（4）单位时间内投入劳动力、施工机具等资源量较少，有利于资源供应的组织。

（5）只有一个工作队进行施工作业，施工现场的组织管理比较简单。

27. D。有节奏流水施工分为等节奏流水施工（也称为固定节拍流水施工或全等节拍流水施工）和异节奏流水施工。全等节拍流水施工的特点之一是所有施工过程在各个施工段上的流水节拍均相等。异节奏流水施工可采用等步距和异步距两种方式，等步距异节奏流水施工是指在组织异节奏流水施工时，按每个施工过程流水节拍之间的比例关系，成立相应数量的专业工作队而进行的流水施工，也称为成倍节拍流水施工。为加快施工进度，对流水节拍长的施工过程可相应增加专业工作队，按全等节拍方式组织施工。因此，有时也称为加快的成倍节拍流水施工。加快的成倍节拍流水施工的特点之一是同一施工过程在各个施工段上的流水节拍均相等；不同施工过程的流水节拍为倍数关系，故选项 A 错误。同一施工过程的流水节拍，主要由所采用的施工方法、施工机械以及在工作面允许的前提下投入施工的工人数、机械台数和采用的工作班次等因素确定，故选项 B 错误。流水节拍是指某一专业工作队在一个施工段上的施工时间，故选项 C 错误。流水节拍表明流水施工的速度和节奏性，决定着单位时间的资源供应量，同时，也是区别流水施工组织方式的特征参数，故选项 D 正确。

28. A。流水步距等于流水节拍的最大公约数，即 K=min[6，6，9]=3d。专业工作队数=6/3+6/3+9/3=7 个。

29. B。⑥—⑦节点之间是多余的虚工作。

30. A。本题的关键线路为：①→②→④→⑤→⑧，计算工期是 8+6+9=23d。

31. C。在双代号网络计划中，关键线路上的节点称为关键节点。关键工作两端的节点必为关键节点，但两端为关键节点的工作不一定是关键工作。关键节点的最迟时间与最早时间的差值最小。特别地，当网络计划的计划工期等于计算工期时，关键节点的最早时间与最迟时间必然相等。关键节点必然处在关键线路上，但由关键节点组成的线路不一定是关键线路。

32. A。总持续时间最长的线路称为关键线路，关键线路的长度就是网络计划的总工期。工程网络计划中关键线路可能不止一条。在网络计划执行过程中，关键线路还会发生转移，故选项 A 正确，选项 B、C 错误。关键线路上的工作为关键工作，关键工作指的是网络计划中总时差最小的工作，故选项 D 错误。

33. A。施工进度调整系统过程内容包括：（1）分析进度偏差产生的原因；（2）分析进度偏差对后续工作和总工期的影响；（3）确定后续工作和总工期的限制条件；（4）调整施工进度计划。

34. A。压缩某些工作持续时间的调整方法的特点是不改变施工进度计划中工作之间的逻辑关系，通过采取增加资源投入、提高劳动生产效率等措施，来缩短某些工作的持续时间，以达到加快施工进度、缩短工期的目的。

35. D。我国实行的执业资格制度及作业人员持证上岗制度，以及培育建筑产业工人队伍，从本质上讲，就是对从事施工活动的人员素质和能力进行必要的控制。

36. B。动力机制是工程质量管理体系运行的核心机制，它来源于公正、公开、公平的竞争机制和利益机制的制度设计或安排。这是因为项目的实施过程是由多主体参与的价值增值链，只有保持合理的供方及分供方等各方关系，才能形成合力，是项目管理成功的重要保证。

37. D。一次抽样检验是最简单的抽样检验，只需抽取样本一次，就可作出一批产品抽检合格与否的判断。一次抽样检验通常用（N，n，C）表示，即：从批量为N的交验产品中随机抽取n件进行检验，并预先规定一个合格判定数C，如果发现n件中有d件不合格品，当$d \leqslant C$时，则判定该批产品合格，予以接收；当$d > C$时，则判定该批产品不合格，予以拒收。

38. D。因果分析图又称为质量特性因果图、鱼刺图或树枝图，是一种反映质量特性与质量缺陷产生原因之间关系的图形工具，可用来分析、追溯质量缺陷产生的最根本原因。

39. A。折齿型直方图是由于数据分组不当或组距确定不当而造成的。

40. D。水泥质量是直接影响混凝土工程质量的关键因素，施工中就应对进场的水泥质量进行重点控制，必须检查核对其出厂合格证，并按要求进行强度和安定性的复试等。

41. D。当工程在保修期内出现涉及结构安全或影响使用功能的严重质量缺陷时，应由原设计单位或相应资质等级的设计单位提出保修设计方案，施工单位实施保修。保修完成后，工程应符合原设计要求。

42. A。因技术原因引发的质量事故：在工程实施过程中，由于设计、施工技术上的失误而造成的质量事故。主要包括：结构设计计算错误；地质情况估计错误；盲目采用技术上未成熟、实际应用中未得到充分实践检验验证其可靠的新技术；采用不适宜的施工方法或工艺等引发的质量事故。

43. D。工程建设程序是工程建设客观规律的反映，但有些工程不按工程建设程序办事，例如，未经可行性研究、不做调查分析就拍板定案；未搞清工程地质、水文情况等条件就仓促开工；边设计、边施工，任意修改设计，不按图纸施工；工程竣工不进行试车运行，未经验收就交付使用等，这些常常是导致工程质量事故的重要原因。

44. D。一般可不作专门处理的情况有以下几种：（1）不影响结构安全、生产工艺和使用要求的质量缺陷；（2）下一道工序可以弥补的质量缺陷；（3）法定检测单位鉴定合格的工程；（4）出现质量缺陷的工程，经检测鉴定达不到设计要求，但经原设计单位核算，仍能满足结构安全和使用功能的。

45. B。工程成本管理是指项目管理机构以责任成本为主线，对工程成本进行计划、控制、分析，并进行工程成本管理绩效考核的过程。

46. B。指导性成本计划是指在选派项目经理阶段的预算成本计划，是项目经理的责任成本目标。指导性成本计划是以合同价为依据，按照企业定额标准制定的施工成本计划，用以确定施工责任成本。

47. C。在编制成本支出计划时，要在项目总体层面上考虑总的预备费，也要在主要分项工程中安排适当的不可预见费，避免在具体编制成本计划时，可能发生个别单位工程或工程量表中某项内容的工程量计算有较大出入，偏离原来计划成本。

48. A。施工成本控制过程可分为两类：一是管理行为控制过程；二是指标控制过程。

管理行为控制是对施工成本全过程控制的基础，指标控制则是成本控制的重点。两个过程既相对独立又相互联系，既相互补充又相互制约。

49．D。费用偏差（CV）= 已完工程预算费用 - 已完工程实际费用 =350×600-350×650=-17500 元＜ 0，表明实际费用超支；进度偏差（SV）= 已完工程预算费用 - 拟完工程预算费用 =350×600-300×600=30000 元＞ 0，表示实际进度提前。

50．A。成本偏差可采用不同的表达方法，常用的有横道图法、表格法和曲线法。

51．D。施工成本分析方法应遵循下列步骤：（1）选择成本分析方法；（2）收集成本信息；（3）进行成本数据处理；（4）分析成本形成原因；（5）确定成本结果。

52．C。材料费分析包括主要材料和结构件费用分析、周转材料使用费分析、采购保管费分析、材料储备的分析，故选项 B 错误。主要材料和结构件费用的高低，主要受价格和消耗数量的影响。而材料价格的变动，受采购价格、运输费用、途中损耗、供应不足等因素的影响。材料消耗数量的变动，则受操作损耗、管理损耗和返工损失等因素的影响，故选项 A 错误。材料储备资金是根据日平均用量、材料单价和储备天数（即从采购到进场所需要的时间）计算的，故选项 C 正确。项目周转材料费的节约或超支，取决于材料周转率和损耗率，周转减慢，则材料周转的时间增长，租赁费支出就增加，故选项 D 错误。

53．B。第二类危险源主要通过管理手段加以控制，消除人的不安全行为、物的不安全状态，规避环境不良（不安全条件），包括建立健全危险源管理规章制度，做好危险源控制管理基础工作，明确控制责任，加强安全教育，定期开展安全检查和隐患治理，实施考核评价和奖惩等。第一类危险源主要采用技术手段加以控制，包括消除能量源、约束或限制能量、屏蔽隔离、防护等技术手段，同时应落实应急预案的保障措施。

54．A。事故树分析从一个可能的事故开始，自下而上、层层地寻找顶事件的直接原因事件和间接原因事件，直至基本原因事件，并用逻辑图将这些事件之间的逻辑关系表达出来的分析方法。

55．C。全员安全生产责任制是企业所有安全生产管理制度的核心，是企业最基本的安全管理制度，其他安全生产管理制度的建立、执行、修订完善，离不开各岗位相关责任的支持。

56．B。企业在安全生产许可证有效期内，严格遵守有关安全生产的法律法规，未发生死亡事故的，安全生产许可证有效期届满时，经原安全生产许可证颁发管理机关同意，不再审查，安全生产许可证有效期延期 3 年。

57．D。坠落高度基准面 2m 及以上进行临边作业时，应在临空一侧设置防护栏杆，并应采用密目式安全立网或工具式栏板封闭，故选项 A 错误。当垂直洞口短边边长大于或等于 500mm 时，应在临空一侧设置高度不小于 1.2m 的防护栏杆，并应采用密目式安全立网或工具式栏板封闭，设置挡脚板，故选项 B 错误。当非竖向洞口短边边长大于或等于 1500mm 时，应在洞口作业侧设置高度不小于 1.2m 的防护栏杆，洞口应采用安全平网封闭，故选项 C 错误。

58．A。企业应急预案分为综合应急预案、专项应急预案、现场处置方案。

59．A。根据生产安全事故造成的人员伤亡或者直接经济损失，生产安全事故分为以下等级：（1）特别重大事故，是指造成 30 人及以上死亡，或者 100 人及以上重伤（包括急性工业中毒，下同），或者 1 亿元及以上直接经济损失的事故。（2）重大事故，是指造成 10 人及以上 30 人以下死亡，或者 50 人及以上 100 人以下重伤，或者 5000 万元及以上 1 亿元以下直接经济损失的事故。（3）较大事故，是指造成3人及以上10人以下死亡，或者10人及以上50人以下重伤，或者1000万元及以上5000万元以下直接经济损失的事故。（4）一般事故，是指造成3人以下死亡，或者10人以下重伤，或者1000万元以下直接经济损失的事故。

60. B。在事故发生后不立即组织事故抢救，或者在事故调查处理期间擅离职守，或者瞒报、谎报、迟报事故，或者事故发生后逃匿的，处上一年年收入60%至80%的罚款；贻误事故抢救或者造成事故扩大或者影响事故调查或者造成重大社会影响的，处上一年年收入80%至100%的罚款。伪造、故意破坏事故现场，或者转移、隐匿资金、财产、销毁有关证据、资料，或者拒绝接受调查，或者拒绝提供有关情况和资料，或者在事故调查中作伪证，或者指使他人作伪证的，处上一年年收入60%至80%的罚款；贻误事故抢救或者造成事故扩大或者影响事故调查或者造成重大社会影响的，处上一年年收入80%至100%的罚款。漏报事故的，处上一年年收入40%至60%的罚款。

61. A。高层或多层建筑清理垃圾应搭设封闭性临时专用道或采用容器吊运。

62. D。五牌一图：五牌指工程概况牌、管理人员名单及监督电话牌、安全生产牌、文明施工牌、消防保卫牌；一图指施工现场总平面图。

63. A。根据《关于印发〈企业境外经营合规管理指引〉的通知》（发改外资〔2018〕1916号），合规行为准则是最重要、最基本的合规制度，是其他合规制度的基础和依据，适用于所有境外经营相关部门和员工，以及代表企业从事境外经营活动的第三方。

64. B。工程量的确认和复核是做好投标报价的基础和前提。对招标文件中不提供工程量清单的招标工程，投标人应根据招标文件规定的工作范围自主拟定准确的工程量清单；对招标文件中提供了工程量清单的招标工程，投标人要进行复核。对于单价合同，即使以实测工程量结算工程款，投标人仍应根据工作范围和图纸仔细核算工程量，发现工程量出入较大的，可问询招标人解释澄清或有限度地采取不平衡报价。最终应严格以招标文件清单工程量和补遗书、修正书为准报价。对于固定总价合同，承包商对工程量漏项的风险责任大，更要做好工程量的估算，做到不遗漏、不重复。

65. C。“不可预见”，是指一个有经验的承包商在基准日期前不能合理预见。“不可预见”的条款规定使承包商在投标时将风险限制在“可预见的”范围内，业主获得的应是承包商未考虑不可预见风险的正常标价和施工方案，这充分体现了施工合同条件中业主和承包商之间根据不可预见进行风险分配的原则，考虑了招标阶段信息不对称的实际情况。

66. D。根据FIDIC《设计采购施工（EPC）/交钥匙工程合同条件》（银皮书），在竣工试验开始前，承包商应向业主提交临时的运行与维护手册；在业主签发接收证书之前，承包商应向业主提交最终的运行与维护手册。手册的详细程度应能满足业主方运行、维护、拆卸、组装、调试及设备修理的需要。

67. A。A系列：业主与施工承包商、CM承包商、供应商，以及总承包商与分包商之间的标准合同文件；其中，A201《施工合同通用条件》是AIA系列合同中的核心文件，是业主与承包商订立承包合同的标准文本。

68. A。当前技术条件下，建筑信息模型（BIM）、智能建造及智慧工地是实现建设工程项目管理智能化的重要手段。BIM侧重于“建筑模型”、智能建造侧重于“建造过程和方式”、智慧工地则侧重于“建造条件和场景”。基于这些技术，有利于打通原有管理模式下的数据孤岛，实现建设工程全要素数据的全面集成，进而推动建设工程项目管理智能化。

69. C。BIM 总协调方的职责：（1）制定项目 BIM 应用方案，并组织管理和贯彻实施。（2）BIM 成果的收集、整合与发布，并对项目各参与方提供 BIM 技术支持；审查各阶段项目参与方提交的 BIM 成果并提出审查意见，协助建设单位进行 BIM 成果归档。（3）根据建设单位 BIM 应用的实际情况，可协助其开通和辅助管理维护 BIM 项目协同平台。（4）组织开展对各参与方的 BIM 工作流程的培训。（5）监督、协调及管理各分包单位的 BIM 实施质量及进度，并对项目范围内最终的 BIM 成果负责。

70. D。智慧工地基本特点：（1）技术驱动；（2）全面感知与数据收集；（3）信息的共享和协作。

二、多项选择题

71. B、C、D、E	72. A、D、E	73. B、D	74. A、B、C、D	75. B、C、D、E
76. C、D、E	77. B、C	78. A、C、E	79. B、C、D	80. A、B、C、D
81. A、B、C、D	82. A、C、E	83. D、E	84. B、C、E	85. A、B、C
86. A、B、D、E	87. D、E	88. B、D、E	89. B、D	90. B、D
91. A、B、C、D	92. B、C、E	93. A、B、C、E	94. A、B、C、E	95. A、C
96. A、C	97. A、B、D、E	98. A、B、E	99. A、C、D	100. A、B、C、D

【解析】

71. B、C、D、E。工程总承包模式的优点主要体现在以下几方面：

（1）有利于缩短建设工期。如：材料设备采购及某些可以与设计工作并行的施工等。这样，可在很大程度上缩短建设工期。

（2）便于建设单位提前确定工程造价。建设单位与工程总承包单位之间通常签订总价合同，这样使建设单位在工程实施初期就确定工程总造价，便于控制工程总造价。

（3）使工程项目责任主体单一化。

（4）可减轻建设单位合同管理的负担。与建设单位直接签订合同的工程参建方减少，建设单位的协调工作量减少，合同管理工作量也大大减少。

72. A、D、E。施工项目经理应具有但不限于下列权限：

（1）参与项目投标及施工合同签订。

（2）参与组建项目经理部，提名项目副经理、项目技术负责人，选用项目团队成员。

（3）主持项目经理部工作，组织制定项目经理部管理制度。

（4）决定企业授权范围内的资源投入和使用。

（5）参与分包合同和供货合同签订。

（6）在授权范围内直接与项目相关方进行沟通。

（7）根据企业考核评价办法组织项目团队成员绩效考核评价，按企业薪酬制度拟定项目团队成员绩效工资分配方案，提出不称职管理人员解聘建议。

73. B、D。根据《建设工程项目管理规范》GB/T 50326—2017，项目管理规划包括项目管理规划大纲和项目管理实施规划。

74. A、B、C、D。《质量管理体系 基础和术语》GB/T 19000—2016 提出了质量管理 7 项原则：以顾客为关注焦点、领导作用、全员积极参与、过程方法、改进、循证决策和关系管理。

75. B、C、D、E。全面一体化管理体系文件的编制原则：（1）系统协调原则；（2）合理优化原则；（3）操作可行原则；（4）证实检查原则。

76. C、D、E。投标人应严格按照招标文件要求的格式和内容，编制、装订、密封投标文件，并加写标记和加盖投标人单位章，在投标截止时间前按照规定的地点、方式递交。未按要求密封和加写标记、逾期送达或者未送达指定地点的投标文件，招标人将不予受理。招标人收到投标文件后，应向投标人出具签收凭证，并记录投标文件递交的时间、地点及密封状况，并妥善保存投标文件。在招标文件规定的开标时间前不得开启投标文件。

77. B、C。承包人应根据合同进度计划安排，向监理人报送要求发包人交货的日期计划。发包人应按照监理人与合同双方当事人商定的交货日期，向承包人提交材料和工程设备。发包人应在材料和工程设备到货 7d 前通知承包人，承包人应会同监理人在约定的时间内，赴交货地点共同进行验收。除专用合同条款另有约定外，发包人提供的材料和工程设备验收后，由承包人负责接收、运输和保管。

78. A、C、E。选项 D 可提出工期、费用、利润补偿；选项 B 仅能提出费用补偿。

79. B、C、D。除专用条款另有约定外，工程进度付款按月支付。承包人应根据价格清单的价格构成、费用性质、计划发生时间和相应工作量等因素，按照分类和分解原则，结合约定的合同进度计划，汇总形成月度支付分解报告。

80. A、B、C、D。卖方按照合同约定的进度交付合同材料并提供相关服务后，买方在收到卖方提交的下列单据并经审核无误后 28 日内，应向卖方支付进度款，进度款支付至该批次合同材料的合同价格的 95%：（1）卖方出具的交货清单正本一份；（2）买方签署的收货清单正本一份；（3）制造商出具的出厂质量合格证正本一份；（4）合同材料验收证书或进度款支付函正本一份；（5）合同价格 100% 金额的增值税发票正本一份。

81. A、B、C、D。工程建设总进度计划是编报工程建设年度计划的依据，其主要内容包括文字和表格两部分。其中，表格部分还包括：（1）工程项目一览表；（2）工程项目总进度计划表；（3）投资计划年度分配表；（4）工程项目进度平衡表。

82. A、C、E。等节奏流水施工是指在有节奏流水施工中，各施工过程的流水节拍都相等的流水施工，也称为固定节拍流水施工或全等节拍流水施工。全等节拍流水施工是一种最理想的流水施工方式，具有以下特点：（1）所有施工过程在各个施工段上的流水节拍均相等；（2）相邻施工过程的流水步距相等，且等于流水节拍；（3）专业工作队数等于施工过程数，即每一个施工过程成立一个专业工作队，由该队完成相应施工过程所有施工段上的任务；（4）各个专业工作队在各施工段上能够连续作业，施工段之间没有空闲时间。

83. D、E。网络图绘制阶段主要包括工程项目分解、确定逻辑关系和绘制网络图等工作。选项 A、B 属于计划编制准备阶段工作，选项 C 属于时间参数计算阶段工作。

84. B、C、E。工作的最早完成时间等于本工作的最早开始时间与其持续时间之和。起点节点的最早开始时间在未规定时取值为零，其他的最早开始时间等于其紧前工作最早完成时间的最大值。工作的最迟完成时间等于本工作的最早完成时间与其总时差之和；工作的最迟开始时间等于本工作的最早开始时间与其总时差之和。其他工作的总时差等于本工作与其各紧后工作之间的时间间隔加该紧后工作的总时差所得之和的最小值。

本题的关键线路为 A → B → E → G → I。

工作 G 的紧前工作有工作 D、E，工作 G 的最早开始时间 =max{（3+5+2），（3+5+5）}=13，故选项 A 错误。

工作 G 的最迟开始时间 =13+0=13，故选项 B 正确。

工作 E 只有一项紧前工作，所以其最早开始时间 =3+5=8，最早完成时间 =8+5=13，故选项 C 正确。

工作 E 的最迟完成时间 =13+0=13，故选项 D 错误。

工作 D 的总时差 =min{（10−10）+1，（13−10）+0}=1d，故选项 E 正确。

85．A、B、C。技术措施包括：改进施工工艺和施工技术，缩短工艺技术间歇时间；采用更先进的施工方式（如将现浇混凝土方案改为预制装配方案），减少施工过程数量；采用更先进的施工机械等。选项 D 属于其他配套措施，选项 E 属于组织措施。

86．A、B、D、E。全面质量管理的基本特点：（1）管理内容的全面性；（2）管理范围的全面性；（3）参加管理人员的全面性；（4）管理方法的多样性。

87．D、E。安全特性体现在：满足强度、刚度、稳定性要求；防灾、抗灾能力强；安全防范、预警效果好。选项 A 属于可靠性，选项 B、C 属于实用性。

88．B、D、E。分析用控制图中的点子同时满足以下两个条件时，可以认为生产过程基本上处于稳定状态：（1）连续 25 点中没有一点在界限外或连续 35 点中最多一点在界限外或连续 100 点中最多点在界限外；（2）控制界限内的点子随机排列且没有缺陷。属于生产过程有异常的情形有：（1）连续 7 点或更多点在中心线同一侧；（2）连续 7 点或更多点呈上升或下降趋势；（3）连续 11 点中至少有 10 点在中心线同一侧；（4）连续 14 点中至少有 12 点在中心线同一侧；（5）连续 17 点中至少有 14 点在中心线同一侧；（6）连续 20 点中至少有 16 点在中心线同一侧；（7）连续 3 点中至少有 2 点和连续 7 点中至少有 3 点落在二倍标准差与三倍标准差控制界限之间；（8）点子呈周期性变化。

89．B、D。较大事故，是指造成 3 人及以上 10 人以下死亡，或者 10 人及以上 50 人以下重伤，或者 1000 万元及以上 5000 万元以下直接经济损失的事故。选项 A、E 属于重大事故，选项 C 属于特别重大事故。

90．B、D。预防成本是指为防止工程质量缺陷和偏差出现，保证工程质量达到质量标准所采取的各项预防措施所支出的费用，包括质量规划费、工序控制费、新工艺鉴定费、质量培训费、质量信息费等。鉴定成本包括施工图纸审查费，施工文件审查费，原材料、外购件检验试验费，工序检验费，工程质量验收费等。

91．A、B、C、D。有效控制施工机具使用费，应主要从台班数量和台班单价两方面进行控制。控制台班数量包括：（1）根据施工方案和现场实际情况，选择适合项目施工特点的施工机械，制定设备需求计划，合理安排施工生产，充分利用现有机械设备，加强内部调配，提高机械设备的利用率；（2）保证施工机械设备的作业时间，安排好生产工序的衔接，尽量避免停工、窝工尽量减少施工中所消耗的机械台班数量；（3）核定设备台班定额产量，实行超产奖励办法，加快施工生产进度，提高机械设备单位时间的生产效率和利用率；（4）加强设备租赁计划管理，减少不必要的设备闲置和浪费，充分利用社会闲置机械资源。

92．B、C、E。本题的计算过程如下：

1）以目标数 600×715×（1+4%）=446160 元为分析替代的基础

（1）第一次替代产量因素，以 640m^3 替代 600m^3，640×715×（1+4%）=475904 元。

（2）第二次替代单价因素，以 755 元 /m^3 替代 715 元 /m^3，并保留上次替代后的值，640×755×（1+4%）=502528 元。

（3）第三次替代损耗率因素，以 3% 替代 4%，并保留上次替代后的值，640×755×（1+

3%)=497696 元。

(2)计算差额

第一次替代与目标数的差额 =475904-446160=29744 元。

第二次替代与第一次替代的差额 =502528-475904=26624 元。

第三次替代与第二次替代的差额 =497696-502528=-4832 元。

(3)产量增加使成本增加了 29744 元，单价提高使成本增加了 26624 元，而损耗率下降使成本减少了 4832 元。实际成本与目标成本的差额 =497696-446160=51536 元。

93. A、B、C、E。根据能量意外释放理论，应该通过控制能量或控制作为能量达及人体媒介的能量载体来预防伤害事故。预防安全事故的思路一是防止能量或危险物质的意外释放，二是防止人体与过量的能量或危险物质接触。约束、限制人体与能量接触的措施称为屏蔽。基本预防措施有：(1)用安全的能源代替不安全的能源；(2)限制能量；(3)防止能量蓄积；(4)缓慢地释放能量；(5)设置屏蔽设施；(6)在时间和空间上把能量与人体隔离。

94. A、B、C、E。主要负责人对本单位安全生产工作的职责有：

(1)建立健全并落实本单位全员安全生产责任制，加强安全生产标准化建设。

(2)组织制定并实施本单位安全生产规章制度和操作规程。

(3)组织制定并实施本单位安全生产教育和培训计划。

(4)保证本单位安全生产投入的有效实施。

(5)组织建立并落实安全风险分级管控和隐患排查治理双重预防工作机制，督促、检查本单位的安全生产工作，及时消除生产安全事故隐患。

(6)组织制定并实施本单位的生产安全事故应急救援预案。

(7)及时、如实报告生产安全事故。

95. A、C。《建设工程安全生产管理条例》规定，对下列达到一定规模的危险性较大的分部分项工程，施工单位应编制专项施工方案，并附具安全验算结果，经施工单位技术负责人、总监理工程师签字后实施，由专职安全生产管理人员进行现场监督：(1)基坑支护与降水工程；(2)土方开挖工程；(3)模板工程；(4)起重吊装工程；(5)脚手架工程；(6)拆除、爆破工程；(7)国务院建设行政主管部门或者其他有关部门规定的其他危险性较大的工程。

96. A、C。

选项 A 正确：特别重大生产安全事故由国务院或者国务院授权有关部门组织事故调查组进行调查。

选项 B 错误：重大事故、较大事故分别由事故发生地省级人民政府、设区的市级人民政府负责调查。

选项 C 正确：未造成人员伤亡的一般事故，县级人民政府也可以委托事故发生单位组织事故调查组进行调查。

选项 D 错误：特别重大事故以下等级事故，事故发生地与事故发生单位不在同一个县级以上行政区域的，由事故发生地人民政府负责调查，事故发生单位所在地人民政府应当派人参加。

选项 E 错误：事故调查组应当自事故发生之日起 60 日内提交事故调查报告。

97. A、B、D、E。围护材料利用：围护结构选用耐候性及耐久性良好的材料，施工应确保密封性、防水性和保温隔热性，屋面或墙体等部位采用基层加设保温隔热系统的方式施工时，应选择高效节能、耐久性好的保温隔热材料，以减小保温隔热层的厚度及材料用量，故选项 A 正确。周转材料利用：应选用耐用、维护与拆卸方便的周转材料和机具。其中，模板应以节约自然资源为原则，推广使用定型钢模、钢框竹模、竹胶板；推广采用外墙保温板替代混凝土施工模板的技术，故选项 B 正确。结构材料利用：推广使用高强钢筋和高性能混凝土，推广使用预拌混凝土和商品砂浆，利用粉煤灰、矿渣、外加剂及新材料，减少水泥用量，推广钢筋专业化加工和配送，故选项 C 错误，选项 E 正确。装饰装修材料利用：采用非木质的新材料或人造板材代替木质板材；木制品及木装饰用料、玻璃等各类板材等宜在工厂采购或定制，故选项 D 正确。

98. A、B、E。污水排放应包括下列内容：(1) 现场道路和材料堆放场地周边设置排水沟；(2) 工程污水和试验室养护用水处理合格后，排入市政污水管道，检测频率不应少于 1 次 / 月；(3) 现场厕所设置化粪池，化粪池定期清理；(4) 工地厨房设置隔油池，定期清理；(5) 工地生活污水、预制场和搅拌站等施工污水达标排放和利用；(6) 钻孔桩、顶管或盾构法作业采用泥浆循环利用系统，不得外溢漫流。

99. A、C、D。工程师应根据计量出的每项工作的工程量乘以相应费率或价格进行估价。如合同中无某项内容，应取类似工作的费率或价格。当同时满足以下情形一中的 2 个条件，或同时满足情形二中的 4 个条件时，可对该项工作规定的费率或价格进行确定调整。情形一：(1) 工程量清单或其他资料表中未有该项工作，也未规定该项工作的费率或价格；(2) 由于该项工作特性或实施条件的不同，合同中未有相应的可供参考费率或价格的工作。情形二：(1) 该工作测量工程量比工程量清单或其他资料中所列工程量的变动超过了 10%；(2) 工程量的变动与合同规定费率的乘积超过了中标合同额的 0.01%；(3) 工程量的变动直接导致该项工作每单位成本的变动超过 1%；(4) 合同中没有规定此项工作为固定费率或固定费用。

100. A、B、C、D。智慧工地建设原则：(1) 满足社会监管需求；(2) 优化管理效率；(3) 资源整合与节约；(4) 实现全方位覆盖；(5) 全过程覆盖；(6) 人文关怀。

《建设工程项目管理》

考前第 3 套卷及解析

《建设工程项目管理》考前第3套卷

一、**单项选择题**（共70题，每题1分。每题的备选项中，只有1个最符合题意）

1. 对于采用直接投资和资本金注入方式的政府投资项目，除特殊情况外，政府投资主管部门不再审批（　　）。

A．项目建议书　　B．项目初步设计

C．开工报告　　D．可行性研究报告

2. 建设工程施工联合体承包模式的特点是（　　）。

A．通过联合体内部合同约束，增加了工程质量监控环节

B．建设单位的合同结构简单，组织协调工作量小

C．施工合同总价可以较早确定，业主可承担较少风险

D．施工合同风险大，要求各承包商有较高的综合管理水平

3. 依据《建设工程监理范围和规模标准规定》，下列工程项目必须实行监理的是（　　）。

A．总投资额为2亿元的电视机厂改建项目

B．建筑面积4万m^2的住宅建设项目

C．总投资额为300万美元的联合国粮农组织的援助项目

D．总投资额为2000万元的科技项目

4. 项目监理机构审查施工进度计划时，符合的要求是（　　）。

A．在施工进度计划中应考虑国家法定假日的安排

B．施工进度计划应符合建设单位的资金计划

C．施工人数的安排应最大限度地利用施工空间

D．施工进度计划中应预留工程计量的时间

5. 工程质量监督机构参加工程竣工验收的目的是（　　）。

A．签发工程竣工验收意见

B．对工程实体质量进行检查验收

C．对验收的组织形式、验收程序等进行监督

D．检查核实有关工程质量的文件和资料

6. 对于技术复杂、各职能部门之间的技术界面比较繁杂的大型工程项目，宜采用的项目组织形式是（　　）组织形式。

A．直线式　　B．弱矩阵式

C．中矩阵式　　D．强矩阵式

7. 项目管理实施规划的编制程序中，在分析项目具体特点和环境条件之前应进行的工作是（　　）。

A．实施编制活动　　B．熟悉相关法规和政策文件

C．履行报批手续　　D．了解相关方要求

8. 某大学新校区的图书馆项目施工组织设计属于（　　）。

A．施工管理规划　　B．单位工程施工组织设计

C．施工组织总设计　　D．分部工程施工组织设计

9．重点、难点分部（分项）工程施工方案和针对危险性较大的分部分项工程专项施工方案应由（　　）批准。

A．项目负责人　　B．项目技术负责人

C．施工单位技术负责人　　D．施工单位负责人

10．在质量管理体系关键要素中，为进行某项活动或过程所规定的途径是指（　　）。

A．组织机构　　B．资源

C．过程　　D．程序

11．职业健康安全管理体系标准要素中的策划包括的内容是（　　）。

A．明确工作人员的意识　　B．确保外包的职能和过程得到控制

C．应对风险和机遇的措施　　D．文件化信息的策划

12．在价值链中促进社会责任是社会责任（　　）的核心主题。

A．组织治理　　B．公平运行实践

C．劳工实践　　D．社区参与和发展

13．指导相互关联的项目群组件实现项目群目标和收益的一组协调性活动是指（　　）。

A．项目群管理　　B．项目组合管理

C．项目管理　　D．项目集合管理

14．关于招标人组建的资格审查委员会，下列说法正确的是（　　）。

A．资格审查委员会成员人数为10人，技术、经济等方面的专家8人

B．资格审查委员会成员人数为9人，技术、经济等方面的专家5人

C．资格审查委员会成员人数为9人，投标人代表1人

D．资格审查委员会成员人数为7人，技术、经济等方面的专家5人

15．下列合同计价方式中，建设单位造价控制最容易的合同形式是（　　）。

A．单价合同　　B．总价合同

C．固定百分比酬金合同　　D．固定酬金合同

16．工程总承包招标文件编制与施工投标报价相比，两者存在的差异是（　　）。

A．招标程序　　B．中标通知书格式

C．价格清单组成　　D．评标方式

17．根据《标准施工招标文件》中的通用合同条款，监理人依据施工合同约定，指示承包人对施工的临时道路进行必要的养护，由此产生的费用应由（　　）承担。

A．承包人　　B．发包人

C．发包人和承包人共同　　D．监理人

18．关于单价子目计量的说法，正确的是（　　）。

A．已标价工程量清单中的单价子目工程量为实际完成工程量

B．监理人应在收到承包人提交的工程量报表后的14d内进行复核

C．承包人提交的工程量报表中的工程量视为承包人估计工程量

D．对数量有异议的，可要求承包人按合同约定进行共同复核和抽样复测

19．某工程竣工验收阶段，承包人于3月1日向工程师递交了竣工验收申请报告，发包人于3月15日组织生产设备启动试车检验，3月18日试车完毕后，发包人、承包人、工程师和设计代表在试车记录上签字确认质量合格，工程师于3月20日签发工程移交证书，

则承包商的实际竣工日应为（　　）。

A．3月1日　　B．3月15日

C．3月18日　　D．3月20日

20．根据《标准设计施工总承包招标文件》中的通用合同条款，设计文件需政府有关部门审查或批准的工程，发包人应在审查同意承包人的设计文件后（　　）d内，向政府有关部门报送设计文件。

A．7　　B．14

C．21　　D．28

21．根据《标准设备采购招标文件》中的通用合同条款，买方委托第三方对合同设备进行监造，关于监造行为的说法正确的是（　　）。

A．视为对合同设备制造过程符合合同要求的确认

B．不视为对合同设备质量的确认

C．视为限制买方收货后依照合同约定对设备提出质量异议

D．视为免除卖方依照合同约定应承担的设备质量责任

22．根据《标准材料采购招标文件》中的通用合同条款，合同约定的材料运输至施工场地卸货交付后，该材料的照管责任及风险应由（　　）承担。

A．卖方　　B．买方

C．卖方和买方　　D．材料生产厂家

23．对于投保建筑工程一切险的工程，保险人应负责赔偿的损失是（　　）。

A．因设计错误引起的工程损失　　B．因原材料缺陷造成的工程损失

C．因地面下陷下沉造成的工程损失　　D．非外力原因引起的机械装置损坏

24．下列进度计划中，属于建设单位计划系统的是（　　）。

A．工程项目年度计划　　B．设计总进度计划

C．施工准备工作计划　　D．施工总进度计划

25．采用横道图法编制施工进度计划的不足之处是（　　）。

A．不能进行计划调整　　B．不能反映计划中的关键工作

C．不能计算资源需求量　　D．不能反映工作持续时间

26．建设工程组织流水施工的特点是（　　）。

A．能够充分利用工作面进行施工　　B．各工作队实现了专业化施工

C．单位时间内投入的资源量较少　　D．施工现场的组织管理比较简单

27．某工程有3个施工过程，分4个施工段组织等节奏流水施工，流水节拍为4d，该工程存在提前插入的时间为1d，2d的工艺间歇时间，则流水施工工期为（　　）d。

A．25　　B．26

C．27　　D．28

28．某分部工程有3个施工过程，各分为4个流水节拍相等的施工段，各施工过程的流水节拍分别为6d、4d、4d。如果组织加快的成倍节拍流水施工，则专业工作队数和流水施工工期分别为（　　）。

A．3个和20d　　B．4个和25d

C．5个和24d　　D．7个和20d

29．某工作有两个紧前工作，紧前工作的最早完成时间分别是第2天和第4天，该工作持续

时间是 5d，则其最早完成时间是第（　　）天。

A．6　　B．7

C．9　　D．11

30．某工程双代号网络计划如图 1 所示（时间单位：d），工作 D 的最早开始时间和最迟开始时间分别是第（　）天。

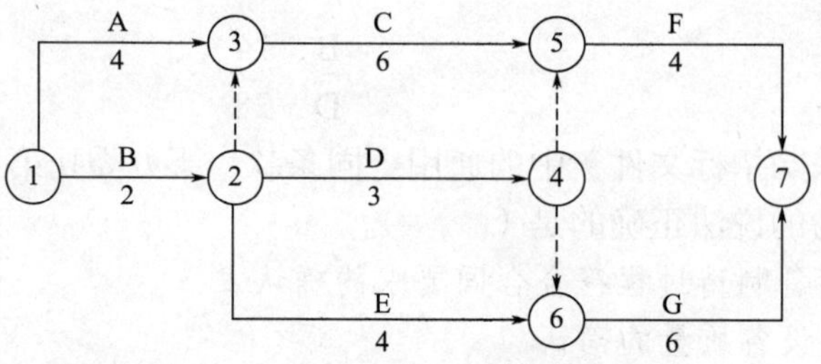

图 1　某工程双代号网络计划

A．2 和 5　　B．4 和 5

C．2 和 7　　D．4 和 7

31．某工程双代号时标网络计划如图 2 所示，工作 C 的最早开始时间和总时差分别是（　　）。

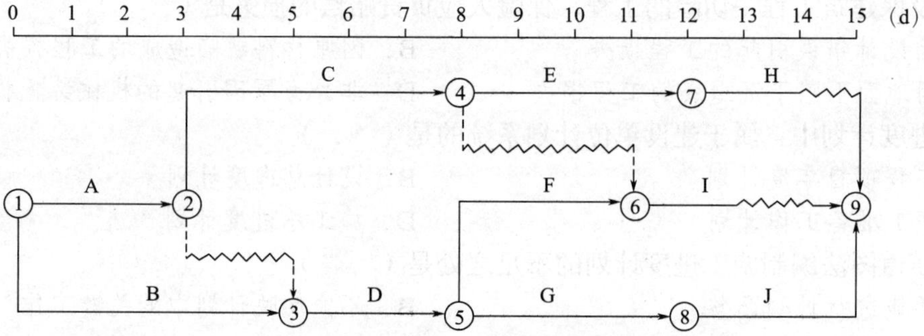

图 2　某工程双代号时标网络计划

A．第 3 天和 2d　　B．第 3 天和 1d

C．第 2 天和 2d　　D．第 2 天和 1d

32．下列工作内容中，属于进度监测系统过程的是（　）。

A．分析进度偏差产生的原因　　B．提出调整进度计划的措施

C．收集反映工程实际进度的有关数据　　D．分析进度偏差对总工期的影响

33．在利用 S 曲线比较建设工程实际进度与计划进度时，如果检查日期实际进展点落在计划 S 曲线的右侧，则该实际进展点与计划 S 曲线在纵坐标方向的距离表示该工程（　　）。

A．实际进度超前的时间　　B．实际超额完成的任务量

C．实际进度拖后的时间　　D．实际拖欠的任务量

34．调整施工进度计划时，通过增加劳动力和施工机械的数量缩短某些工作持续时间的措施属于（　　）。

A．经济措施　　B．技术措施

C．组织措施　　D．合同措施

35．全面质量管理是一个组织以质量为中心，以（　　）为基础，目的在于通过让顾客满意和组织所有成员及社会受益而达到长期成功的管理途径。

A．持续改进　　B．全员参与

C．PDCA 循环　　D．领导作用

36．为检测建筑产品质量，第一个样本随机抽取，然后每隔一定时间或空间抽取一个样本的抽样方式是（　　）。

A．简单随机抽样　　B．系统随机抽样

C．分层随机抽样　　D．多阶段抽样

37．检验结构表面是否有裂缝、混凝土振捣是否符合要求的感观检验法是（　　）。

A．看　　B．摸

C．敲　　D．照

38．采用排列图法划分质量影响因素时，累计频率达到 75% 对应的影响因素是（　　）。

A．主要因素　　B．次要因素

C．一般因素　　D．基本因素

39．分析用控制图的用途是（　　）。

A．调查分析生产过程是否处于控制状态

B．分析判断产品质量分布状况

C．系统整理分析质量问题产生的原因

D．控制生产过程，使之经常保持在稳定状态

40．经返工或返修的检验批，应（　　）。

A．重新进行验收　　B．按技术处理方案和协商文件进行验收

C．经检测单位检测鉴定后予以验收　　D．由监督机构决定是否予以验收

41．某工程因工期紧，项目部采用了标准要求低但可缩短工期的施工工艺，造成了质量事故。按照事故责任分类，该事故属于（　　）。

A．操作责任事故　　B．技术原因事故

C．管理原因事故　　D．指导责任事故

42．某工程质量事故造成直接经济损失 4500 万元，间接经济损失 800 万元。按照工程质量事故等级划分标准，该工程质量事故属于（　　）。

A．较大事故　　B．一般事故

C．重大事故　　D．较重事故

43．下列可能导致工程质量缺陷的因素中，属于施工与管理失控的是（　　）。

A．超常低价中标　　B．内力分析有误

C．图纸未经会审　　D．盲目套用图纸

44．按生产费用计入工程成本的方法分类，工程成本可分为（　　）。

A．固定成本和变动成本　　B．直接成本和间接成本

C．工期成本和质量成本　　D．计划成本和实际成本

45．工程成本管理环节中，对成本计划是否实现进行的检查，并为成本管理绩效考核提供依据的是（　　）。

A．成本控制　　B．成本分析

C．成本预测　　D．成本核算

46．工程项目准备阶段的施工成本计划，应当是采用（　　）编制形成的实施性施工成本计划。

A．估算指标　　B．概算定额

C．预算定额　　D．施工定额

47．关于按工程实施阶段编制施工成本计划的说法，正确的是（　　）。

A．施工成本应按时间进行分解，分解得越细越好

B．首先要将总成本分解到单项工程和单位工程中

C．首先要将成本分解为人工费、材料费和施工机具使用费

D．可在施工进度网络计划的基础上进一步扩充得到施工成本计划

48．人工费的控制实行（　　）的方法。

A．计量控制　　B．指标控制

C．量价分离　　D．包干控制

49．某项目在中期检查时发现，进度绩效指数为 0.85，费用绩效指数为 0.9，据此判断该项目的实际状况是（　　）。

A．进度延误，费用超支　　B．进度提前，费用节约

C．进度延误，费用节约　　D．进度提前，费用超支

50．项目经理部通过在混凝土拌合物中加入添加剂以降低水泥消耗量，属于施工成本纠偏措施中的（　　）。

A．经济措施　　B．组织措施

C．合同措施　　D．技术措施

51．通过计算材料成本及其占总成本的比重以判定材料成本的合理性，该成本分析方法是（　　）。

A．相关比率法　　B．指标对比分析法

C．动态比率法　　D．构成比率法

52．要求企业具有良好的团队合作精神和健全的成本管理流程的施工成本管理绩效考核方法是（　　）。

A．PDCA 管理循环法　　B．关键绩效指标

C．360° 反馈法　　D．目标管理法

53．下列危险源辨识与评价方法中，在每项生产活动之前，特别是在设计的开始阶段，对识别和评价对象存在的危险类别、出现条件、事故后果等进行概略分析，尽可能预先找出潜在危险性的方法是（　　）。

A．预先危险性分析　　B．危险与可操作性分析

C．事故树分析法　　D．LEC 评价法

54．某建筑公司在提高职工安全管理素质的安全管理培训过程中，提出“我公司虽一直处于安全生产状态，但是要时刻注意预防事故的发生，因为没有任何一种事物是绝对安全的，任何事物中都潜伏危险因素”的观点，该观点符合（　　）。

A．海因里希因果连锁理论　　B．系统理论

C．能量意外释放理论　　D．事故频发倾向理论

55．关于施工企业安全教育培训的说法，正确的是（　　）。

A．施工企业安全生产管理人员初次安全培训时间不得少于 12 学时

B．施工现场操作人员在上岗前必须经过企业、项目部和班组三级安全培训教育
C．施工企业新上岗从业人员，岗前安全培训时间不得少于12学时
D．从业人员在企业内离岗三个月重新上岗的，应重新接受企业级的安全培训

56．关于特种作业人员应具备条件的说法，正确的是（　　）。
A．具备必要的安全技术知识与技能
B．必须为男性
C．连续从事特种作业10年以上
D．年满16周岁且不超过国家法定退休年龄

57．为保证施工质量，在项目开工前，应由（　　）向分包人进行书面技术交底。
A．施工企业技术负责人　　B．施工项目经理
C．项目技术负责人　　D．总监理工程师

58．关于安全事故应急预案的说法，正确的是（　　）。
A．生产经营单位的安全生产管理专家可参加本单位应急预案评审
B．企业应在应急预案公布之日起15个工作日内，向上一级人民政府应急管理部门进行备案
C．建筑施工单位应至少每半年组织一次生产安全事故应急预案演练
D．建筑施工企业应当每两年进行一次应急预案评估

59．关于施工单位安全事故报告的说法，正确的是（　　）。
A．施工单位负责人在接到安全事故报告后，应当在24h内向有关部门报告
B．安全事故发生后，最先发现事故的人员应立即向施工单位负责人报告
C．实行施工总承包的建设工程，由建设单位负责上报事故
D．安全事故发生后情况紧急时，事故现场人员可直接向建设单位负责人报告

60．关于建设单位绿色施工职责的说法，错误的是（　　）。
A．在编制工程概算和招标文件时，应明确绿色施工的要求
B．应向施工单位提供建设工程绿色施工的设计文件、产品要求等相关资料
C．应建立建设工程绿色施工的协调机制
D．应审查绿色施工组织设计

61．根据《建筑施工场界环境噪声排放标准》GB 12523—2011，建筑施工机械在昼间和夜间的噪声排放限值分别为（　　）dB（A）。
A．70和55　　B．75和55
C．70和60　　D．80和55

62．对于施工现场环境保护而言，下列不属于“一般项”噪声控制规定的是（　　）。
A．噪声较大的机械设备应远离现场办公区、生活区和周边敏感区
B．针对现场噪声源，应采取隔声、吸声、消声等措施，降低现场噪声
C．材料装卸应轻拿轻放，控制材料撞击噪声
D．晚10点到次日早5点之间停止强噪声作业

63．下列国际工程承包风险类型中，属于合同风险的是（　　）。
A．通货膨胀、汇率波动　　B．投资规模及发展空间受限
C．索赔困难　　D．新技术应用

64．在进行国际工程投标报价时，对于土方开挖、基础工程，如果考虑货币的时间价值和支

付风险，可以（ ）。

A．偏高报价　　B．正常报价

C．偏低报价　　D．大幅度偏低报价

65. 根据FIDIC《施工合同条件》(新红皮书)，承包商应从开工日期起，承担对工程、货物、承包商文件的照管责任，直到（ ）之日止。

A．最终付款　　B．竣工验收合格

C．缺陷通知期满　　D．签发工程接收证书

66. 下列工程施工合同（ECC）计价模式中，适用于在签订合同时价格已经确定的合同的是（ ）。

A．目标合同　　B．成本补偿合同

C．管理合同　　D．标价合同

67. 在AIA系列合同中，业主与建筑师之间的标准合同文件是（ ）。

A．A系列　　B．B系列

C．C系列　　D．D系列

68. BIM提供全面的建筑表达和真实数字模型，可提高沟通效率，降低成本并提高工程质量，这体现了建筑信息模型具有（ ）的基本特征。

A．模型操作的可视化　　B．模型信息的完备性

C．模型信息的关联性　　D．模型信息的一致性

69. BIM技术应用实施模式中，关于施工总承包单位职责的说法，正确的是（ ）。

A．组织开展BIM工作流程培训　　B．组织策划项目BIM实施策略

C．利用BIM技术辅助现场管理施工　　D．组织分包施工BIM的实施工作

70. 智慧工地总体架构中，（ ）是智慧工地的核心，主要包括各种基于数据的智能应用。

A．感知层　　B．网络层

C．应用层　　D．融合层

二、多项选择题（共30题，每题2分。每题的备选项中，有2个或2个以上符合题意，至少有1个错项。错选，本题不得分；少选，所选的每个选项得0.5分）

71. 工程项目交付使用前，建设单位在生产准备阶段需要进行的工作有（ ）。

A．落实原材料和燃料来源　　B．准备必要的施工图纸

C．组织生产人员参加设备安装调试工作　　D．完成施工水电气等接通工作

E．组织单位工程预验收

72. 施工项目经理应履行的职责包括（ ）。

A．组织进行缺陷责任期工程保修工作

B．参与建设单位、分包单位、供应单位之间的结算工作

C．组织制定项目管理岗位职责，明确项目团队成员职责分工

D．组织项目团队成员进行经济活动分析

E．组织项目团队成员进行施工合同交底和项目管理目标责任分解

73. 在工程项目目标控制措施中，属于经济措施的有（ ）。

A．及时办理工程价款结算和支付手续　　B．完善工程成本节约奖励措施

C．合理处置工程变更和利用好工程索赔　　D．对工程变更方案进行经济分析

E．明确工程责任成本

74. 职业健康安全管理体系标准要素中运行的内容有（　　）。

A．监视、测量、分析和评价绩效　　B．创建和更新

C．运行策划和控制　　D．应急准备和响应

E．职业健康安全目标

75. 有效实施项目群管理应具备的先决条件包括（　　）。

A．项目群管理一致性要求　　B．项目群实践与控制

C．项目群角色和责任划分　　D．项目群管理合理性评估

E．项目群管理必要性评估

76. 根据《标准施工招标文件》，关于暂停施工后复工的说法，正确的有（　　）。

A．承包人收到复工通知后，应在发包人进行经济补偿后复工

B．暂停施工后，监理人、发包人、承包人应协调采取有效措施消除影响

C．具备复工条件时，监理人应立即向承包人发出复工通知

D．承包人无故拖延的，应承担由此增加的费用和延误的工期

E．因发包人原因无法按时复工，应承担由此增加的费用、延误的工期和合理的利润

77. 根据《标准施工招标文件》，由于不可抗力导致的下列损失，由发包人承担的是（　　）。

A．发包人现场人员伤亡　　B．承包人窝工损失

C．发包人要求承包人赶工的费用　　D．监理人指示承包人清理工程的费用

E．承包人施工设备的损失

78. 根据《标准设计施工总承包招标文件》中的《合同条款及格式》，“发包人要求”文件包含的内容有（　　）。

A．工程项目管理规定　　B．设计完成时间

C．功能要求　　D．合同价格清单

E．工艺安排

79. 根据《建设工程施工劳务分包合同（示范文本）》GF—2003—0214，在劳务分包人施工前，工程承包人应完成的工作有（　　）。

A．向劳务分包人提供相应的工程资料

B．向劳务分包人支付劳动报酬

C．为劳务分包人从事危险作业的职工办理意外伤害保险

D．向劳务分包人提供生产、生活临时设施

E．交付具备劳务作业开工条件的施工场地

80. 建筑工程一切险的被保险人通常有（　　）。

A．施工分包商　　B．设备供应商

C．发包人　　D．发包人聘用的监理工程师

E．总承包人

81. 建设工程平行施工组织方式的特点有（　　）。

A．不利于提高工程质量　　B．单位时间内投入的资源量较为均衡

C．不利于资源供应的组织　　D．施工现场的组织管理比较简单

E．不利于提高劳动生产率

82. 建设工程组织非节奏流水施工时的特点包括（　　）。

A．各专业工作队不能在施工段上连续作业

B．各施工过程在各施工段的流水节拍不全相等

C．相邻专业工作队的流水步距不尽相等

D．专业工作队数小于施工过程数

E．有些施工段之间可能有空闲时间

83．某工程双代号网络计划如图 3 所示，其绘图错误的有（　　）。

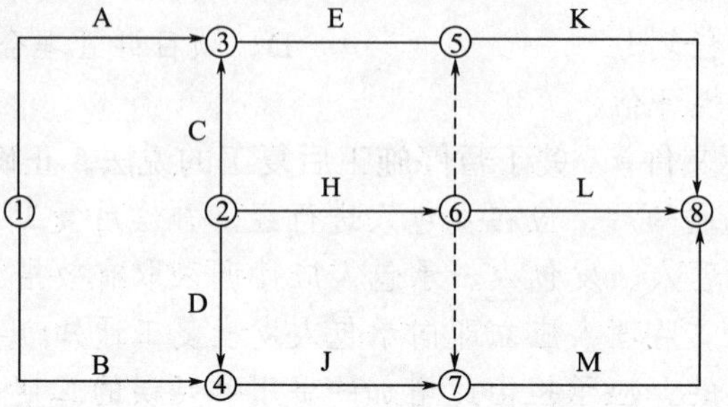

图 3　某工程双代号网络计划

A．多个起点节点　　B．节点编号有误

C．存在循环回路　　D．有无箭头的箭线

E．多个终点节点

84．关于工程网络计划中工作最迟完成时间计算的说法，正确的有（　　）。

A．等于其所有紧后工作最迟开始时间的最小值

B．等于其完成节点的最迟时间

C．等于其最早完成时间与总时差的和

D．等于其所有紧后工作最迟完成时间的最小值

E．等于其所有紧后工作间隔时间的最小值

85．某工程双代号时标网络计划执行到第 6 天末时，实际进度如图 4 前锋线所示，图中表明的正确信息有（　　）。

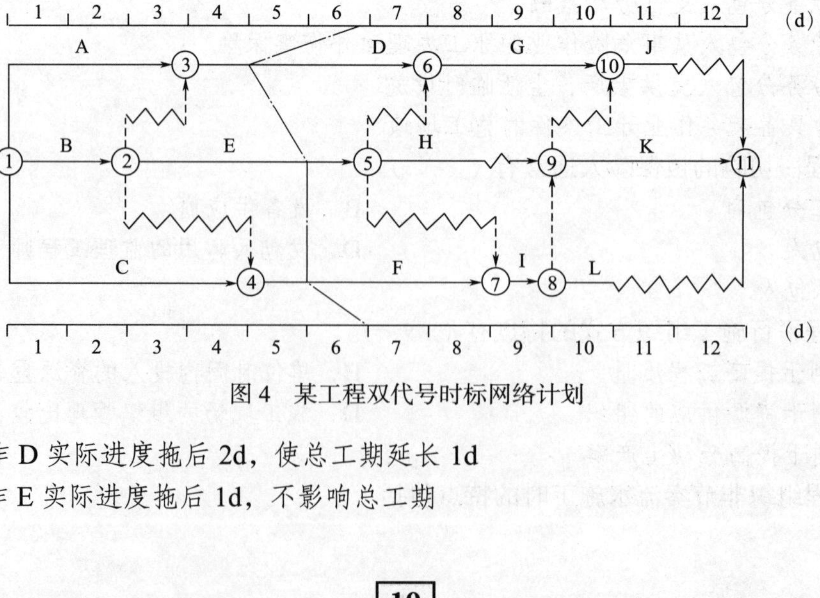

图 4　某工程双代号时标网络计划

A．工作 D 实际进度拖后 2d，使总工期延长 1d

B．工作 E 实际进度拖后 1d，不影响总工期

C．工作 F 实际进度拖后 1d，不影响总工期

D．工作 D 的实际进度将影响其后续工作 G 和 J 的正常开始时间

E．工作 F 的实际进度只影响后续工作 I 和 L 的正常开始时间

86．工程质量管理体系的建立应遵循（　　）原则对质量目标的规划、分解和有效实施控制。

A．多结构规划　　B．质量责任制

C．分层次规划　　D．系统有效性

E．目标分解

87．某产品质量检验采用计数型二次抽样检验方案，用（N，n_1，n_2，C_1，C_2）表示。在检验批量为 N 的一批产品中，随机抽取 n_1 件产品进行检验，发现 n_1 中的不合格数为 d_1，则（　　）。

A．$d_1 \leqslant C_1$，判定该批产品合格

B．$d_1 \leqslant C_1$，判定该批产品不合格

C．$d_1 > C_2$，判定该批产品不合格

D．$d_1 > C_2$，判定该批产品合格

E．$C_1 < d_1 \leqslant C_2$，应在同批产品中继续随机抽取第二个样本 n_2 件产品进行检验

88．检验批质量验收合格的条件有（　　）。

A．主控项目的质量经抽样检验应全部合格

B．一般项目的质量应符合国家现行相关标准的规定

C．具有完整的施工操作依据

D．观感质量符合要求

E．具有完整的质量验收记录

89．建设工程施工质量事故发生后，施工单位提交的质量事故报告应包括的内容有（　　）。

A．事故的简要经过　　B．事故发生的原因和事故性质

C．初步估计的直接经济损失　　D．已经采取的措施

E．事故责任的认定

90．按成本构成，施工成本分解为人工费、材料费和（　　）。

A．措施费　　B．施工机具使用费

C．企业管理费　　D．间接费

E．暂估价

91．某土方开挖工程，计划工程量 4 万 m^3，预算单价为 85 元 /m^3。经确认，已完工程量为 4.5 万 m^3，实际单价为 90 元 /m^3，下列说法正确的有（　　）。

A．费用偏差 −22.5 万元　　B．进度偏差 42.5 万元

C．费用绩效指数 0.94　　D．进度绩效指数 0.89

E．综合绩效指数 1.13

92．采用平衡积分卡法考核施工成本管理绩效的优点有（　　）。

A．能够提高考核准确性　　B．能够实现短期灵活考核

C．能够提高管理效率　　D．能够促进长期发展

E．能够激发个体积极性

93．在施工安全管理常见的缺陷中，属于安全生产责任制常见缺陷的有（　　）。

A．未建立责任目标考核制度

B．未编制安全资金使用计划

C．未按施工组织设计、专项施工方案组织实施

D．未进行安全责任目标分解

E．未制定安全生产管理目标

94．对施工特种作业人员安全教育的管理要求有（　　）。

A．特种作业操作证每5年复审一次

B．上岗作业前必须进行专门的安全技术培训

C．培训考核合格取得操作证后方可上岗作业

D．特种作业操作证申请复审前，特种作业人员应参加必要的安全培训并考试合格

E．特种作业操作证的复审时间可有条件延长至6年一次

95．机械伤害预防（不包含机械本体安全技术可靠性）的"四必有"是指（　　）。

A．有洞必有盖　　　　B．有轴必有套

C．有台必有栏　　　　D．有轮必有罩

E．有电必有棚

96．根据《生产安全事故报告和调查处理条例》，下列生产安全事故中，属于重大事故的有（　　）。

A．造成1人死亡，50人重伤，直接经济损失4000万元

B．造成6人死亡，10人重伤，直接经济损失6000万元

C．造成3人死亡，40人重伤，直接经济损失4000万元

D．造成4人死亡，20人重伤，直接经济损失5000万元

E．造成5人死亡，30人重伤，直接经济损失3000万元

97．关于施工单位绿色施工职责的说法，正确的有（　　）。

A．施工单位是建设工程绿色施工的实施主体，应组织绿色施工的全面实施

B．施工单位应建立以项目负责人为第一责任人的绿色施工管理体系

C．制定绿色施工管理制度

D．按国家现行有关标准和建设单位的要求进行工程的绿色设计

E．进行绿色施工影响因素分析，并据此制定实施对策和绿色施工评价方案

98．按照文明施工管理工作要求，下列做法中，正确的有（　　）。

A．根据施工总平面布局，应合理规划作业区等，降低交叉施工干扰

B．施工临时设施与永久性设施应严格进行区分利用

C．现场围挡采用封闭围挡，高度不小于1.5m，围挡材料可采用彩色、定型钢板

D．施工现场设开放式垃圾站，施工垃圾、生活垃圾集中存放

E．易燃、易爆和有毒有害物品分类存放

99．工程施工合同（ECC）的核心条款内容包括（　　）。

A．补偿事件　　　　B．支付承包商预付款

C．所有权　　　　D．风险和保险

E．测试和缺陷

100．AIA发布的C195系列合同的特点主要体现在（　　）。

A．利用激励条款鼓励合作　　　　B．采用目标合同模式

C．共享分配收益　　　　D．采用各方豁免诉讼

E．共担项目风险

考前第3套卷参考答案及解析

一、单项选择题

1. C	2. B	3. C	4. B	5. C
6. D	7. D	8. B	9. C	10. D
11. C	12. B	13. A	14. D	15. B
16. C	17. A	18. D	19. A	20. A
21. B	22. B	23. C	24. A	25. B
26. B	27. A	28. D	29. C	30. A
31. B	32. C	33. D	34. C	35. B
36. B	37. A	38. A	39. A	40. A
41. D	42. A	43. C	44. B	45. B
46. D	47. D	48. C	49. A	50. D
51. D	52. A	53. A	54. B	55. B
56. A	57. C	58. C	59. B	60. D
61. A	62. D	63. C	64. A	65. D
66. D	67. B	68. A	69. C	70. C

【解析】

1. C。对于采用直接投资和资本金注入方式的政府投资项目，政府投资主管部门需要从投资决策的角度审批项目建议书和可行性研究报告，除特殊情况外，不再审批开工报告，同时还要严格审核政府投资项目的初步设计和概算工作；对于采用投资补助、转贷和贷款贴息方式的政府投资项目，政府投资主管部门只审批资金申请报告。

2. B。联合体承包模式具有以下特点：（1）建设单位合同结构简单，组织协调工作量小，而且有利于工程造价和建设工期控制。（2）可以集中联合体各成员单位在资金、技术和管理等方面优势，克服一家单位力不能及的困难，不仅有利于增强竞争能力，还有利于增强抗风险能力。

3. C。《建设工程质量管理条例》规定五类必须实行监理的范围包括：

（1）国家重点建设工程。

（2）大中型公用事业工程。

（3）成片开发的住宅小区工程。

（4）利用外国政府或者国际组织贷款、援助资金的工程。

（5）国家规定必须实行监理的其他工程。

《建设工程监理范围和规模标准规定》进一步细化了必须实行监理的工程范围和规模标准：

（1）国家重点建设工程。

（2）大中型公用事业工程。

（3）成片开发建设的住宅小区工程。建筑面积在 5 万 m^2 以上的住宅建设工程必须实行监理；5 万 m^2 以下的住宅建设工程，可以实行监理，具体范围和规模标准由省、自治区、直辖市人民政府建设行政主管部门规定。为了保证住宅质量，对高层住宅及地基、结构复杂的多层住宅应当实行监理，故选项 B 不符合题意。

（4）利用外国政府或者国际组织贷款、援助资金的工程。包括：

① 使用世界银行、亚洲开发银行等国际组织贷款资金的项目。

② 使用国外政府及其机构贷款资金的项目。

③ 使用国际组织或者国外政府援助资金的项目，故选项 C 符合题意。

（5）国家规定必须实行监理的其他工程是指：

① 项目总投资额在 3000 万元以上关系社会公共利益、公众安全的下列基础设施项目：煤炭、石油、化工、天然气、电力、新能源等项目；铁路、公路、管道、水运、民航以及其他交通运输业等项目；邮政、电信枢纽、通信、信息网络等项目；防洪、灌溉、排涝、发电、引（洪）水、滩涂治理、水资源保护、水土保持等水利建设项目；道路、桥梁、地铁和轻轨交通、污水排放及处理、垃圾处理、地下管道、公共停车场等城市基础设施项目；生态环境保护项目；其他基础设施项目。

② 学校、影剧院、体育场馆项目。

选项 A、D 描述的项目均不属于必须实行监理的范围。

4. B。项目监理机构审查施工进度计划中的以下内容：（1）施工进度计划应符合施工合同中工期的约定；（2）施工进度计划中主要工程项目无遗漏，应满足分批投入试运、分批动用的需要，阶段性施工进度计划应满足总进度控制目标的要求；（3）施工顺序的安排应符合施工工艺要求；（4）施工人员、工程材料、施工机械等资源供应计划应满足施工进度计划的需要；（5）施工进度计划应满足建设单位提供的施工条件（资金、施工图纸、施工场地、物资等）。

5. C。工程质量监督机构应参加建设单位组织的工程竣工验收，并对现场验收的组织形式、验收程序、执行标准规定等进行重点监督，发现有违反验收规定的行为，应责令改正。

6. D。对于技术复杂的工程项目，各职能部门之间的技术界面比较繁杂，采用强矩阵式组织形式有利于加强各职能部门之间的协调配合。

7. D。项目管理实施规划应按下列程序编制：（1）了解相关方要求；（2）分析项目具体特点和环境条件；（3）熟悉相关法规和政策文件；（4）实施编制活动；（5）履行报批手续。

8. B。单位工程施工组织设计是指以单位（子单位）工程为主要对象编制的施工组织设计。单位工程施工组织设计是对施工组织总设计的进一步具体化，直接指导单位工程的施工管理和技术经济活动，对单位（子单位）工程的施工过程起着指导和制约作用。

9. C。重点、难点分部（分项）工程施工方案和针对危险性较大的分部分项工程专项施工方案应由施工单位技术部门组织相关专家评审，施工单位技术负责人批准。

10. D。程序是为进行某项活动或过程所规定的途径。

11. C。策划包括以下内容：

（1）应对风险和机遇的措施。在策划职业健康安全管理体系时，组织应考虑所处的环境、所提及的议题、相关方所提及的要求和职业健康安全管理体系范围，并确定所需应对的风险和机遇。

（2）职业健康安全目标及其实现的策划。基本要求如下：

① 职业健康安全目标。组织应在相关职能和层次上制定职业健康安全目标，以保持和持续改进职业健康安全管理体系和职业健康安全绩效。

② 实现职业健康安全目标的策划。组织应策划如何实现职业健康安全目标。

12．B。社会责任核心主题和议题见表 1：

表 1　社会责任核心主题和议题

核心主题	议题
（1）组织治理	决策程序和结构
（2）人权	①公民和政治权利；②经济、社会和文化权利；③工作中的基本原则和权利
（3）劳工实践	①就业和劳动关系；②工作条件和社会保护；③民主管理和集体协商；④职业健康安全；⑤工作场所中人的发展与培训
（4）环境	①污染预防；②资源可持续利用；③减缓并适应气候变化；④环境保护、生物多样性和自然栖息地恢复
（5）公平运行实践	①反腐败；②公平竞争；③在价值链中促进社会责任；④尊重产权
（6）消费者问题	①公平营销、真实公正的信息和公平的合同实践；②保护消费者健康与安全；③可持续消费；④消费者服务、支持和投诉及争议处理；⑤消费者信息保护与隐私；⑥基本服务获取；⑦教育和意识
（7）社区参与和发展	①社区参与；②教育和文化；③就业创造和技能开发；④技术开发和获取；⑤财富和收入创造；⑥健康；⑦社会投资

13．A。项目群管理是指指导相互关联的项目群组件实现项目群目标和收益的一组协调性活动。

14．D。国有资金占控股或者主导地位的依法必须进行招标的项目，招标人应组建资格审查委员会审查资格预审申请文件。资格审查委员会应由招标人代表和有关技术、经济等方面的专家组成，成员人数为 5 人以上单数，其中技术、经济等方面的专家不得少于成员总数的 2/3。其他项目由招标人自行组织资格审查。

15．B。不同合同计价方式比较见表 2。

表 2　不同合同计价方式

合同类型	总价合同	单价合同	成本加酬金合同			
			百分比酬金	固定酬金	浮动酬金	目标成本加奖罚
应用范围	广泛	广泛	有局限性			某些情形
建设单位造价控制	易	较易	最难	难	不易	有可能
施工单位风险	大	小	基本没有		不大	有

16．C。工程总承包招标文件要求编制的价格清单所包含的内容与施工投标报价的内容有所不同，工程总承包招标文件要求编制的价格清单还包括勘察设计费等内容。

17．A。承包人的主要义务之一是负责修建、维修、养护和管理施工所需的临时道路，以及为开始施工所需的临时工程和必要的设施，满足开工要求。所以对施工的临时道路进行必要的养护，产生的费用由承包人承担。

18. D。已标价工程量清单中的单价子目工程量为估算工程量。结算工程量是承包人实际完成的，并按合同约定的计量方法进行计量的工程量。承包人对已完成的工程进行计量，向监理人提交进度付款申请单、已完成工程量报表和有关计量资料。监理人对承包人提交的工程量报表进行复核，以确定实际完成的工程量。对数量有异议的，可要求承包人按合同约定进行共同复核和抽样复测。承包人应协助监理人进行复核并按监理人要求提供补充计量资料。承包人未按监理人要求参加复核，监理人复核或修正的工程量视为承包人实际完成的工程量。监理人应在收到承包人提交的工程量报表后的7d内进行复核，监理人未在约定时间内复核的，承包人提交的工程量报表中的工程量视为承包人实际完成的工程量，据此计算工程价款。

19. A。除专用合同条款另有约定外，经验收合格工程的实际竣工日期，以提交竣工验收申请报告的日期为准，并在工程接收证书中写明。

20. A。设计文件需政府有关部门审查或批准的，发包人应在审查同意承包人的设计文件后7d内，向政府有关部门报送设计文件，承包人予以协助。

21. B。买方监造人员对合同设备的监造，不视为对合同设备质量的确认，不影响卖方交货后买方依照合同约定对合同设备提出质量异议和（或）退货的权利，也不免除卖方依照合同约定对合同设备所应承担的任何义务或责任。

22. B。除专用合同条款另有约定外，卖方应根据合同约定的交付时间和批次在施工场地卸货后将合同材料交付给买方。合同材料的所有权和风险自交付时起由卖方转移至买方，合同材料交付给买方之前包括运输在内的所有风险均由卖方承担。

23. C。因地面下陷下沉造成的工程损失由保险人负责赔偿。选项A、B、D属于建筑工程一切险除外责任的范围。

24. A。建设单位编制的进度计划包括工程项目前期工作计划、工程项目建设总进度计划和工程项目年度计划。选项B属于设计单位的计划系统；选项C、D属于施工单位的计划系统。

25. B。工程进度计划采用横道图表示形式，具有编制简单、使用方便等优点，但也有不足：（1）不能明确反映各项工作之间的相互联系、相互制约关系；（2）不能反映影响工期的关键工作和关键线路；（3）不能反映工作所具有的机动时间（时差）；（4）不能反映工程费用与工期之间的关系，因而不便于施工进度计划的优化。特别是对于大型工程项目，因其工作构成及逻辑关系复杂、无法利用计算机来进行计算分析。

26. B。流水施工组织方式具有以下特点：

（1）尽可能利用工作面进行施工，工期较短。

（2）各工作队实现专业化施工，有利于提高施工技术水平和劳动效率，也有利于提高工程质量。

（3）专业工作队能够连续施工，同时使相邻专业工作队之间能够最大限度地进行搭接作业。

（4）单位时间内投入的劳动力、施工机具等资源较为均衡，有利于资源供应的组织。

（5）为施工现场的文明施工和科学管理创造了有利条件。

选项A属于平行施工的特点；选项C、D属于依次施工的特点。

27. A。组织等节奏流水施工时，相邻过程的流水步距相等，且等于流水节拍。根据公

式 $T=(m+n-1)K+\Sigma Z-\Sigma C$ 计算，式中，T 为流水施工工期、m 为施工段数、n 为施工过程数、K 为流水步距、ΣZ 为技术间歇时间（也称工艺间歇时间）之和、ΣC 为提前插入时间之和，则流水施工工期 $T=(3+4-1)\times4+2-1=25$d。

28．D。首先确定流水步距 K= 各施工过程流水节拍的最大公约数，即 K=min[6，4，4]=2d；各施工过程的专业工作队数分别为：$b_1=6/2=3$ 个，$b_2=4/2=2$ 个，$b_3=4/2=2$ 个，专业工作队总和 =7 个，则流水施工工期 $T=(m+N-1)\cdot K=(4+7-1)\times2=20$d。

29．C。工作最早完成时间等于工作最早开始时间与持续时间之和。最早开始时间等于其紧前工作最早完成时间的最大值，则该工作最早完成时间 =max{2，4}+5=9。

30．A。本题关键线路是 A → C → F，总工期是 14d，工作 B 结束后就可以进行工作 D，所以工作 D 的最早开始时间是第 2 天。最迟开始时间等于工作的最迟完成时间减工作的持续时间；最迟完成时间等于其紧后工作最迟开始时间的最小值。工作 D 的紧后工作包括工作 F、G，则其最迟完成时间 =min｛(14－4)，(14－6)｝=8，所以工作 D 的最迟开始时间 =8－3=5。

31．B。工作箭线左端节点中心所对应的时标值为该工作的最早开始时间，则工作 C 的最早开始时间 =3；总时差等于其紧后工作的总时差加本工作与该紧后工作之间的时间间隔所得之和的最小值，则工作 C 的总时差 =min{(1+0)，(2+3)}=1d。

32．C。进度监测的系统过程包括：(1) 收集整理实际进度数据：①通过跟踪检查进度计划执行情况收集反映工程实际进度的有关数据；②通过施工进度报表和现场实地检查等方式收集实际进度数据；③施工进度协调会议也是收集实际进度数据的主要方式；④收集到的实际进度数据需要进行加工处理，形成与计划进度具有可比性的数据。(2) 实际进度与计划进度的比较分析。

33．D。如果工程实际进展点落在计划 S 曲线右侧，表明实际进度拖后的时间。而实际进展点与计划 S 曲线在纵坐标方向的距离表示该工程实际拖欠的任务量。

34．C。缩短某些工作持续时间的组织措施包括：(1) 增加工作面，组织更多的施工队伍；(2) 增加每天施工时间，采用加班或多班制施工方式；(3) 增加劳动力和施工机械的数量。

35．B。全面质量管理是一个组织以质量为中心，以全员参与为基础，目的在于通过让顾客满意和组织所有成员及社会受益而达到长期成功的管理途径。

36．B。系统随机抽样是指将总体中的抽样单元按某种次序排列，在规定范围内随机抽取一个或一组初始单元，然后按一套规则确定其他样本单元的抽样方法。如每隔一定时间或空间抽取一个样本，其第一个样本是随机的，所以又称为机械随机抽样。这种方法主要用于工序质量检验。

37．A。感观检验法是以施工规范和检验标准为依据，利用人体的视觉器官、听觉器官和触觉器官来检验施工质量情况。这类方法主要是根据质量要求，采用看、摸、敲、照等方法对检查对象进行检查。所谓“看”，就是根据质量标准要求进行外观检查，例如结构表面是否有裂缝、混凝土振捣是否符合要求等。所谓“摸”，就是通过手感触摸进行检查鉴别。所谓“敲”，就是运用敲击方法进行音感检查，根据声音虚实、脆闷判断有无质量问题。所谓“照”，就是通过人工光源或反射光照射，仔细检查难以看清的部位。

38．A。排列图在实际应用中，一般将累计频率在 0～80% 范围内的因素定为 A 类因素，即主要因素；累计频率在 80%～90% 范围内的因素定为 B 类因素，即次要因素；累计频率在 90%～100% 范围内的因素定为 C 类因素，即一般因素。

39．A。按控制图的用途分类，控制图可分为：分析用控制图和管理（控制）用控制图。分析用控制图主要是用来调查分析生产过程是否处于控制状态。管理（控制）用控制图主要用来控制生产过程，使之经常保持在稳定状态。

40．A。当检验批施工质量不符合验收标准时，应按下列规定进行处理：（1）经返工或返修的检验批，应重新进行验收；（2）经有资质的检测机构检测能够达到设计要求的检验批，应予以验收；（3）经有资质的检测机构检测达不到设计要求，但经原设计单位核算认可能够满足安全和使用功能的检验批，应予以验收。

41．D。按事故责任分类，施工质量事故可分为指导责任事故和操作责任事故。指导责任事故是指：工程施工过程中，由于指导或领导失误而造成的质量事故，如工程负责人不按规范规程组织施工、盲目赶工、强令他人违章作业、降低工程质量标准等造成的质量事故。

42．A。1000 万元以上 5000 万元以下直接经济损失的事故属于较大事故。间接经济损失不作为判断标准。

43．C。施工与管理失控是造成大量质量事故的常见原因，主要表现在以下几方面：

（1）未经设计单位同意，擅自修改设计；或不按图施工。例如，将铰接做成刚接，将简支梁做成连续梁；用光圆钢筋代替异形钢筋等，导致结构破坏；挡土墙不按图设滤水层、排水孔，导致压力增大，墙体破坏或倾覆。

（2）图纸未经会审即仓促施工；或不熟悉图纸，盲目施工。

（3）不按有关施工规范和操作规程施工。例如，浇筑混凝土时振捣不良，造成薄弱部位；砖砌体包心砌筑，上下通缝，灰浆不均匀饱满等，均能导致砖墙或砖柱破坏。

（4）不懂装懂，蛮干施工。例如，将钢筋混凝土预制梁倒置吊装、将悬挑结构钢筋放在受压区等，均会导致结构破坏，造成严重后果。

（5）管理混乱，施工方案考虑不周，施工顺序错误，技术交底不清，违章作业，疏于检查、验收等，均可能导致质量事故。

44．B。按生产费用计入工程成本的方法分类，工程成本分为直接成本和间接成本。按工程成本与工程数量的关系分类，工程成本分为固定成本和变动成本。按工程成本形成的时间，工程成本可划分为预算成本、计划成本和实际成本。按工程成本要素构成划分，工程成本分为工期成本、质量成本、安全成本和绿色成本。

45．B。工程成本管理各环节是一个有机联系与相互制约的系统过程。其中，成本计划是开展成本控制和分析的基础，也是成本控制的主要依据；成本控制能对成本计划的实施进行监督，保证成本计划的实现；成本分析是对成本计划是否实现进行的检查，并为成本管理绩效考核提供依据；成本管理绩效考核是实现责任成本目标的保证和手段。

46．D。实施性成本计划是指在工程项目施工准备阶段，以项目实施方案为依据，以落实项目经理责任目标为出发点，根据企业施工定额编制的施工成本计划。

47．D。施工成本计划可按工程实施阶段（如基础、主体、安装、装修等工程施工）或按月、季、年等实施进度进行编制。按实施进度编制成本计划，通常可在施工进度网络计划的基础上进一步扩充得到。

48．C。人工费的控制实行量价分离的方法，将作业用工及零星用工按定额工日的一定比例综合确定用工数量与单价，通过专业作业分包合同进行控制。

49．A。当进度绩效指数（SPI）<1 时，表明实际进度拖后；当进度绩效指数（SPI）>1

时，表明实际进度提前。当费用绩效指数（*CPI*）＜1时，表明实际费用超支；当费用绩效指数（*CPI*）＞1时，表明实际费用节约。

50．D。施工过程中降低成本的技术措施，包括：进行技术经济分析，确定最佳的施工方案；结合施工方法，进行材料使用的比选，在满足功能要求的前提下，通过代用、改变配合比、使用外加剂等方法降低材料消耗的费用；确定合适的施工机械、设备使用方案；结合项目的施工组织设计及自然地理条件，降低材料的库存成本和运输成本；应用先进的施工技术，运用新材料，使用先进的机械设备等。运用技术纠偏措施的关键，一是要能提出多个不同的技术方案，二是要对不同的技术方案进行技术经济分析比较，选择最佳方案。

51．D。构成比率法又称比重分析法或结构对比分析法。通过构成比率，可以考察成本总量的构成情况及各成本项目占总成本的比重，同时也可看出预算成本、实际成本和降低成本的比例关系，从而寻求降低成本的途径。

52．A。PDCA管理循环法适用于需要周期性考核的企业，要求企业具有良好的团队合作精神和健全的成本管理流程。

53．A。预先危险性分析也称初始危险分析，是指在每项生产活动之前，特别是在设计的开始阶段，对识别和评价对象存在的危险类别、出现条件、事故后果等进行概略分析，尽可能预先找出潜在的危险性。

54．B。系统理论已不是单纯的事故致因理论，它基于以下不同于传统安全理论的概念研究系统安全管理：（1）在事故致因理论方面，改变了只注重人（操作员）的不安全行为在事故致因中作用的传统观念，开始考虑如何通过改善物（硬件）的系统可靠性来提高复杂系统的安全性，从而避免事故；（2）没有一种事物是绝对安全的，任何事物中都潜伏着危险因素，通常所说的安全或危险只不过是一种主观的判断；（3）不可能根除一切危险源和危险，可以减少来自现有危险源的危险性，应减少总的危险性而不是只消除几种选定的危险；（4）受认识能力有限，有时不能完全认识危险源和危险，即使认识了现有的危险源，随着生产技术的发展，新技术、新工艺、新材料和新能源的出现，又会产生新的危险源；由于受技术、资金、劳动力等因素的限制，对于认识了的危险源也不可能完全根除，只能把危险降低到可接受的程度，即可接受的危险。

55．B。企业主要负责人和安全生产管理人员初次安全培训时间不得少于32学时，故选项A错误。施工企业新上岗从业人员，岗前培训时间不得少于24学时，故选项C错误。从业人员在本单位内调整岗位或离岗一年以上重新上岗时，应重新接受项目部和班组级的安全培训，故选项D错误。

56．A。特种作业人员应符合下列条件：（1）年满18周岁，且不超过国家法定退休年龄；（2）经社区或者县级以上医疗机构体检健康合格，并无妨碍从事相应特种作业的器质性心脏病、癫痫病、美尼尔氏症、眩晕症、癔病、震颤麻痹症、精神病、痴呆症及其他疾病和生理缺陷；（3）具有初中及以上文化程度；（4）具备必要的安全技术知识与技能；（5）相应特种作业规定的其他条件。

57．C。首先，由项目技术负责人向施工员、班组长、分包单位技术负责人交底，再由班组长向操作工人交底；分包单位项目技术负责人按照相同程序进行交底；对于超过一定规模的危险性较大分部分项工程，必须先由施工单位技术负责人向项目技术负责人交底。

58．C。参加应急预案评审的人员可包括有关安全生产及应急管理方面的、有现场处置经验的专家。评审人员与所评审应急预案的企业有利害关系的，应当回避。应急预案论证可通过推演的方式开展，故选项 A 错误。企业应在应急预案公布之日起 20 个工作日内，按照分级属地原则，向县级以上人民政府应急管理部门和其他负有安全生产监督管理职责的部门进行备案，并依法向社会公布，故选项 B 错误。建筑施工企业应当每三年进行一次应急预案评估，故选项 D 错误。

59. B。选项 A 错误，单位负责人接到安全事故报告后，应当于 1h 内向事故发生地县级以上人民政府应急管理部门和负有安全生产监督管理职责的有关部门报告。选项 C 错误，应由总承包单位负责上报事故。选项 D 错误，情况紧急时，事故现场有关人员可以直接向事故发生地县级以上人民政府应急管理部门和负有安全生产监督管理职责的有关部门报告。

60. D。建设单位绿色施工职责包括：（1）在编制工程概算和招标文件时，应明确绿色施工的要求，并提供包括场地、环境、工期、资金等方面的条件保障；（2）应向施工单位提供建设工程绿色施工的设计文件、产品要求等相关资料，保证资料的真实性和完整性；（3）应建立建设工程绿色施工的协调机制。

61. A。现场噪声排放不得超过国家标准《建筑施工场界环境噪声排放标准》GB 12523—2011 的规定，昼间场界环境噪声不得超过 70dB（A），夜间场界环境噪声不得超过 55dB（A）。同时，夜间噪声最大声级超过限值的幅度不得高于 15dB（A）。

62. D。“一般项”噪声控制应符合下列规定：（1）针对现场噪声源，采取隔声、吸声、消声等降噪措施；（2）采用低噪声施工设备；（3）噪声较大的机械设备远离现场办公区、生活区和周边敏感区；（4）混凝土输送泵、电锯等机械设备设置吸声降噪屏或其他降噪措施；（5）施工作业面设置降噪设施；（6）材料装卸设置降噪垫层，轻拿轻放，控制材料撞击噪声；（7）施工场界声强限值昼间不大于 70dB（A），夜间不大于 55 dB（A）。

63. C。合同风险包括合同文本不完整、前后不一致、条款不清晰、理解差异、显失公平，以及合同履行不当、业主违约、不利的合同变更、索赔困难等。选项 A 属于经济风险，选项 B 属于市场风险，选项 D 属于技术风险。

64. A。考虑货币的时间价值和支付风险，项目前期款项支付时间早的工程内容（如土方开挖、基础工程）可以偏高报价；项目后期实施的工程内容（如装饰装修、试运行）可以偏低报价。对于按比例直接摊入各项单价的管理费等费用也可采用不同比例摊入，多摊一些到早期施工项目的单价中。

65. D。根据 FIDIC《施工合同条件》（新红皮书），承包商应从开工日期起，承担对工程、货物、承包商文件的照管责任，直到签发工程接收证书之日止。如果对分项工程或部分工程已签发了接收证书，则应将该分项工程或部分工程的照管责任移交业主。照管责任移交后，承包商仍应对尚未完成的扫尾工作承担照管责任，直至完成。如合同发生终止，则承包商应从终止之日起不再负责工程的照管。

66. D。工程施工合同（ECC）的标价合同计价模式适用于在签订合同时价格已经确定的合同。

67. B。B 系列是业主与建筑师之间的标准合同文件。

68. A。建筑信息模型的基本特征之一是模型操作的可视化。BIM 提供全面的建筑表达和真实数字模型，可提高沟通效率，降低成本并提高工程质量。同时，模型的可视化操作和三维表达的形式可以展示工程建设过程及各种互动关系。

69. C。BIM 技术应用实施模式中，施工总承包单位职责有：（1）配置 BIM 团队，并根据项目 BIM 应用方案的要求提供 BIM 成果，利用 BIM 技术进行节点组织控制管理，提高项目施工质量和效率；（2）接收设计 BIM 模型，并基于该模型，完善施工 BIM 模型，且在施工过程中及时更新，保持适用性；（3）根据项目 BIM 应用方案编写项目施工 BIM 实施方案，并完成项目施工 BIM 实施方案制定的各应用点；（4）施工单位项目 BIM 负责人负责内外部的总体沟通与协调，组织施工 BIM 的实施工作，根据合同要求提交 BIM 工作成果，并保证其正确性和完整性；（5）接受 BIM 总协调方的监督，对总协调方提出的交付成果审查意见及时整改落实；（6）根据合同确定的工作内容，统筹协调各分包单位施工 BIM 模型，将各分包单位的交付模型整合到施工总承包的施工 BIM 交付模型中；（7）利用 BIM 技术辅助现场管理施工，安排施工顺序节点，保障施工流水合理，按进度计划完成各项工程目标。

70. C。智慧工地总体框架主要分为感知层、网络层、应用层。感知层是智慧工地的基础。网络层是智慧工地的数据通道和处理中枢。应用层是智慧工地的核心，主要包括各种基于数据的智能应用。这些应用利用网络层处理和分析的数据，提供各种智能化的管理和服务，包括人员管理、机械设备管理、物资管理、环境与能耗管理、视频监控管理、施工过程检测与监测管理等。这些应用不仅提高了工地的效率和安全性，也为管理者提供了全面、准确的工地状态信息，帮助他们做出科学的决策。

二、多项选择题

71. A、C	72. A、C、D、E	73. A、B、D、E	74. C、D	75. A、C、E
76. B、C、D、E	77. A、C、D	78. A、B、C、E	79. A、D、E	80. A、C、D、E
81. A、C、E	82. B、C、E	83. A、B、D	84. A、B、C	85. A、B、D、E
86. B、C、D、E	87. A、C、E	88. A、B、C、E	89. A、C、D	90. B、C
91. A、B、C	92. A、C、D、E	93. A、D、E	94. B、C、D、E	95. A、B、C、D
96. A、B、D	97. A、C、E	98. A、E	99. A、C、D、E	100. A、B、D

【解析】

71. A、C。根据工程项目种类不同，生产准备工作内容会存在差异。但一般应包括以下内容：（1）组建生产管理机构，制定生产管理制度；（2）招聘和培训生产人员，组织生产人员参加设备安装、调试和工程验收工作；（3）落实原材料、协作产品、燃料、水、电、气等来源和其他需协作配合的条件，并组织工装、器具、备品、备件等制造或订货等。

72. A、C、D、E。施工项目经理应履行但不限于下列职责：

（1）依据企业规定组建项目经理部，组织制定项目管理岗位职责，明确项目团队成员职责分工。

（2）执行企业各项规章制度，组织制定和执行施工现场项目管理制度。

（3）组织项目团队成员进行施工合同交底和项目管理目标责任分解。

（4）在授权范围内组织编制和落实施工组织设计、项目管理实施规划、施工进度计划、绿色施工及环境保护措施、质量安全技术措施、施工方案和专项施工方案。

（5）在授权范围内进行项目管理指标分解，优化项目资源配置，协调施工现场人力资源安排，并对工程材料、构配件、施工机具设备等资源的质量和安全使用进行全程监控。

（6）组织项目团队成员进行经济活动分析，进行施工成本目标分解和成本计划编制制定和实施施工成本控制措施。

（7）建立健全协调工作机制，主持工地例会，协调解决工程施工问题。

（8）依据施工合同配合企业或受企业委托选择分包单位，组织审核分包工程款支付申请。

（9）组织与建设单位、分包单位、供应单位之间的结算工作，在授权范围内签署结算文件。

（10）建立和完善工程档案文件管理制度，规范工程资料管理及存档程序，及时组织汇总工程结算和竣工资料，参与工程竣工验收。

（11）组织进行缺陷责任期工程保修工作，组织项目管理工作总结。

73. A、B、D、E。工程项目归根结底是一项投资的实现，从工程项目的提出到实施，始终伴随着资金的筹集和使用。倘若在工程项目目标控制中忽视经济措施，不仅会使工程成本目标难以实现，而且会影响工程项目其他目标的实现。为此，需要明确工程责任成本，落实加快工程进度所需资金，完善工程成本节约奖励措施，对工程变更方案进行经济分析，及时办理工程价款结算和支付手续等。

74. C、D。职业健康安全管理体系标准要素中运行的内容有：（1）运行策划和控制：为了满足职业健康安全管理体系要求和实施策划所确定的措施，组织应策划、实施、控制和保持所需的过程。（2）应急准备和响应：为了对策划中所识别的潜在紧急情况进行应急准备并做出响应，组织应建立、实施和保持所需的过程。

75. A、C、E。有效实施项目群管理，应具备如下先决条件：（1）项目群管理必要性评估；（2）项目群管理一致性要求；（3）项目群角色和责任划分。

76. B、C、D、E。暂停施工后，监理人应与发包人和承包人协商，采取有效措施积极消除暂停施工的影响。当工程具备复工条件时，监理人应立即向承包人发出复工通知。承包人收到复工通知后，应在监理人指定的期限内复工，故选项A错误，选项B、C正确。承包人无故拖延和拒绝复工的，由此增加的费用和工期延误由承包人承担。因发包人原因无法按时复工的，承包人有权要求发包人延长工期和（或）增加费用，并支付合理利润，故选项D、E正确。

77. A、C、D。除专用合同条款另有约定外，不可抗力导致的人员伤亡、财产损失、费用增加和（或）工期延误等后果，由合同双方按以下原则承担：（1）永久工程，包括已运至施工场地的材料和工程设备的损害，以及因工程损害造成的第三者人员伤亡和财产损失由发包人承担；（2）承包人设备的损坏由承包人承担；（3）发包人和承包人各自承担其人员伤亡和其他财产损失及其相关费用；（4）承包人的停工损失由承包人承担，但停工期间应监理人要求照管工程和清理、修复工程的金额由发包人承担；（5）不能按期竣工的，应合理延长工期，承包人不需支付逾期竣工违约金。发包人要求赶工的，承包人应采取赶工措施，赶工费用由发包人承担。

78. A、B、C、E。《标准设计施工总承包招标文件》规定，“发包人要求”文件应说明11个方面的内容：（1）功能要求；（2）工程范围；（3）工艺安排或要求；（4）时间要求；（5）技术要求；（6）竣工试验；（7）竣工验收；（8）竣工后试验（如有）；（9）文件要求；（10）工程项目管理规定；（11）其他要求。

79. A、D、E。工程承包人完成劳务分包人施工前期的工作并承担相应费用。前期工作一般包括向劳务分包人交付具备合同项下劳务作业开工条件的施工场地；完成水、电、热、电信等施工管线和施工道路，并满足完成合同劳务作业所需的能源供应、通信及施工道路畅通的时间和质量要求；向劳务分包人提供相应的工程地质和地下管网线路资料；办理包括各种证件、批件、规费的工作手续（但涉及劳务分包人自身的手续除外）；向劳务分包人提供相应的水准点与坐标控制点位置；向劳务分包人提供生产、生活临时设施。合同当事人还应在合同中约定上述工作交付的时间及相应的校验要求、保护责任等事宜。

80. A、C、D、E。建筑工程一切险以发包人和承包人的共同名义投保，被保险人包括发包人、总承包人、分包人、发包人聘用的监理人员、与工程有密切关系的单位或个人，如贷款银行等。

81. A、C、E。平行施工组织方式具有以下特点：

（1）能够充分利用工作面进行施工，工期短。

（2）如果每一施工对象均按专业组建工作队，则各专业工作队不能连续作业，工作出现间歇，劳动力和施工机具等资源无法均衡使用。

（3）如果由一个工作队完成一个施工对象的全部施工任务，则不能实现专业化施工，不利于提高劳动生产率和工程质量。

（4）单位时间内投入的劳动力、施工机具等资源成倍增加，不利于资源供应的组织。

（5）有多个专业工作队在现场施工，施工现场组织管理比较复杂。

82. B、C、E。非节奏流水施工的特点有：（1）各施工过程在各施工段的流水节拍不全相等；（2）相邻施工过程的流水步距不尽相等；（3）专业工作队数等于施工过程数；（4）各专业工作队能够在施工段上连续作业，但有的施工段之间可能有空闲时间。

83. A、B、D。绘图错误有：存在①、②两个起点节点；⑥指向⑤；③至⑤无箭头。

84. A、B、C。如果是最后一项工作，则工作的最迟完成时间等于计划工期。当计算工期等于计划工期时，工作最迟完成时间等于其完成节点的最迟时间，等于所有紧后工作最迟开始时间的最小值，故选项A、B正确，选项D错误。总时差等于最迟开始时间减去最早开始时间，或等于最迟完成时间减去最早完成时间，所以本工作最迟完成时间＝最早完成时间＋总时差，故选项C正确。选项E是自由时差的计算。

85. A、B、D、E。

选项A正确，第6天末检查时，工作D只完成到第4天任务量，实际进度拖后2d；工作D总时差1d，影响总工期1d。

选项B正确，第6天末检查时，工作E只完成到第5天任务量，实际进度拖后1d；工作E总时差1d，不影响总工期。

选项C错误，第6天末检查时，工作F只完成到第5天任务量，实际进度拖后1d；工作F是关键工作，影响总工期1d。

选项D正确，第6天末检查时，工作D实际进度拖后2d；工作D自由时差为0，影响其后续工作G和J的正常开始时间。

选项E正确，第6天末检查时，工作F实际进度拖后1d；工作F自由时差为0，影响其后续工作I和L的正常开始时间。

86. B、C、D、E。工程质量管理体系的建立，应遵循以下原则对质量目标的规划、分解和有效实施控制：（1）分层次规划原则；（2）目标分解原则；（3）质量责任制原则；（4）系统有效性原则。

87. A、C、E。在检验批量为N的一批产品中，随机抽取n_1件产品进行检验。发现n_1中的不合格数为d_1，则：（1）若$d_1 \leqslant C_1$，判定该批产品合格，予以接收；（2）若$d_1 > C_2$，判定该批产品不合格，予以拒收；（3）若$C_1 < d_1 \leqslant C_2$，不能判断是否合格，则在同批产品

中继续随机抽取第二个样本 n_2 件产品进行检验。

88. A、B、C、E。检验批质量应按主控项目和一般项目验收，并应符合下列规定：（1）主控项目和一般项目的确定应符合国家现行强制性工程建设标准和现行相关标准的规定；（2）主控项目的质量经抽样检验应全部合格；（3）一般项目的质量应符合国家现行相关标准的规定；（4）应具有完整的施工操作依据和质量验收记录。

89. A、C、D。事故报告应包括下列内容：（1）事故发生单位概况；（2）事故发生的时间、地点以及事故现场情况；（3）事故的简要经过；（4）事故已经造成或者可能造成的伤亡人数（包括下落不明的人数）和初步估计的直接经济损失；（5）已经采取的措施；（6）其他应当报告的情况。注意与事故调查报告内容进行区分。事故调查报告应包括下列内容：（1）事故发生单位概况；（2）事故发生经过和事故救援情况；（3）事故造成的人员伤亡和直接经济损失；（4）事故发生的原因和事故性质；（5）事故责任的认定和事故责任者的处理建议；（6）事故防范和整改措施。

90. B、C。按成本构成分解，施工成本可分为人工费、材料费、施工机具使用费和企业管理费等。

91. A、B、C。

已完工程预算费用（*BCWP*）=Σ（已完工程量 × 预算单价）=4.5×85=382.5 万元

拟完工程预算费用（*BCWS*）=Σ（计划工程量 × 预算单价）=4×85=340 万元

已完工程实际费用（*ACWP*）=Σ（已完成工程量 × 实际单价）=4.5×90=405 万元

费用偏差（*CV*）=*BCWP*−*ACWP*=382.5−405=−22.5 万元，故选项 A 正确。

进度偏差（*SV*）=*BCWP*−*BCWS*=382.5−340=42.5 万元，故选项 B 正确。

费用绩效指数（*CPI*）=*BCWP*/*ACWP*=382.5/405=0.94，故选项 C 正确。

进度绩效指数（*SPI*）=*BCWP*/*BCWS*=382.5/340=1.125，故选项 D 错误。

选项 E 错误，挣值法的评价指标不包括综合绩效指数。

92. A、C、D、E。平衡积分卡法的优点有：（1）提高考核准确性；（2）提高管理效率；（3）促进长期发展；（4）激发个体积极性。

93. A、D、E。安全生产责任制常见缺陷有：（1）未建立安全生产责任制；（2）安全生产责任制不健全、未经审核及责任人签字确认；（3）未制定安全生产管理目标；（4）未进行安全责任目标分解；（5）未明确安全生产考核指标；（6）未建立责任目标考核制度；（7）未按考核制度对责任人员定期考核。

94. B、C、D、E。特种作业操作证每 3 年复审 1 次，故选项 A 错误。特种作业人员在特种作业操作证有效期内，连续从事本工种 10 年以上，严格遵守有关安全生产法律法规的，经原考核发证机关或者从业所在地考核发证机关同意，特种作业操作证的复审时间可以延长至每 6 年 1 次，故选项 E 正确。特种作业人员必须进行专门的安全技术培训并考核合格，取得特种作业操作证后，方可上岗作业，故选项 B、C 正确。特种作业操作证申请复审或者延期复审前，特种作业人员应参加必要的安全培训并考试合格，故选项 D 正确。

95. A、B、C、D。通常，将机械伤害预防（不包含机械本体安全技术可靠性）铁律归纳为“十二条”。“四必有”：有轴必有套、有轮必有罩、有台必有栏、有洞必有盖；“四不修”：带电不修、带压不修、高温过冷不修、无专用工具不修；“四停用”：无联锁防护停用、无接地漏电保护停用、无岗前培训停用、无安全操作规程停用。

96. A、B、D。重大事故是指造成 10 人及以上 30 人以下死亡，或者 50 人及以上 100

人以下重伤，或者 5000 万元及以上 1 亿元以下直接经济损失的事故。因此选项 A、B、D 描述的事故等级为重大事故。选项 C、E 描述的事故等级为较大事故。

97. A、C、E。施工单位绿色施工职责有：（1）施工单位是建设工程绿色施工的实施主体，应组织绿色施工的全面实施；（2）实行总承包管理的建设工程，总承包单位应对绿色施工负总责；（3）总承包单位应对专业承包单位的绿色施工实施管理，专业承包单位应对工程承包范围的绿色施工负责；（4）施工单位应建立以项目经理为第一责任人的绿色施工管理体系，制定绿色施工管理制度，负责绿色施工的组织实施，进行绿色施工教育培训，定期开展自检、联检和评价工作；（5）绿色施工组织设计、绿色施工方案或绿色施工专项方案编制前，应进行绿色施工影响因素分析，并据此制定实施对策和绿色施工评价方案。

98. A、E。选项 B 错误，在满足设计要求前提下，应充分考虑施工临时设施与永久性设施的结合利用，实现永临结合。选项 C 错误，高度不小于 1.8m。选项 D 错误，施工现场应设置密闭式垃圾站，施工垃圾、生活垃圾应分类存放。

99. A、C、D、E。工程施工合同（ECC）的核心条款是施工合同的主要共性条款，内容包括：总则、承包商的主要责任、工期、测试和缺陷、付款、补偿事件、所有权、风险和保险、争端和合同终止 9 条，构成施工合同的基本构架。适用于施工承包、设计施工总承包和交钥匙工程承包等不同模式。

100. A、B、D。AIA 发布的 C195 系列合同是适用于 SPE 型 IPD 模式的合同范本，属于关系型合同，其特点主要体现在采用各方豁免诉讼、利用激励条款鼓励合作、采用目标合同模式。

人以下重伤，或者5000万元以上1亿元以下直接经济损失的事故 [illegible]

[illegible]

97. A、C、E。[illegible]

98. A、B。[illegible]

99. A、C、D、E。工程施工合同（EPC）[illegible]

100. A、B、D。AIA文件的C195号项目合同 [illegible] IPD [illegible]

《建设工程法规及相关知识》

考前第1套卷及解析

《建设工程法规及相关知识》考前第1套卷

一、单项选择题（共70题，每题1分。每题的备选项中，只有1个最符合题意）

1. 根据《立法法》，下列事项中必须由法律规定的是（　　）。

   A. 特别行政区制度

   B. 环境保护

   C. 历史文化保护

   D. 增加施工许可证的申请条件

2. 关于不动产物权登记的说法，正确的是（　　）。

   A. 不动产物权的设立应依法登记

   B. 不动产登记由合同签订地的登记机构办理

   C. 不动产物权的设立自合同成立之日时生效

   D. 不动产登记费按照不动产的面积、体积或者价款的比例收取

3. 根据货物运输合同，承运人对托运人的财产享有（　　）。

   A. 占有权　　B. 使用权

   C. 收益权　　D. 处分权

4. 下列行为中，不必将建筑物及其占用范围内的建设用地使用权一并处分的是（　　）。

   A. 转让　　B. 抵押

   C. 出资入股　　D. 投保火灾险

5. 同一物上，关于物权受偿顺序的说法，正确的是（　　）。

   A. 抵押权优于留置权受偿

   B. 抵押权优于建设工程优先权受偿

   C. 抵押权、质权与留置权按发生先后确定优先受偿顺序

   D. 留置权优于质权受偿

6. 如无特别约定，投标文件的作者是（　　）。

   A. 招标人　　B. 投标人

   C. 投标文件编写小组　　D. 投标文件载明的项目经理

7. 某施工单位的项目经理侵犯了设计单位的商业秘密，情节严重的，应（　　）；情节特别严重的，处3年以上10年以下有期徒刑，并处罚金。

   A. 处5年以下有期徒刑，并处或者单处罚金

   B. 处2年以上7年以下有期徒刑，并处罚金

   C. 处3年以下有期徒刑，并处或者单处罚金

   D. 处3年以上10年以下有期徒刑，并处罚金

8. 因产品存在缺陷造成他人损害的，被侵权人（　　）。

   A. 只能向产品的生产者请求赔偿

   B. 只能向产品的销售者请求赔偿

   C. 同时向产品的生产者和销售者请求赔偿

D．可以向产品的生产者请求赔偿，也可以向产品的销售者请求赔偿

9．除国务院另有规定外，小规模纳税人增值税征收率为（　　）。

A．0
B．1%
C．3%
D．6%

10．除可以当场作出行政许可决定的外，行政机关应当自受理行政许可申请之日起（　　）日内作出行政许可决定。

A．5
B．10
C．20
D．30

11．法律明文规定为犯罪行为的，依照法律定罪处刑；法律没有明文规定为犯罪行为的，不得定罪处刑，这体现的是刑法基本原则的（　　）。

A．罪责相适应原则
B．罪刑法定原则
C．适用刑法人人平等原则
D．公平公正原则

12．两家施工企业协商后同时参加一个项目的投标，给建设单位造成重大损失，则该两家施工企业直接责任人应承担的刑事责任是（　　）。

A．徇私舞弊罪
B．玩忽职守罪
C．串通投标罪
D．重大责任事故罪

13．施工企业项目经理与他人订立材料采购合同，承担该材料款支付责任的是（　　）。

A．施工企业
B．项目经理部
C．项目经理
D．施工企业的母公司

14．关于承担代理责任的说法，正确的是（　　）。

A．代理行为的法律后果由被代理人和代理人共同承担
B．被代理人应当知道代理人的代理行为违法未作反对表示的，由被代理人承担责任
C．代理人不完全履行职责，造成被代理人损害的，应当承担民事责任
D．代理人和相对人恶意串通，损害被代理人合法权益的，代理人和相对人应当承担按份责任

15．下列情形中，不予建造师注册的情形是（　　）。

A．因执业活动受到刑事处罚，自刑事处罚执行完毕之日起至申请注册之日止已满6年的
B．年龄超过65周岁的
C．被吊销注册证书，自处罚决定之日起至申请注册之日止已满3年的
D．在申请注册之日5年前担任项目经理期间，所负责项目发生过重大安全事故的

16．根据《招标投标违法行为记录公告暂行办法》，关于招标投标违法行为记录公告的说法，正确的是（　　）。

A．公告部门接到招标投标违法行为记录更正书面申请后，应在7个工作日内进行核对
B．公告的记录与行政处理决定的相关内容一致的，应当告知申请人
C．被公告的招标投标当事人认为公告记录与行政处理决定的相关内容不符的，可以向公告部门提出书面更正申请，公告部门在作出答复前停止对违法行为记录的公告
D．行政处理决定在被行政复议或行政诉讼期间，公告部门应当停止对违法行为记录的公告

17．根据《优化营商环境条例》，关于优化产权登记及权利担保流程的说法，错误的是（　　）。

A．实行不动产登记、交易和缴税一窗受理

B．压缩办理时间，降低办理成本
C．各地区应当确定并公开具体办理时间
D．逐步实现市场主体在不同平台上办理动产和权利担保登记

18．在申请领取施工许可证应当具备的条件中，关于施工图纸及技术资料的说法，正确的是（　　）。
A．有施工方案设计即可
B．有初步设计图纸并通过初步设计审查
C．有经审查合格的施工图设计文件
D．有注册执业人员签章的施工图

19．根据《建筑工程施工发包与承包违法行为认定查处管理办法》，属于合法分包的是（　　）。
A．经建设单位认可，施工企业将其承包的部分工程分包给个人
B．施工总承包企业将钢结构工程分包给具有相应资质的企业
C．施工企业将工程分包给未申领安全生产许可证的企业
D．专业作业承包人将其承包的劳务再分包

20．关于投标人资格预审的说法，正确的是（　　）。
A．资格预审文件或者招标文件的发售期不得少于3日
B．资格预审结束后，招标人应当及时公示资格预审结果
C．通过资格预审的申请人少于3个的，应当重新招标
D．资格预审应当在开标后按照招标文件规定的标准和方法进行

21．关于招标文件澄清或者修改的说法，正确的是（　　）。
A．招标文件的效力高于其澄清或修改文件
B．澄清或者修改的内容可能影响投标文件编制的，招标人应在投标截止时间至少15日前澄清或者修改
C．澄清或者修改可以以口头形式通知所有获取招标文件的潜在投标人
D．澄清或者修改通知至投标截止时间不足15日的，在征得全部投标人同意后，可按原投标截止时间开标

22．下列投标文件中，应当被拒收的是（　　）。
A．提前送达的投标文件
B．投标联合体提交的未附共同投标协议的投标文件
C．未通过资格预审的申请人提交的投标文件
D．未提交投标保证金的投标文件

23．政府采购人通过询价方式选择供应商时，应根据（　　）的原则确定成交供应商，并将结果通知所有被询价的未成交的供应商。
A．符合采购需求、质量和服务相等且报价最低
B．符合采购需求、质量和服务最优且报价最低
C．符合采购需求、质量和服务相等且报价适中
D．符合采购需求、质量和服务适中且报价最低

24．政府采购采用封闭式框架协议确定第二阶段成交供应商的主要方式是（　　）。
A．二次竞价
B．直接选定
C．多次竞价
D．顺序轮候

25．甲乙双方签订买卖合同的情形是：2023年11月10日，甲在合同书上签字后寄送乙方；

2023年11月20日，乙在合同书上签字，并将双方签字的合同寄还甲，2023年11月30日甲收到该合同书；合同书约定合同于2023年12月10日生效，该合同成立时间是（　　）。

A．2023年11月10日　　B．2023年11月20日

C．2023年11月30日　　D．2023年12月10日

26. 根据《民法典》，合同生效后，当事人就价款约定不明确又未能补充协议的，合同价款应按（　　）执行。

A．订立合同时履行地市场价格　　B．订立合同时付款方所在地市场价格

C．标的物交付时市场价格　　D．标的物交付时政府指导价

27. 甲施工企业与乙钢材供应商订立钢材采购合同，合同价款为1000万元，约定定金为300万元。甲实际支付定金100万元，乙按照合同约定开始供货。后在合同履行过程中，双方发生争议。关于本案中定金的说法，正确的是（　　）。

A．双方约定300万元的定金因为超过合同价款的20%而无效

B．视为变更约定的定金数额为200万元

C．若甲违约，致使合同目的不能实现，则应当向乙支付100万元

D．若乙违约，致使合同目的不能实现，则应当向甲返还200万元

28. 根据《最高人民法院关于审理建设工程施工合同纠纷案件适用法律问题的解释（一）》（法释〔2020〕25号），当事人对建设工程实际竣工日期有争议的，关于人民法院认定竣工日期的说法，正确的是（　　）。

A．建设工程经竣工验收合格的，以承包人提交竣工验收报告之日为竣工日期

B．建设工程未经竣工验收，发包人擅自使用的，以竣工验收合格之日为竣工日期

C．承包人已经提交竣工验收报告，发包人拖延验收的，以承包人提交验收报告之日为竣工日期

D．建设工程未经竣工验收，发包人擅自使用的，以承包人实际完工之日为竣工日期

29. 2023年9月15日，甲材料供应商与丙材料供应商订立书面合同，转让甲对乙施工企业的30万元债权。同年9月25日，乙接到甲关于转让债权的通知。关于该债权转让的说法，正确的是（　　）。

A．甲与丙之间的债权转让合同9月25日生效

B．丙于9月15日可以向乙主张30万元债权

C．甲与丙之间的债权转让行为于9月25日对乙生效

D．乙拒绝清偿30万元债务的，丙可以要求甲和乙承担连带责任

30. 关于保证人资格的说法，正确的是（　　）。

A．机关法人可以作为保证人　　B．居民委员会可以作为保证人

C．医院可以作为保证人　　D．学校不得作为保证人

31. 如果货运合同当事人没有明确约定，货物在运输过程中因不可抗力灭失，则关于运费支付的说法，正确的是（　　）。

A．未收取运费的，承运人不得要求支付运费

B．运费由收货人承担

C．已收取运费的，托运人无权要求返还

D．运费由承运人和托运人共同承担

32. 根据《建设工程安全生产管理条例》，工程监理单位和监理工程师应按照法律、法规和(　　)实施监理，并对建设工程安全生产承担监理责任。

A．工程监理合同　　　　B．建设工程合同

C．设计文件　　　　D．工程建设强制性标准

33. 根据《建设工程安全生产管理条例》，应当由施工起重机械安装单位承担法律责任的情形是(　　)。

A．未审查拆装方案的

B．未审查安全施工措施的

C．未由专业技术人员现场监督的

D．未向建设单位进行安全使用说明，办理移交手续的

34. 下列情形中，安全生产许可证颁发管理机关或者其上级行政机关可以撤销已经颁发的安全生产许可证的情形是(　　)。

A．转让安全生产许可证的

B．安全生产许可证有效期满未办理延期手续的

C．建筑施工企业不再具备安全生产条件的

D．超越法定职权颁发安全生产许可证的

35. 根据《建设工程安全生产管理条例》，分包单位应当服从总承包单位的安全生产管理，分包单位不服从管理导致生产安全事故的，(　　)。

A．由总承包单位承担主要责任

B．由分包单位承担主要责任

C．由总承包单位和分包单位共同承担主要责任

D．由分包单位承担责任，总承包单位不承担责任

36. 根据法律、行政法规的规定，不需要经有关主管部门对其安全生产知识和管理能力考核合格就可以任职的岗位是(　　)。

A．施工企业的总经理　　　　B．施工项目的负责人

C．施工企业的技术负责人　　　　D．施工企业的董事

37. 根据《建设工程安全生产管理条例》，对于达到一定规模的危险性较大的分部分项工程，编制的专项施工方案除应附具安全验算结果外，应经(　　)签字后方可实施。

A．施工单位法定代表人、监理单位法定代表人

B．施工单位技术负责人、监理单位技术负责人

C．施工单位技术负责人、总监理工程师

D．施工项目技术负责人、总监理工程师

38. 根据《建筑起重机械安全监督管理规定》，使用单位应当自建筑起重机械安装验收合格之日起(　　)日内，将建筑起重机械安装验收资料、建筑起重机械安全管理制度、特种作业人员名单等，向工程所在地县级以上地方人民政府建设主管部门办理建筑起重机械使用登记。

A．15　　　　B．20

C．30　　　　D．45

39. 根据《生产安全事故应急预案管理办法》，生产经营单位根据不同生产安全事故类型，针对具体场所、装置或者设施所制定的应急处置措施是(　　)。

A．综合应急预案　　　　　　　　　　B．现场处置方案
C．特殊应急预案　　　　　　　　　　D．专项应急预案

40．某工程安全事故造成了960万元的直接经济损失，没有人员伤亡，关于该事故调查的说法，正确的是（　　）。
A．应由事故发生地省级人民政府直接组织事故调查组进行调查
B．必须由事故发生地县级人民政府直接组织事故调查组进行调查
C．应由事故发生地设区的市级人民政府委托有关部门组织事故调查组进行调查
D．可由事故发生地县级人民政府委托事故发生单位组织事故调查组进行调查

41．施工安全监督机构应当具备的条件不包括（　　）。
A．具有固定的工作场所
B．配备满足监督工作需要的仪器、设备
C．具有完整的组织体系
D．监督人员应当占监督机构总人数的50%以上

42．关于应急管理部门和其他负有安全生产监督管理职责的部门依法开展安全生产行政执法工作的说法，正确的是（　　）。
A．要求接受审查的单位购买其指定生产、销售单位的安全设备、器材
B．对检查中发现的安全生产违法行为，2个工作日做出予以纠正或者要求限期改正的决定
C．监督检查时暂停被检查单位的正常生产经营活动
D．对检查中发现的事故隐患，应当责令立即排除

43．关于工程建设强制性标准实施的说法，正确的是（　　）。
A．强制性国家标准发布后实施前，企业应当继续执行原强制性国家标准
B．建设工程设计文件中可能影响建设工程质量和安全且无国家技术标准的新材料，一律不得使用
C．监督检查只能采取抽查和专项检查的方式
D．工程建设标准批准部门应当将强制性标准监督检查结果在一定范围内公告

44．根据《无障碍环境建设法》，依法需要进行施工图设计文件审查的，（　　）应当按照法律、法规和无障碍设施工程建设标准，对无障碍设施设计内容进行审查；不符合有关规定的，不予审查通过。
A．施工图审查机构　　　　　　　　　B．住房和城乡建设等主管部门
C．工程质量检测机构　　　　　　　　D．监理单位

45．根据《无障碍环境建设法》，关于无障碍环境建设监督管理的说法，错误的是（　　）。
A．委托第三方机构开展无障碍环境建设评估
B．建立无障碍环境建设信息公开制度
C．无障碍环境建设评估结果向社会公布
D．定期发布无障碍环境建设情况

46．根据《建设工程质量管理条例》，（　　）在建设工程竣工验收后，应及时向建设行政主管部门或者其他有关部门移交建设项目档案。
A．设计单位　　　　　　　　　　　　B．施工单位
C．监理单位　　　　　　　　　　　　D．建设单位

47. 根据《建设工程质量管理条例》，设计文件应当符合国家规定的设计深度要求，并注明工程（　　）使用年限。

A．经济　　B．最长
C．合理　　D．法定

48. 根据《建设工程质量管理条例》，关于施工单位质量责任和义务的说法，正确的是（　　）。

A．总承包单位与分包单位对分包工程的质量承担连带责任
B．施工单位有权改正施工过程中发现的设计图纸差错
C．施工单位可以将工程转包给符合资质条件的其他单位
D．施工单位可以将主体工程分包给具有资质的分包单位

49. 施工人员对涉及结构安全的试块，应当在（　　）监督下现场取样并送交检测。

A．监理单位或建设单位　　B．设计单位或监理单位
C．建设工程质量监督机构或监理单位　　D．施工单位或建设单位

50. 根据《建设工程质量管理条例》，隐蔽工程在覆盖前，施工单位应当及时通知的单位和机构是（　　）。

A．勘察单位和安全生产监督机构　　B．建设单位和安全生产监督机构
C．设计单位和建设工程质量监督机构　　D．建设单位和建设工程质量监督机构

51. 根据《建设工程质量管理条例》，组织建设工程竣工验收的主体是（　　）。

A．施工企业　　B．建设单位
C．建设行政主管部门　　D．建设工程质量监督机构

52. 关于建设工程竣工验收备案的说法，正确的是（　　）。

A．施工企业应自竣工验收合格之日起15日内办理备案
B．竣工验收备案必须提交监理单位出具的工程正式验收合格证明文件
C．工程竣工验收完成后，建设单位应向备案机关提交工程质量监督报告
D．工程竣工验收备案表一式两份，1份由建设单位保存，1份留备案机关存档

53. 施工单位承担保修责任的前提条件之一是（　　）。

A．非施工单位原因产生的质量问题　　B．工期未按期交工
C．属于保修书中约定的保修范围　　D．工程价款结算完毕

54. 关于建设工程领域保证金的说法，正确的是（　　）。

A．保证金总预留比例不得高于工程价款结算总额的5%
B．未按规定返还保证金，保证金收取方无需向建筑业企业支付逾期返还违约金
C．保证金只能以现金方式提交
D．工程项目竣工前，已经提交履约保证金的，建设单位不得同时预留工程质量保证金

55. 某施工工地未设置硬质围挡，根据《大气污染防治法》，关于该施工单位违反施工扬尘防治的法律责任的说法，错误的是（　　）。

A．拒不改正的，责令停工整治　　B．责令改正
C．处1万元以上10万元以下的罚款　　D．处2万元以上5万元以下的罚款

56. 根据《文物保护法》，关于施工发现文物的报告和保护的说法，正确的是（　　）。

A．发现文物的单位或者个人应当保护现场
B．发现文物的单位或者个人应当在合理时间内报告有关部门

C．文物行政部门必须在12h内赶赴现场

D．施工发现的文物归施工企业所有，无需报告有关部门

57．某单位职工小李因工负伤并被确认部分丧失劳动能力，关于其劳动合同解除的说法，正确的是（　　）。

A．小李不能胜任工作的，单位有权与其解除劳动合同

B．小李严重违反单位规章制度，单位有权与其解除劳动合同

C．单位经济性裁员的，有权与小李解除劳动合同

D．无论任何情形，单位均不得与小李解除劳动合同

58．某施工企业与李某协商解除劳动合同，李某在该企业工作了2年3个月，在解除合同前12个月李某月平均工资为6000元。根据《劳动合同法》，该企业应当给予李某经济补偿（　）元。

A．6000　　B．12000

C．15000　　D．18000

59．关于劳务派遣的说法，错误的是（　　）。

A．用工单位向被派遣劳动者提供与工作岗位相关的福利待遇，不得歧视被派遣劳动者

B．用工单位可以将被派遣劳动者再派遣到其他用人单位

C．劳务派遣用工只能在临时性、辅助性或者替代性的工作岗位上实施

D．劳务派遣单位和用工单位不得向被派遣劳动者收取费用

60．某女职工与用人单位订立劳动合同从事后勤工作，约定劳动合同期限为2年。关于该女职工权益保护的说法，正确的是（　　）。

A．怀孕女职工在劳动时间内进行产前检查，不计入劳动时间

B．公司可以安排该女职工在经期从事国家规定的第3级体力劳动强度的劳动

C．若该女职工已怀孕5个月，公司不得安排夜班劳动

D．若该女职工哺乳的孩子已满18个月，公司可以安排夜班劳动

61．工伤职工在停工留薪期内，其工资福利待遇（　　）。

A．由工伤保险基金支付　　B．由所在单位按月支付，且不得降低

C．由所在单位一次性支付　　D．由职工个人承担

62．下列争议中，属于劳动争议的是（　　）。

A．企业职工张某与某地方劳动保障行政部门因工伤认定结论发生的争议

B．公司的股东李某因股息分配与该公司发生的争议

C．退休职工王某与社会保险经办机构因发放退休费用发生的争议

D．进城务工的黄某与劳务分包企业因支付工资报酬发生的争议

63．关于用人单位与劳动者发生劳动争议申请劳动仲裁的说法，正确的是（　　）。

A．劳动关系存续期间因拖欠劳动报酬发生争议的，不受仲裁时效期间的限制

B．双方必须先经本单位劳动争议调解委员会调解，调解不成的，才可以向劳动仲裁委员会申请仲裁

C．劳动争议申请仲裁的时效期限为2年

D．仲裁时效期间从权利被侵害之日起计算

64．下列纠纷、争议中，适用于《仲裁法》调整的是（　　）。

A．财产继承纠纷　　B．收养纠纷

C．婚姻纠纷　　D．工程款纠纷

65．纠纷发生后，下列不属于仲裁案件受理条件的是（　　）。

A．有仲裁协议　　B．有具体的仲裁请求、事实和理由

C．属于仲裁委员会受理范围　　D．当事人双方口头愿意仲裁

66．根据《民事诉讼法》，按照人民法院辖区来确定同级人民法院之间受理第一审民事案件的分工和权限的一种管辖制度属于（　　）。

A．级别管辖　　B．移送管辖

C．地域管辖　　D．指定管辖

67．民事案件经两级人民法院审判即宣告终结的制度是（　　）。

A．合议制度　　B．回避制度

C．公开审判制度　　D．两审终审制度

68．某建筑公司认为行政行为侵犯其合法权益的，可以自知道或者应当知道该行政行为之日起（　　）日内提出行政复议申请。

A．30　　B．45

C．60　　D．90

69．关于人民法院管辖权的说法，正确的是（　　）。

A．原告向两个以上有管辖权的人民法院起诉的，由最先受理的人民法院管辖

B．有管辖权的人民法院由于特殊原因，不能行使管辖权的，移送上级人民法院直接管辖

C．两个以上人民法院都有管辖权的诉讼，原告可以向其中一个人民法院起诉

D．人民法院之间因管辖权发生争议，报请共同上级人民法院直接管辖

70．关于行政诉讼案件证据保全的说法，正确的是（　　）。

A．只能由诉讼参加人向人民法院申请保全证据

B．只能由人民法院主动采取保全措施

C．诉讼参加人可以向人民法院申请保全证据，人民法院也可以主动采取保全措施

D．人民法院在征得行政诉讼当事人的同意后采取保全措施

二、多项选择题（共30题，每题2分。每题的备选项中，有2个或2个以上符合题意，至少有1个错项。错选，本题不得分；少选，所选的每个选项得0.5分）

71．关于法的效力层级及裁决适用的说法，正确的有（　　）。

A．行政法规的效力低于法律

B．地方性法规的效力低于地方政府规章

C．地方性法规在本辖区内的效力高于法律

D．部门规章与地方政府规章之间对同一事项的规定不一致时，由国务院裁决

E．部门规章与地方性法规之间对同一事项的规定不一致时，由国务院裁决

72．下列属于担保物权的有（　　）。

A．收益权　　B．抵押权

C．质权　　D．留置权

E．地役权

73．关于同一财产向两个以上债权人抵押的，拍卖抵押财产所得价款的清偿顺序的说法，正

确的有（　　）。

A．抵押权已经登记的，按照登记的时间先后确定清偿顺序

B．抵押权已经登记的，按照债权比例清偿

C．抵押权未登记的，按照交付的时间先后确定清偿顺序

D．抵押权未登记的，按照设立的时间先后确定清偿顺序

E．抵押权已经登记的先于未登记的受偿

74. 当事人有（　　）情形之一，应当从轻或者减轻行政处罚。

A．主动供述行政机关尚未掌握的违法行为的

B．主动供述违法行为实施过程的

C．主动消除或者减轻违法行为危害后果的

D．配合行政机关查处违法行为有立功表现的

E．受他人胁迫或者诱骗实施违法行为的

75. 施工企业发生的下列事故中，可构成工程重大安全事故罪的有（　　）。

A．劳务作业人员王某在施工中不慎从楼上坠亡

B．施工企业对裸露地面的钢筋未采取防护和警示措施，造成路人李某摔成重伤

C．施工企业工程施工质量不符合标准，造成建筑物倒塌，砸死砸伤多人

D．劳务作业人员张某在工地食堂下毒，致使劳务作业人员集体中毒

E．施工企业偷工减料，降低工程质量标准，导致整栋建筑倒塌

76. 注册管理机构应当注销建造师注册的情形有（　　）。

A．已与聘用单位解除聘用合同　　B．因过错发生工程建设质量事故

C．没有参加继续教育　　D．跨省级行政区域执业

E．聘用单位被吊销营业执照的

77. 根据《拖欠农民工工资失信联合惩戒对象名单管理暂行办法》，下列情形中，人力资源社会保障行政部门按照管辖权限应当将用人单位列入失信联合惩戒名单的情形有（　　）。

A．克扣、无故拖欠农民工工资达到认定拒不支付劳动报酬罪数额标准的

B．因拖欠农民工工资违法行为引发群体性事件、极端事件造成严重不良社会影响的

C．将劳务违法分包给不具备用工主体资格的组织的

D．将劳务转包给不具备用工主体资格的个人的

E．没有在工程项目所在地银行开设农民工工资专用账户的

78. 根据《保障中小企业款项支付条例》，关于防范账款拖欠的说法，正确的有（　　）。

A．不得强制中小企业接受商业汇票等非现金支付方式

B．不得利用商业汇票等非现金支付方式变相延长付款期限

C．应该以审计机关的审计结果作为结算依据

D．不得以法定代表人变更或履行内部付款流程为由，拒绝或者迟延支付中小企业款项

E．不得以在合同未作约定的情况下以等待竣工验收批复、决算审计等为由，拒绝或者迟延支付中小企业款项

79. 根据《房屋建筑和市政基础设施项目工程总承包管理办法》，关于工程总承包单位的说法，正确的有（　　）。

A．工程总承包单位应当同时具有与工程规模相适应的工程设计资质和施工资质

B．工程总承包单位可以由具有相应资质的设计单位和施工企业组成联合体
C．工程总承包单位可以是工程总承包项目的代建单位或者造价咨询单位
D．工程总承包单位应当具有相应的项目管理体系和项目管理能力、财务和风险承担能力
E．工程总承包单位应当具有与发包工程相类似的设计、施工或者工程总承包业绩

80．关于建设工程联合共同承包的说法，正确的有（　　）。
A．对于中小型或者结构不复杂的工程，无需采用联合共同承包方式
B．两个以上不同资质等级的单位实行联合共同承包的，可以按照资质等级高的单位的业务许可范围承揽工程
C．共同承包是由两个或两个承包单位临时组成联合体，以同一承包人身份共同承揽项目的行为
D．联合共同承包的各方应当与建设单位分别订立合同
E．联合共同承包的各方对承包合同的履行承担连带责任

81．竞争性谈判的谈判文件应当明确（　　）等事项。
A．谈判人员　　B．谈判程序
C．合同草案的条款　　D．谈判内容
E．评定成交的标准

82．关于建设工程施工合同的下列情形中，应当认定无效的情形有（　　）。
A．施工企业超越资质等级订立的
B．没有资质的实际施工人借用有资质的建筑施工企业名义订立的
C．建设单位胁迫施工企业订立的
D．施工企业与建设单位对工程款支付有重大误解订立的
E．建设工程必须进行招标而未招标订立的

83．关于保证方式的说法，正确的有（　　）。
A．保证方式有一般保证和连带责任保证
B．当事人没有约定保证方式，则为一般保证
C．当事人没有约定保证方式，则为连带责任保证
D．一般保证是指债务人没有按约定履行债务时，债权人可直接要求保证人履行
E．一般保证是指债权人必须首先要求债务人履行

84．根据《建设工程安全生产管理条例》，建设单位应当在拆除工程施工15日前，将（　　）报送工程所在地的县级以上建设行政主管部门备案。
A．施工单位资质等级证明
B．拟拆除建筑物、构筑物及可能危及毗邻建筑的说明
C．相邻建筑物和建筑物及地下工程的有关资料
D．拆除施工组织方案
E．堆放、清除废弃物的措施

85．根据《安全生产许可证条例》，未取得安全生产许可证擅自进行生产的，应承担的主要法律责任有（　　）。
A．责令停止生产
B．没收违法所得

C．处 10 万元以上 50 万元以下的罚款
D．处 1 万元以上 10 万元以下的罚款
E．不予批准申请安全生产许可证

86. 施工作业人员应遵守的从业义务有（　　）。
A．使用劳动防护用品
B．接受安全生产培训
C．发现安全事故隐患立即报告
D．发生危及人身安全的事故时先进行抢救
E．为自己购买从业保险

87. 根据《建设工程安全生产管理条例》，施工单位对因建设工程施工可能造成损害的毗邻（　　），应当采取专项防护措施。
A．施工现场临时设施
B．建筑物
C．构筑物
D．地下管线
E．施工现场道路

88. 根据《生产安全事故报告和调查处理条例》，事故报告的主要内容有（　　）。
A．事故发生的时间、地点以及事故现场情况
B．已经采取的措施
C．初步估计的直接和间接经济损失
D．事故已经造成或者可能造成的伤亡人数（包括下落不明的人数）
E．事故的简要经过

89. 根据《无障碍环境建设法》，无障碍设施经验收交付后，所有权人或者管理人应当对无障碍设施履行维护和管理责任，主要包括（　　）。
A．对需改造的无障碍设施进行改造
B．对损坏的无障碍设施进行维修
C．对损坏的无障碍标识进行拆除
D．纠正占用无障碍设施的行为
E．对损坏的无障碍设施和标识进行替换

90. 根据《建设工程质量管理条例》，工程监理单位的质量责任和义务包括（　　）。
A．工程监理单位应当依法取得相应等级的资质证书，并在其资质等级许可的范围内承担工程监理业务
B．禁止工程监理单位允许其他单位或者个人以本单位的名义承担工程监理业务
C．工程监理单位应当依照建设单位的要求和建设工程承包合同，代表建设单位对施工质量实施监理
D．未经监理工程师签字，建筑材料、建筑构配件和设备不得在工程上使用或者安装
E．未经总监理工程师签字，建设单位不拨付工程款，不进行竣工验收

91. 根据《建设工程质量管理条例》，关于施工单位质量责任的说法，正确的有（　　）。
A．未经教育培训或考试不合格人员，不得上岗作业
B．发现设计文件有差错应及时要求设计单位修改
C．按有关要求对建筑材料、构配件进行检验
D．涉及结构安全的试块直接取样送检
E．隐蔽工程在隐蔽前，应通知建设单位和质量监督机构

92. 根据《建设工程质量保证金管理办法》，关于缺陷责任期的说法，正确的有（　　）。

A．缺陷责任期一般为 1 年，最长不超过 2 年
B．缺陷责任期的期限由法律直接规定
C．缺陷责任期从工程通过竣工验收之日起计
D．由于承包人原因导致工程无法按规定期限进行竣工验收的，缺陷责任期从实际通过竣工验收之日起计
E．由于发包人原因导致工程无法按规定期限进行竣工验收的，在承包人提交竣工验收报告 90d 后，工程自动进入缺陷责任期

93．根据《噪声污染防治法》，关于建设项目噪声污染防治的说法，正确的有（　　）。
A．在交通干线两侧、工业企业周边等地方建设噪声敏感建筑物，还应当按照规定间隔一定距离
B．建设项目的噪声污染防治设施应当与主体工程同时招标
C．在噪声敏感建筑物集中区域，禁止新建排放噪声的工业企业
D．建设项目投产使用前，建设单位应当依照规定对配套建设的噪声污染防治设施进行验收
E．配套建设的噪声污染防治设施验收不合格的，该建设项目不得投产使用

94．根据《文物保护法》，施工单位擅自在文物保护单位的保护范围内进行建设工程或者爆破、钻探、挖掘等作业尚不构成犯罪的，承担的法律责任可能会有（　　）。
A．吊销资质证书　　B．责令改正
C．罚款　　D．承担民事责任
E．治安管理处罚

95．根据《劳动合同法》，劳动者可以与用人单位解除劳动合同的情形有（　　）。
A．用人单位排除劳动者权利
B．用人单位未及时足额支付劳动报酬
C．用人单位未依法为劳动者缴纳社会保险费
D．用人单位未按照劳动合同约定提供劳动保护或者劳动条件
E．用人单位的规章制度违反法律、法规的规定，损害劳动者权益

96．根据《劳动法》，下列行为中，可能导致用人单位被罚款的情形有（　　）。
A．劳动安全设施不符合国家规定
B．未向劳动者提供必要的劳动防护用品
C．非法招用未满 16 周岁的未成年人
D．侮辱、体罚、殴打劳动者
E．违反对女职工和未成年工的保护规定

97．下列纠纷中，属于劳动争议纠纷范围的有（　　）。
A．家庭与家政服务人员之间的纠纷
B．个体工匠与学徒之间的纠纷
C．因劳动保护发生的纠纷
D．劳动者请求社会保险经办机构发放社会保险金的纠纷
E．劳动者与用人单位未订立书面劳动合同，但已经形成劳动关系后发生的纠纷

98．根据《民事诉讼法》，仲裁裁决不予执行的情形有（　　）。
A．裁决的事项不属于仲裁协议的范围

B．依据伪造的证据作出的裁决
C．双方当事人均对裁决不服
D．重大案件适用了独任庭审理
E．没有达成书面仲裁协议的

99. 下列民事案件，不得由审判员一人独任审理的有（　　）。
A．人民群众广泛关注或者其他社会影响较大的案件
B．涉及知识产权的案件
C．属于新类型或者疑难复杂的案件
D．涉及国家利益、社会公共利益的案件
E．涉及群体性纠纷，可能影响社会稳定的案件

100. 根据《行政诉讼法》等相关规定，关于行政诉讼第三人的说法，正确的有（　　）。
A．人民法院判决第三人承担义务或者减损第三人权益的，第三人有权依法提起上诉
B．与行政案件处理结果有利害关系的第三人，可以申请参加诉讼
C．与行政案件处理结果有利害关系的第三人，可以由人民法院通知其参加诉讼
D．应当追加的原告，已明确表示放弃实体权利的，可不予追加
E．应当追加的原告，既不愿意参加诉讼，又不放弃实体权利的，不应追加为第三人

考前第1套卷参考答案及解析

一、单项选择题

1. A	2. A	3. A	4. D	5. D
6. B	7. C	8. D	9. C	10. C
11. B	12. C	13. A	14. C	15. B
16. B	17. D	18. C	19. B	20. C
21. B	22. C	23. A	24. B	25. D
26. A	27. D	28. C	29. C	30. D
31. A	32. D	33. C	34. D	35. B
36. D	37. C	38. C	39. B	40. D
41. D	42. D	43. D	44. A	45. B
46. D	47. C	48. A	49. A	50. D
51. B	52. D	53. C	54. D	55. D
56. A	57. B	58. C	59. B	60. D
61. B	62. D	63. A	64. D	65. D
66. C	67. D	68. C	69. C	70. C

【解析】

1. A。《立法法》规定，下列事项只能制定法律：（1）国家主权的事项；（2）各级人民代表大会、人民政府、人民法院和人民检察院的产生、组织和职权；（3）民族区域自治制度、特别行政区制度、基层群众自治制度；（4）犯罪和刑罚；（5）对公民政治权利的剥夺、限制人身自由的强制措施和处罚；（6）税种的设立、税率的确定和税收征收管理等税收基本制度；（7）对非国有财产的征收、征用；（8）民事基本制度；（9）基本经济制度以及财政、海关、金融和外贸的基本制度；（10）诉讼和仲裁制度；（11）必须由全国人民代表大会及其常务委员会制定法律的其他事项。

2. A。不动产物权的设立、变更、转让和消灭，经依法登记，发生效力；未经登记，不发生效力，但是法律另有规定的除外，故选项A正确，选项C错误。不动产登记，由不动产所在地的登记机构办理，故选项B错误。不动产登记费按件收取，不得按照不动产的面积、体积或者价款的比例收取，故选项D错误。

3. A。占有权是指对财产实际掌握、控制的权能。如，根据货物运输合同，承运人对托运人的财产享有占有权。

4. D。建筑物、构筑物及其附属设施转让、互换、出资或者赠与的，该建筑物、构筑物及其附属设施占用范围内的建设用地使用权一并处分。

5. D。同一动产上已设立抵押权或者质权，该动产又被留置的，留置权人优先受偿。

6. B。在建设工程活动中，有许多作品属于单位作品。由法人或者非法人组织主持，代表法人或者非法人组织意志创作，并由法人或者非法人组织承担责任的作品，法人或者非法人组织视为作者。如招标文件、投标文件，往往就是单位作品。单位作品的著作权完全归单位所有。

7. C。侵犯商业秘密，情节严重的，处3年以下有期徒刑，并处或者单处罚金；情节特别严重的，处3年以上10年以下有期徒刑，并处罚金。

8. D。因产品存在缺陷造成他人损害的，被侵权人可以向产品的生产者请求赔偿，也可以向产品的销售者请求赔偿。

9. C。征收率主要适用于小规模纳税人。小规模纳税人增值税征收率为3%，国务院另有规定的除外。

10. C。除可以当场作出行政许可决定的外，行政机关应当自受理行政许可申请之日起20日内作出行政许可决定。20日内不能作出决定的，经本行政机关负责人批准，可以延长10日，并应当将延长期限的理由告知申请人。但是，法律、法规另有规定的，依照其规定。

11. B。《刑法》规定，法律明文规定为犯罪行为的，依照法律定罪处刑；法律没有明文规定为犯罪行为的，不得定罪处刑。此即我国刑法中的罪刑法定原则。这一原则的价值内涵和内在要求，在整部法典中得到了较为全面、系统地体现。

12. C。串通投标罪，指投标人相互串通投标报价，损害招标人或者其他投标人的利益，或者投标人与招标人串通投标，损害国家、集体、公民的合法权益，情节严重的行为。

13. A。由于项目经理部不具备独立的法人资格，无法独立承担民事责任。所以，项目经理部行为的法律后果将由企业法人承担。

14. C。代理行为的法律后果归属于被代理人。代理人在代理权限内，以被代理人的名义实施的民事法律行为，在法律上产生与被代理人自己的行为同样的后果，被代理人对代理人的代理行为承担民事责任，故选项A错误。被代理人知道或者应当知道代理人的代理行为违法未作反对表示的，被代理人和代理人应当承担连带责任，故选项B错误。代理人不履行或者不完全履行职责，造成被代理人损害的，应当承担民事责任，故选项C正确。代理人和相对人恶意串通，损害被代理人合法权益的，代理人和相对人应当承担连带责任，故选项D错误。

15. B。选项A中的“自刑事处罚执行完毕之日起至申请注册之日止已满6年的”说法有误，应为“自刑事处罚执行完毕之日起至申请注册之日止不满5年的”。选项C中的“已满3年的”说法有误，应为“不满2年的”。选项D中的“5年前”说法有误，应为“前3年内”。

16. B。被公告的招标投标当事人认为公告记录与行政处理决定的相关内容不符的，可向公告部门提出书面更正申请，并提供相关证据。公告部门接到书面申请后，应在5个工作日内进行核对，故选项A错误。公告的记录与行政处理决定的相关内容不一致的，应当给予更正并告知申请人，公告的记录与行政处理决定的相关内容一致的，应当告知申请人，故选项B正确。公告部门在作出答复前不停止对违法行为记录的公告，故选项C、D错误。

17. D。不动产登记机构应当按照国家有关规定，加强部门协作，实行不动产登记、交易和缴税一窗受理、并行办理，压缩办理时间，降低办理成本。在国家规定的不动产登记时限内，各地区应当确定并公开具体办理时间。国家推动建立统一的动产和权利担保登记公示系统，逐步实现市场主体在一个平台上办理动产和权利担保登记。纳入统一登记公示系统的动产和权利范围另行规定。

18. C。申请领取施工许可证的条件之一为有满足施工需要的资金安排、施工图纸及技术资料，建设单位应当提供建设资金已经落实承诺书，施工图设计文件已按规定审查合格。

19. B。《建筑工程施工发包与承包违法行为认定查处管理办法》列举了以下违法分包的情形：（1）承包单位将其承包的工程分包给个人的；（2）施工总承包单位或专业承包单位将工程分包给不具备相应资质单位的；（3）施工总承包单位将施工总承包合同范围内工程主体结构的施工分包给其他单位的，钢结构工程除外；（4）专业分包单位将其承包的专业工程中非劳务作业部分再分包的；（5）专业作业承包人将其承包的劳务再分包的；（6）专业作业承包人除计取劳务作业费用外，还计取主要建筑材料款和大中型施工机械设备、主要周转材料费用的。选项A、C、D均属于违法分包的行为。

20. C。选项A错误，资格预审文件或者招标文件的发售期不得少于5日。选项B错误，资格预审结束后，招标人应当及时向资格预审申请人发出资格预审结果通知书。选项D错误，招标人采用资格后审办法对投标人进行资格审查的，应当在开标后由评标委员会按照招标文件规定的标准和方法对投标人的资格进行审查。

21. B。招标文件不得要求或者标明特定的生产供应者以及含有倾向或者排斥潜在投标人的其他内容。招标人可以对已发出的资格预审文件或者招标文件进行必要的澄清或者修改。澄清或者修改的内容可能影响资格预审申请文件或者投标文件编制的，招标人应当在提交资格预审申请文件截止时间至少3日前，或者投标截止时间至少15日前，以书面形式通知所有获取资格预审文件或者招标文件的潜在投标人。

22. C。《招标投标法实施条例》规定，未通过资格预审的申请人提交的投标文件，以及逾期送达或者不按照招标文件要求密封的投标文件，招标人应当拒收。

23. A。采购人根据符合采购需求、质量和服务相等且报价最低的原则确定成交供应商，并将结果通知所有被询价的未成交的供应商。

24. B。直接选定方式是确定第二阶段成交供应商的主要方式。

25. D。承诺生效时合同成立，但是法律另有规定或者当事人另有约定的除外。

26. A。价款或者报酬不明确的，按照订立合同时履行地的市场价格履行；依法应当执行政府定价或者政府指导价的，按照规定履行。

27. D。定金的数额由当事人约定，但不得超过主合同标的额的20%，超过部分不产生定金的效力。实际交付的定金数额多于或者少于约定数额的，视为变更约定的定金数额。

28. C。《最高人民法院关于审理建设工程施工合同纠纷案件适用法律问题的解释（一）》（法释〔2020〕25号）规定，当事人对建设工程实际竣工日期有争议的，人民法院应当分别按照以下情形予以认定：（1）建设工程经竣工验收合格的，以竣工验收合格之日为竣工日期；（2）承包人已经提交竣工验收报告，发包人拖延验收的，以承包人提交验收报告之日为竣工日期；（3）建设工程未经竣工验收，发包人擅自使用的，以转移占有建设工程之日为竣工日期。

29. C。债权人转让债权无需得到债务人同意，但要通知债务人方能对债务人生效。未通知债务人的，该转让对债务人不发生效力。甲与丙之间的债权转让合同9月15日生效，故选项A错误。9月25日乙接到甲关于转让债权的通知，因此丙于9月25日可以向乙主张30万元债权，故选项B错误。甲将该债权转让给丙后，甲从该债权债务关系中分离，因此丙无权要求甲和乙承担连带责任，故选项D错误。

30. D。根据《民法典》及《最高人民法院关于适用〈中华人民共和国民法典〉有关担保制度的解释》，以下主体不得作为保证人：

（1）机关法人不得为保证人，但是经国务院批准为使用外国政府或者国际经济组织贷款进行转贷的除外。

（2）以公益为目的的非营利法人、非法人组织不得为保证人。登记为营利法人的学校、幼儿园、医疗机构、养老机构等法人可以作为保证人。

（3）居民委员会、村民委员会不得为保证人，但是依法代行村集体经济组织职能的村民委员会，依照村民委员会组织法规定的讨论决定程序对外提供担保的除外。

31. A。货物在运输过程中因不可抗力灭失，未收取运费的，承运人不得要求支付运费；已收取运费的，托运人可以请求返还。

32. D。《建设工程安全生产管理条例》规定，工程监理单位和监理工程师应当按照法律、法规和工程建设强制性标准实施监理，并对建设工程安全生产承担监理责任。

33. C。《建设工程安全生产管理条例》规定，施工起重机械和整体提升脚手架、模板等自升式架设设施安装、拆卸单位有下列行为之一的，责令限期改正，处5万元以上10万元以下的罚款；情节严重的，责令停业整顿，降低资质等级，直至吊销资质证书；造成损失的，依法承担赔偿责任：（1）未编制拆装方案、制定安全施工措施的；（2）未由专业技术人员现场监督的；（3）未出具自检合格证明或者出具虚假证明的；（4）未向施工单位进行安全使用说明，办理移交手续的。

34. D。安全生产许可证颁发管理机关或者其上级行政机关发现有下列情形之一的，可以撤销已经颁发的安全生产许可证：（1）安全生产许可证颁发管理机关工作人员滥用职权、玩忽职守颁发安全生产许可证的；（2）超越法定职权颁发安全生产许可证的；（3）违反法定程序颁发安全生产许可证的；（4）对不具备安全生产条件的建筑施工企业颁发安全生产许可证的；（5）依法可以撤销已经颁发的安全生产许可证的其他情形。

35. B。《建设工程安全生产管理条例》规定，分包单位应当服从总承包单位的安全生产管理，分包单位不服从管理导致生产安全事故的，由分包单位承担主要责任。

36. D。《建设工程安全生产管理条例》规定，施工单位的主要负责人、项目负责人、专职安全生产管理人员应当经建设行政主管部门或者其他部门考核合格后方可任职。

37. C。对于达到一定规模的危险性较大的分部分项工程编制专项施工方案，并附具安全验算结果，经施工单位技术负责人、总监理工程师签字后实施，由专职安全生产管理人员进行现场监督。

38. C。《建筑起重机械安全监督管理规定》提出，使用单位应当自建筑起重机械安装验收合格之日起30日内，将建筑起重机械安装验收资料、建筑起重机械安全管理制度、特种作业人员名单等，向工程所在地县级以上地方人民政府建设主管部门办理建筑起重机械使用登记。

39. B。现场处置方案，是指生产经营单位根据不同生产安全事故类型，针对具体场所、装置或者设施所制定的应急处置措施。

40. D。一般事故，是指造成3人以下死亡，或者10人以下重伤，或者1000万元以下直接经济损失的事故。该事故可判定为一般事故。未造成人员伤亡的一般事故，县级人民政府可以委托事故发生单位组织事故调查组进行调查。故选项D正确。

41. D。施工安全监督机构应当具备以下条件：（1）具有完整的组织体系，岗位职责明确；（2）具有符合规定的施工安全监督人员，人员数量满足监督工作需要且专业结构合理，其中监督人员应当占监督机构总人数的75%以上；（3）具有固定的工作场所，配备满足监督工作需要的仪器、设备、工具及安全防护用品；（4）有健全的施工安全监督工作制度，具备与监督工作相适应的信息化管理条件。

42．D。负有安全生产监督管理职责的部门对涉及安全生产的事项进行审查、验收，不得收取费用；不得要求接受审查、验收的单位购买其指定品牌或者指定生产、销售单位的安全设备、器材或者其他产品。对检查中发现的安全生产违法行为，当场予以纠正或者要求限期改正。监督检查不得影响被检查单位的正常经营活动。

43．D。强制性国家标准发布后实施前，企业可以选择执行原强制性国家标准或者新强制性国家标准，故选项A错误。建设工程勘察、设计文件中规定采用的新技术、新材料，可能影响建设工程质量和安全，又没有国家技术标准的，应当由国家认可的检测机构进行试验、论证，出具检测报告，并经国务院有关主管部门或者省、自治区、直辖市人民政府有关主管部门组织的建设工程技术专家委员会审定后方可使用，故选项B错误。监督检查可以采取重点检查、抽查和专项检查的方式，故选项C错误。

44．A。依法需要进行施工图设计文件审查的，施工图审查机构应当按照法律、法规和无障碍设施工程建设标准，对无障碍设施设计内容进行审查；不符合有关规定的，不予审查通过。

45．B。《无障碍环境建设法》规定，县级以上地方人民政府有关主管部门定期委托第三方机构开展无障碍环境建设评估，并将评估结果向社会公布，接受社会监督。

46．D。《建设工程质量管理条例》规定，建设单位应当严格按照国家有关档案管理的规定，及时收集、整理建设项目各环节的文件资料，建立、健全建设项目档案，并在建设工程竣工验收后，及时向建设行政主管部门或者其他有关部门移交建设项目档案。

47．C。《建设工程质量管理条例》规定，设计单位应当根据勘察成果文件进行建设工程设计。设计文件应当符合国家规定的设计深度要求，注明工程合理使用年限。

48．A。《建设工程质量管理条例》规定，总承包单位依法将建设工程分包给其他单位的，分包单位应当按照分包合同的约定对其分包工程的质量向总承包单位负责，总承包单位与分包单位对分包工程的质量承担连带责任，故选项A正确。施工单位在施工过程中发现设计文件和图纸有差错的，应当及时提出意见和建议，故选项B错误。施工单位不得转包或者违法分包工程，故选项C错误。选项D错误，主体工程应由施工单位完成。

49．A。施工人员对涉及结构安全的试块、试件以及有关材料，应当在建设单位或者工程监理单位监督下现场取样，并送具有相应资质等级的质量检测单位进行检测。

50．D。隐蔽工程在隐蔽前，施工单位应当通知建设单位和建设工程质量监督机构。

51．B。《建设工程质量管理条例》规定，建设单位收到建设工程竣工报告后，应当组织设计、施工、工程监理等有关单位进行竣工验收。

52．D。选项A主体的正确表述应为“建设单位”。选项B的正确表述应为“公安消防部门出具的对大型的人员密集场所和其他特殊建设工程验收合格的证明文件”。工程质量监督机构应当在工程竣工验收之日起5日内，向备案机关提交工程质量监督报告，故选项C错误。工程竣工验收备案表一式两份，1份由建设单位保存，1份留备案机关存档。

53．C。《建设工程质量管理条例》规定，建设工程在保修范围和保修期内发生质量问题的，施工单位应当履行保修义务，并对造成的损失承担赔偿责任。

54．D。保证金总预留比例不得高于工程价款结算总额的3%，故选项A错误。未按规定或合同约定返还保证金的，保证金收取方应向建筑业企业支付逾期返还违约金，故选项B

错误。转变保证金缴纳方式，国家推行银行保函制度，故选项 C 错误。

55. D。《大气污染防治法》规定，施工单位有下列行为之一的，由县级以上人民政府住房城乡建设等主管部门按照职责责令改正，处 1 万元以上 10 万元以下的罚款；拒不改正的，责令停工整治：（1）施工工地未设置硬质围挡，或者未采取覆盖、分段作业、择时施工、洒水抑尘、冲洗地面和车辆等有效防尘降尘措施的；（2）建筑土方、工程渣土、建筑垃圾未及时清运，或者未采用密闭式防尘网遮盖的。

56. A。《文物保护法》规定，在进行建设工程或者在农业生产中，任何单位或者个人发现文物，应当保护现场，立即报告当地文物行政部门，文物行政部门接到报告后，如无特殊情况，应当在 24h 内赶赴现场，并在 7 日内提出处理意见。

57. B。《劳动合同法》规定，劳动者有下列情形之一的，用人单位可以解除劳动合同：（1）在试用期间被证明不符合录用条件的；（2）严重违反用人单位的规章制度的；（3）严重失职，营私舞弊，给用人单位造成重大损害的；（4）劳动者同时与其他用人单位建立劳动关系，对完成本单位的工作任务造成严重影响，或者经用人单位提出，拒不改正的；（5）因《劳动合同法》第 26 条第 1 款第 1 项规定的情形（以欺诈、胁迫的手段或乘人之危，使对方在违背真实意思的情况下订立或者变更劳动合同的）致使劳动合同无效的；（6）被依法追究刑事责任的。

58. C。《劳动合同法》规定，经济补偿的标准，按劳动者在本单位工作的年限，每满 1 年支付 1 个月工资的标准向劳动者支付。6 个月以上不满 1 年的，按 1 年计算；不满 6 个月的，向劳动者支付半个月工资的经济补偿。该企业应当给予李某的经济补偿是：$6000\times2+6000\div2=15000$ 元。

59. B。用工单位不得将被派遣劳动者再派遣到其他用人单位，故选项 B 错误。

60. D。怀孕女职工在劳动时间内进行产前检查，所需时间计入劳动时间，故选项 A 错误。根据《女职工劳动保护特别规定》，女职工在经期禁忌从事的劳动范围有：（1）冷水作业分级标准中规定的第二级、第三级、第四级冷水作业；（2）低温作业分级标准中规定的第二级、第三级、第四级低温作业；（3）体力劳动强度分级标准中规定的第三级、第四级体力劳动强度的作业；（4）高处作业分级标准中规定的第三级、第四级高处作业，故选项 B 错误。对怀孕 7 个月以上的女职工，用人单位不得延长劳动时间或者安排夜班劳动，并应当在劳动时间内安排一定的休息时间，故选项 C 错误。

61. B。《工伤保险条例》规定，职工因工作遭受事故伤害或者患职业病需要暂停工作接受工伤医疗的，在停工留薪期内，原工资福利待遇不变，由所在单位按月支付。因此，工伤职工在停工留薪期内，其工资福利待遇应由所在单位按月支付，且不得降低。

62. D。我国境内的用人单位与劳动者发生的下列劳动争议，适用《劳动争议调解仲裁法》：（1）因确认劳动关系发生的争议；（2）因订立、履行、变更、解除和终止劳动合同发生的争议；（3）因除名、辞退和辞职、离职发生的争议；（4）因工作时间、休息休假、社会保险、福利、培训以及劳动保护发生的争议；（5）因劳动报酬、工伤医疗费、经济补偿或者赔偿金等发生的争议；（6）法律、法规规定的其他劳动争议。

63. A。当事人一方可以直接向劳动争议仲裁委员会申请仲裁，故选项 B 错误。劳动争议申请仲裁的时效期间为 1 年，故选项 C 错误。仲裁时效期间从当事人知道或者应当知道其权利被侵害之日起计算，故选项 D 错误。

64. D。《仲裁法》规定，平等主体的公民、法人和其他组织之间发生的合同纠纷和其他财产权益纠纷，可以仲裁。下列纠纷不能仲裁：（1）婚姻、收养、监护、扶养、继承纠纷；（2）依法应当由行政机关处理的行政争议。

65. D。当事人申请仲裁应当符合下列条件：（1）有仲裁协议；（2）有具体的仲裁请求和事实、理由；（3）属于仲裁委员会的受理范围。

66. C。地域管辖是按照法院辖区来确定同级法院之间受理第一审民事案件的分工和权限的一种管辖制度。

67. D。我国民事诉讼实行两审终审制度，即民事案件经两级法院审判即宣告终结。

68. C。公民、法人或者其他组织认为行政行为侵犯其合法权益的，可以自知道或者应当知道该行政行为之日起 60 日内提出行政复议申请；但是法律规定的申请期限超过 60 日的除外。因不可抗力或者其他正当理由耽误法定申请期限的，申请期限自障碍消除之日起继续计算。

69. C。两个以上人民法院都有管辖权的案件，原告可以选择其中一个人民法院提起诉讼，故选项 C 正确。原告向两个以上有管辖权的人民法院提起诉讼的，由最先立案的人民法院管辖，故选项 A 错误。有管辖权的人民法院由于特殊原因，不能行使管辖权的，由上级人民法院指定管辖。人民法院之间因管辖权发生争议，由争议双方协商解决；协商解决不了的，报请其共同上级人民法院指定管辖，故选项 B、D 错误。

70. C。在证据可能灭失或者以后难以取得的情况下，诉讼参加人可以向人民法院申请保全证据，人民法院也可以主动采取保全措施。

二、多项选择题

71. A、D	72. B、C、D	73. A、E	74. A、C、D、E	75. C、E
76. A、E	77. A、B	78. A、B、D、E	79. A、B、D、E	80. A、C、E
81. B、C、D、E	82. A、B、E	83. A、B、E	84. A、B、D、E	85. A、B、C
86. A、B、C	87. B、C、D	88. A、B、D、E	89. A、B、D、E	90. A、B、D、E
91. A、C、E	92. A、C、D、E	93. A、C、D、E	94. A、B、C	95. B、C、D、E
96. A、B、C、E	97. C、E	98. A、B、E	99. A、C、D、E	100. A、B、C、D

【解析】

71. A、D。选项 B 错误，地方性法规的效力，高于本级和下级地方政府规章。选项 C 错误，在我国法律体系中，法律的效力仅次于宪法而高于其他法的形式。选项 E 错误，地方性法规与部门规章之间对同一事项的规定不一致，不能确定如何适用时，由国务院提出意见，国务院认为应当适用地方性法规的，应当决定在该地方适用地方性法规的规定；认为应当适用部门规章的，应当提请全国人民代表大会常务委员会裁决。

72. B、C、D。担保物权包括抵押权、质权、留置权。

73. A、E。同一财产向两个以上债权人抵押的，拍卖、变卖抵押财产所得的价款依照下列规定清偿：（1）抵押权已经登记的，按照登记的时间先后确定清偿顺序；（2）抵押权已经登记的先于未登记的受偿；（3）抵押权未登记的，按照债权比例清偿。

74. A、C、D、E。当事人有下列情形之一，应当从轻或者减轻行政处罚：（1）主动消除或者减轻违法行为危害后果的；（2）受他人胁迫或者诱骗实施违法行为的；（3）主动供述行政机关尚未掌握的违法行为的；（4）配合行政机关查处违法行为有立功表现的；（5）法律、法规、规章规定其他应当从轻或者减轻行政处罚的。

75. C、E。建设单位、设计单位、施工单位、工程监理单位违反国家规定，降低工程质量标准，造成重大安全事故的，构成工程重大安全事故罪。

76. A、E。注册建造师有下列情形之一的，其注册证书和执业印章失效：（1）聘用单位破产的；（2）聘用单位被吊销营业执照的；（3）聘用单位被吊销或者撤回资质证书的；（4）已与聘用单位解除聘用合同关系的；（5）注册有效期满且未延续注册的；（6）年龄超过65周岁的；（7）死亡或不具有完全民事行为能力的；（8）其他导致注册失效的情形。注册建造师有下列情形之一的，由注册机关办理注销手续，收回注册证书和执业印章或者公告其注册证书和执业印章作废：（1）有以上规定的注册证书和执业印章失效情形发生的；（2）依法被撤销注册的；（3）依法被吊销注册证书的；（4）受到刑事处罚的；（5）法律、法规规定应当注销注册的其他情形。

77. A、B。《拖欠农民工工资失信联合惩戒对象名单管理暂行办法》规定，用人单位拖欠农民工工资，具有下列情形之一，经人力资源社会保障行政部门依法责令限期支付工资，逾期未支付的，人力资源社会保障行政部门应当作出列入决定，将该用人单位及其法定代表人或者主要负责人、直接负责的主管人员和其他直接责任人员列入失信联合惩戒名单：（1）克扣、无故拖欠农民工工资达到认定拒不支付劳动报酬罪数额标准的；（2）因拖欠农民工工资违法行为引发群体性事件、极端事件造成严重不良社会影响的。

78. A、B、D、E。机关、事业单位和大型企业使用商业汇票等非现金支付方式支付中小企业款项的，应当在合同中作出明确、合理约定，不得强制中小企业接受商业汇票等非现金支付方式，不得利用商业汇票等非现金支付方式变相延长付款期限；不得以法定代表人或者主要负责人变更，履行内部付款流程，或者在合同未作约定的情况下以等待竣工验收批复、决算审计等为由，拒绝或者迟延支付中小企业款项；除合同另有约定或者法律、行政法规另有规定外，机关、事业单位和国有大型企业不得强制要求以审计机关的审计结果作为结算依据。

79. A、B、D、E。工程总承包单位不得是工程总承包项目的代建单位、项目管理单位、监理单位、造价咨询单位、招标代理单位，故选项C错误。

80. A、C、E。大型建筑工程或者结构复杂的建筑工程，可以由两个以上的承包单位联合共同承包。中小型或结构不复杂的工程，则无需采用共同承包方式，故选项A正确。两个以上不同资质等级的单位实行联合共同承包的，应当按照资质等级低的单位的业务许可范围承揽工程，故选项B错误。共同承包是由两个或两个承包单位临时组成联合体，以同一承包人身份共同承揽项目的行为，在组织上具有合意性和临时性，对外责任上具有连带性，故选项C正确。联合体中标的，联合体各方应当共同与招标人签订合同，就中标项目向招标人承担连带责任，故选项D错误。共同承包的各方对承包合同的履行承担连带责任，故选项E正确。

81. B、C、D、E。竞争性谈判的谈判文件应当明确谈判程序、谈判内容、合同草案的条款以及评定成交的标准等事项。

82. A、B、E。《最高人民法院关于审理建设工程施工合同纠纷案件适用法律问题的解释（一）》（法释〔2020〕25号）规定，建设工程施工合同具有下列情形之一的，应当依据《民法典》第153条第1款的规定，认定无效：（1）承包人未取得建筑业企业资质或者超越资质等级的；（2）没有资质的实际施工人借用有资质的建筑施工企业名义的；（3）建设工程必须进行招标而未招标或者中标无效的。选项C、D属于可撤销合同的情形。

83．A、B、E。保证的方式包括一般保证和连带责任保证。当事人在保证合同中对保证方式没有约定或者约定不明确的，按照一般保证承担保证责任。一般保证是指当事人在保证合同中约定，债务人不能履行债务时，由保证人承担保证责任的保证。连带责任保证是指当事人在保证合同中约定保证人和债务人对债务承担连带责任的保证。连带责任保证的债务人在主合同规定的债务履行期届满没有履行债务的，债权人可以要求债务人履行债务，也可以要求保证人在其保证范围内承担保证责任。

84．A、B、D、E。建设单位应当在拆除工程施工 15 日前，将下列资料报送建设工程所在地的县级以上地方人民政府建设行政主管部门或者其他有关部门备案：（1）施工单位资质等级证明；（2）拟拆除建筑物、构筑物及可能危及毗邻建筑的说明；（3）拆除施工组织方案；（4）堆放、清除废弃物的措施。

85．A、B、C。《安全生产许可证条例》规定，未取得安全生产许可证擅自进行生产的，责令停止生产，没收违法所得，并处 10 万元以上 50 万元以下的罚款；造成重大事故或者其他严重后果，构成犯罪的，依法追究刑事责任。

86．A、B、C。施工作业人员的安全生产义务：（1）遵章守规和正确使用安全防护用具；（2）接受安全生产教育培训；（3）及时报告安全事故隐患及其他危险。

87．B、C、D。《建设工程安全生产管理条例》规定，施工单位对因建设工程施工可能造成损害的毗邻建筑物、构筑物和地下管线等，应当采取专项防护措施。

88．A、B、D、E。《生产安全事故报告和调查处理条例》规定，事故报告主要应当包括以下内容：（1）事故发生单位概况；（2）事故发生的时间、地点以及事故现场情况；（3）事故的简要经过；（4）事故已经造成或者可能造成的伤亡人数（包括下落不明的人数）和初步估计的直接经济损失；（5）已经采取的措施；（6）其他应当报告的情况。

89．A、B、D、E。《无障碍环境建设法》规定，无障碍设施经验收交付后，所有权人或者管理人应当对无障碍设施履行维护和管理责任，保障无障碍设施功能正常和使用安全：（1）对损坏的无障碍设施和标识进行维修或者替换；（2）对需改造的无障碍设施进行改造；（3）纠正占用无障碍设施的行为；（4）进行其他必要的维护和保养。所有权人、管理人和使用人之间有约定的，由约定的责任人负责维护和管理。

90．A、B、D、E。《建设工程质量管理条例》规定，工程监理单位应当依法取得相应等级的资质证书，并在其资质等级许可的范围内承担工程监理业务。禁止工程监理单位超越本单位资质等级许可的范围或者以其他工程监理单位的名义承担工程监理业务。禁止工程监理单位允许其他单位或者个人以本单位的名义承担工程监理业务。工程监理单位不得转让工程监理业务。工程监理单位应当依照法律、法规以及有关技术标准、设计文件和建设工程承包合同，代表建设单位对施工质量实施监理，并对施工质量承担监理责任。未经监理工程师签字，建筑材料、建筑构配件和设备不得在工程上使用或者安装，施工单位不得进行下一道工序的施工。未经总监理工程师签字，建设单位不拨付工程款，不进行竣工验收。

91．A、C、E。施工单位在施工过程中发现设计文件和图纸有差错的，应当及时提出意见和建议，故选项 B 错误。施工人员对涉及结构安全的试块、试件以及有关材料，应当在建设单位或者工程监理单位监督下现场取样，并送具有相应资质等级的质量检测单位进行检测，故选项 D 错误。

92．A、C、D、E。缺陷责任期的期限由发承包双方在合同中约定，故选项 B 错误。

93．A、C、D、E。选项 B 错误，建设项目的噪声污染防治设施应当与主体工程同时设计、同时施工、同时投产使用。

94. A、B、C。《文物保护法》规定，有下列行为之一，尚不构成犯罪的，由县级以上人民政府文物主管部门责令改正，造成严重后果的，处5万元以上50万元以下的罚款；情节严重的，由原发证机关吊销资质证书：（1）擅自在文物保护单位的保护范围内进行建设工程或者爆破、钻探、挖掘等作业的；（2）在文物保护单位的建设控制地带内进行建设工程，其工程设计方案未经文物行政部门同意、报城乡建设规划部门批准，对文物保护单位的历史风貌造成破坏的；（3）擅自迁移、拆除不可移动文物的；（4）擅自修缮不可移动文物，明显改变文物原状的；（5）擅自在原址重建已全部毁坏的不可移动文物，造成文物破坏的；（6）施工单位未取得文物保护工程资质证书，擅自从事文物修缮、迁移、重建的。

95. B、C、D、E。《劳动合同法》规定，用人单位有下列情形之一的，劳动者可以解除劳动合同：（1）未按照劳动合同约定提供劳动保护或者劳动条件的；（2）未及时足额支付劳动报酬的；（3）未依法为劳动者缴纳社会保险费的；（4）单位的规章制度违反法律、法规的规定，损害劳动者权益的；（5）因《劳动合同法》第26条规定的情形致使劳动合同无效的；（6）法律、行政法规规定劳动者可以解除劳动合同的其他情形。

96. A、B、C、E。劳动安全设施不符合国家规定、未向劳动者提供必要的劳动防护用品、非法招用未满16周岁的未成年人以及违反对女职工和未成年工的保护规定，这些都是《劳动法》明确规定可能导致用人单位被罚款的行为。而侮辱、体罚、殴打劳动者，则是由公安机关对责任人员处以罚款或其他处罚，并不直接针对用人单位。

97. C、E。最高人民法院《关于审理劳动争议案件适用法律若干问题的解释（一）》规定，下列纠纷不属于劳动争议：（1）劳动者请求社会保险经办机构发放社会保险金的纠纷；（2）劳动者与用人单位因住房制度改革产生的公有住房转让纠纷；（3）劳动者对劳动能力鉴定委员会的伤残等级鉴定结论或者对职业病诊断鉴定委员会的职业病诊断鉴定结论的异议纠纷；（4）家庭或者个人与家政服务人员之间的纠纷；（5）个体工匠与帮工、学徒之间的纠纷；（6）农村承包经营户与受雇人之间的纠纷。

98. A、B、E。《民事诉讼法》规定，被申请人提出证据证明仲裁裁决有下列情形之一的，经人民法院组成合议庭审查核实，裁定不予执行：（1）当事人在合同中没有订有仲裁条款或者事后没有达成书面仲裁协议的；（2）裁决的事项不属于仲裁协议的范围或者仲裁机构无权仲裁的；（3）仲裁庭的组成或者仲裁的程序违反法定程序的；（4）裁决所根据的证据是伪造的；（5）对方当事人向仲裁机构隐瞒了足以影响公正裁决的证据的；（6）仲裁员在仲裁该案时有贪污受贿，徇私舞弊，枉法裁决行为的。

99. A、C、D、E。下列民事案件，不得由审判员一人独任审理：（1）涉及国家利益、社会公共利益的案件；（2）涉及群体性纠纷，可能影响社会稳定的案件；（3）人民群众广泛关注或者其他社会影响较大的案件；（4）属于新类型或者疑难复杂的案件；（5）法律规定应当组成合议庭审理的案件；（6）其他不宜由审判员一人独任审理的案件。

100. A、B、C、D。《行政诉讼法》规定，公民、法人或者其他组织同被诉行政行为有利害关系但没有提起诉讼，或者同案件处理结果有利害关系的，可以作为第三人申请参加诉讼，或者由人民法院通知参加诉讼。人民法院判决第三人承担义务或者减损第三人权益的，第三人有权依法提起上诉。应当追加的原告，已明确表示放弃实体权利的，可不予追加；既不愿意参加诉讼，又不放弃实体权利的，应追加为第三人。

《建设工程法规及相关知识》
考前第2套卷及解析

《建设工程法规及相关知识》考前第2套卷

一、单项选择题（共70题，每题1分。每题的备选项中，只有1个最符合题意）

1.《建设工程质量管理条例》属于（　　）。

A．法律　　B．行政法规

C．部门规章　　D．司法解释

2. 行政法规之间对同一事项的新的一般规定与旧的特别规定不一致，不能确定如何适用时，由（　　）裁决。

A．最高人民法院　　B．国务院

C．全国人民代表大会　　D．全国人民代表大会常务委员会

3. 当事人之间订立转让不动产物权的合同，未办理物权登记的，除法律另有规定或者合同另有约定外，（　　）。

A．合同不生效　　B．合同无效

C．合同终止　　D．不影响合同效力

4. 下列权利中，属于用益物权的是（　　）。

A．船舶抵押权　　B．房屋租赁权

C．土地所有权　　D．土地承包经营权

5. 甲房地产公司在A地块开发住宅小区，为满足该小区的住户观景的需要，便与相邻的乙工厂协商约定，甲公司支付乙工厂800万元，乙工厂在20年内不在本厂区建设15m以上的建筑物，以免遮挡住户观景。合同签订生效后甲公司即支付了全部款项。后来，甲公司将A地块的建设用地使用权转让给丙置业公司。关于A地块权利的说法，正确的是（　　）。

A．甲公司对乙工厂的土地拥有地役权

B．甲公司对乙工厂的土地拥有担保物权

C．甲公司约定的权利自合同公证后获得

D．甲公司转让A地块后，丙公司不享有该项权利

6. 在施工过程中，施工企业对施工场地的占有属于（　　）。

A．他主占有　　B．自主占有

C．善意占有　　D．无权占有

7. 关于专利权人的权利期限的说法，正确的是（　　）。

A．专利权期限自授予日起计算　　B．发明专利权的期限为15年

C．实用新型专利权的期限为10年　　D．外观设计专利权的期限为20年

8. 某施工企业进行爆破施工时，不慎将临近一住宅墙体震裂，该施工企业与住宅居民因（　　）产生了债权债务关系。

A．合同　　B．侵权行为

C．不当得利　　D．无因管理

9. 某广告公司受施工企业委托制作并安装的广告牌致行人损害，关于民事责任承担的说法，

正确的是（　　）。

A．施工企业承担赔偿责任，广告公司承担补充赔偿责任

B．广告公司承担赔偿责任，施工企业承担补充赔偿责任

C．施工企业承担赔偿责任，但其有权向广告公司追偿

D．广告公司承担赔偿责任，施工企业不承担责任

10．依法设立的城乡污水集中处理、生活垃圾集中处理场所超过国家和地方规定的排放标准向环境排放应税污染物的，（　　）。

A．不缴纳环境保护税　　B．应当缴纳环境保护税

C．减按75%征收环境保护税　　D．减按50%征收环境保护税

11．下列处罚中，属于行政处罚的是（　　）。

A．罚款　　B．罚金

C．冻结财产　　D．开除

12．根据《刑法》，下列刑罚中，属于主刑的是（　　）。

A．没收财产　　B．罚金

C．管制　　D．驱逐出境

13．关于法人成立的说法，正确的是（　　）。

A．特别法人的产生可以不经过法定的程序

B．法人的名称不得与其他法人的名称相同或者相近

C．法人能够独立承担民事责任

D．法人可以不设法定代表人

14．建设工程代理行为终止的情形是（　　）。

A．被代理人丧失民事行为能力　　B．代理事项难以完成

C．发生不可抗力　　D．代理人辞去委托

15．关于建筑业企业资质证书使用与延续的说法，正确的是（　　）。

A．企业资质情况可以通过扫描建筑业企业资质证书复印件的二维码查询

B．企业跨地区参加招标投标活动，应当提供建筑业企业资质证书原件

C．建筑业企业资质证书有效期为3年

D．延续申请应当于建筑企业资质证书有效期届满1个月前提出

16．下列情形中，注册建造师将被处以吊销执业资格证书，5年内不予注册的是（　　）。

A．因过错造成重大质量事故的

B．在执业过程中实施商业贿赂的

C．允许他人以自己的名义从事执业活动的

D．未办理变更注册而继续执业的

17．根据《全国建筑市场各方主体不良行为记录认定标准》，属于工程质量不良行为的是（　　）。

A．允许其他单位或个人以本单位名义承揽工程

B．将承揽的工程转包或违法分包

C．施工前未对有关安全施工的技术要求做出详细说明

D．未按照节能设计进行施工

18．根据《保障中小企业款项支付条例》，关于事业单位从中小企业采购工程价款支付的说

法，正确的是（　　）。

A．应当自工程交付之日起60日内支付款项

B．机关、事业单位使用财政资金从中小企业采购货物、工程、服务，应当严格按照批准的预算执行，不得无预算、超预算开展采购

C．事业单位内部付款流程未履行完毕的，可以拒绝或者迟延支付中小企业款项

D．合同约定采取履行进度结算的，付款期限应当自相应履行进度完成之日起算

19．根据《建筑法》，已经领取施工许可证的在建建筑工程因故中止施工6个月，关于其施工许可证处理的说法，正确的是（　　）。

A．建设单位应当重新申请领取施工许可证

B．施工许可证自行作废

C．建设单位应当自中止施工之日起1个月内，向发证机关报告

D．恢复施工时，建设单位应当报发证机关核验施工许可证

20．下列全部使用国有资金投资的项目中，依法必须进行招标的项目是（　　）。

A．重要设备、材料等货物的采购，单项合同估算价在200万元以下

B．施工单项合同估算价在400万元以上

C．勘察单项合同估算价在100万元以下

D．监理单项合同估算价在50万元以上

21．根据《招标投标法》，依法必须进行招标的项目，自招标文件开始发出之日起至投标人提交投标文件截止之日止，最短为（　）日。

A．5　　　B．10

C．15　　　D．20

22．关于招标人终止招标要求的说法，正确的是（　　）。

A．以口头形式通知被邀请的或者已经获取资格预审文件、招标文件的潜在投标人

B．已经发售的资格预审文件、招标文件，招标人无须退还所收取的资格预审文件、招标文件的费用

C．已经收取投标保证金的，应当及时退还投标保证金，但不必退还银行同期存款利息

D．应当及时发布公告

23．关于行政监督部门处理招标投标活动投诉的说法，正确的是（　　）。

A．投诉人就同一事项向两个以上有权受理的行政监督部门投诉的，由上一级行政监督部门指定一个部门负责处理

B．行政监督部门不得责令暂停招标投标活动

C．行政监督部门处理投诉，有权查阅、复制有关文件资料

D．行政监督部门应当自受理投诉之日起15个工作日内作出书面处理决定

24．根据《政府采购法》，必须保证原有采购项目一致性或者服务配套的要求，需要继续从原供应商处添购，且添购资金总额不超过原合同采购金额10%的政府采购的货物或者服务，可以采用（　　）方式采购。

A．竞争性磋商　　　B．邀请招标

C．单一来源采购　　　D．竞争性谈判

25．关于封闭式框架协议与开放式框架协议的说法，正确的是（　　）。

A．开放式框架协议确定成交供应商不需要进行第二阶段

B．订立封闭式框架协议的，征集人应当发布征集公告

C．订立封闭式框架协议的，供应商可以随时提交加入框架协议的申请

D．订立开放式框架协议的，第二阶段成交供应商由采购人或者服务对象直接选定

26．关于可撤销合同中撤销权行使的说法，正确的是（　　）。

A．受胁迫的当事人应当自胁迫行为终止之日起 6 个月内行使撤销权

B．当事人不得放弃撤销权

C．重大误解的当事人应当自知道或者应当知道撤销事由之日起 90 日内行使撤销权

D．当事人自民事法律行为发生之日起 3 年内没有行使撤销权的，撤销权消灭

27．某工程施工合同的发包人拖欠工程进度款，承包人按照合同的约定及时调整了施工进度，放慢施工速度，承包人行使的是（　　）。

A．不安抗辩权　　B．先履行抗辩权

C．同时履行抗辩权　　D．后履行抗辩权

28．甲乙双方在合同中约定，一方违约时支付对方 1 万元人民币违约金。在合同履行中，甲方违约，并因该违约造成了乙方 5 万元人民币的损失。乙方诉诸人民法院，可获支持的最高赔偿额为（　　）万元人民币。

A．1　　B．2

C．5　　D．6

29．某非政府投资项目施工合同约定施工企业垫资施工，对垫资及其利息的处理未作特别约定。关于该垫资及其利息的说法，正确的是（　　）。

A．施工企业无权请求建设单位支付垫资利息

B．施工企业有权要求建设单位返还垫资及其利息

C．垫资的约定无效

D．垫资利息按照同期贷款市场报价利率确定

30．施工企业发生以下情形，建设单位请求解除施工合同，人民法院应予支持的是（　　）。

A．将承包的建设工程非法转包、违法分包的

B．已经完成的建设工程质量不合格的

C．不履行合同约定的协助义务的

D．合同约定的期限内没有完工的

31．关于租赁合同期限的说法，正确的是（　　）。

A．租赁期限届满，当事人可以续订租赁合同，但是，约定的租赁期限自续订之日起不得超过 10 年

B．租赁期限届满，承租人继续使用租赁物，出租人没有提出异议的，视为不定期租赁

C．租赁期限超过 20 年的，租赁合同无效

D．定期租赁中，租赁期限 3 个月以上的，合同应当采用书面形式

32．关于委托合同法律特征的说法，正确的是（　　）。

A．应当是有偿合同

B．委托合同不得随时解除

C．应当是无偿合同

D．是一种典型的以提供劳务作为标的的合同

33．根据《建筑起重机械安全监督管理规定》，应当报废的起重机械是（　　）。

A．须大修才能达到安全技术标准的　　B．超过制造厂家规定的使用年限的
C．无安全技术档案的　　D．无齐全有效的安全保护装置的

34．根据《建筑施工企业安全生产许可证管理规定》，属于取得安全生产许可证应当具备的条件是（　　）。
A．设置安全管理机构，配备专职或者兼职安全生产管理人员
B．有符合规定的工程业绩
C．作业人员经有关业务主管部门考核合格，取得操作资格证书
D．保证本单位安全生产条件所需资金的投入

35．关于施工单位专职安全生产管理人员在施工现场检查过程中具有相关职责的说法，正确的是（　　）。
A．组织制定本单位安全生产操作规程
B．编制安全专项施工方案
C．监督作业人员安全防护用品的配备及使用情况
D．建立健全本单位安全生产责任制

36．关于施工企业项目负责人安全生产责任的说法，正确的是（　　）。
A．应当监控分部分项工程的安全生产情况
B．每月带班生产时间不得少于其工作日的60%
C．每月带班生产时间不得少于其工作日的25%
D．应当对工程项目落实带班制度责任

37．根据《建设工程安全生产管理条例》，在城市市区内的施工现场未实行封闭围挡的，一般情况下可能承担的法律责任是（　　）。
A．处以20万元罚款　　B．吊销施工企业营业执照
C．降低施工企业资质等级　　D．责令施工企业限期改正

38．根据《危险性较大的分部分项工程安全管理规定》，关于危大工程专项施工方案的说法，正确的是（　　）。
A．危大工程实行施工总承包的，专项施工方案应当由施工总承包单位编制
B．危大工程实行分包的，专项施工方案应当由相关专业分包单位组织编制
C．分包单位组织编制的专项施工方案应当由分包单位负责人签字并加盖单位公章
D．超过一定规模的危大工程，建设单位应当组织专家会议论证专项施工方案

39．根据《生产安全事故报告和调查处理条例》，某施工企业发生安全事故造成30人死亡、9000万元直接经济损失，该生产安全事故属于（　　）。
A．特别重大事故　　B．重大事故
C．较大事故　　D．一般事故

40．受理备案登记的负有安全生产监督管理职责的部门应当在（　　）个工作日内对应急预案材料进行核对。
A．3　　B．5
C．7　　D．10

41．下列职责中，属于施工生产安全事故调查组职责的是（　　）。
A．查明事故发生的间接经济损失　　B．追究责任人的法律责任
C．提出对受伤人员的赔偿方案　　D．提出对事故责任者的处理建议

42．关于建设行政主管部门和其他有关部门实施施工安全监督的说法，正确的是（　　）。

A．对没有安全施工措施的，不得颁发施工许可证

B．审核发放施工许可证时，不需对建设工程是否有安全施工措施进行审查

C．对建设工程是否有安全施工措施进行审查时，适当收取费用

D．应当将申请领取施工许可证的有关资料的主要内容报送上级负责安全生产监督管理的部门

43．关于工程建设行业标准的说法，正确的是（　　）。

A．对没有推荐性国家标准，需要在全国工程建设行业范围内统一的技术要求，可以制定行业标准

B．行业标准可以由行业协会制定

C．工程建设行业标准中包括强制性标准

D．行业标准的制定，应当报国务院标准化行政主管部门批准

44．根据《建设工程抗震管理条例》，（　　）应当将建筑的设计使用年限、结构体系、抗震设防烈度、抗震设防类别等具体情况和使用维护要求记入使用说明书，并将使用说明书交付使用人或者买受人。

A．建设单位　　B．勘察单位

C．设计单位　　D．施工单位

45．根据《无障碍环境建设法》，城市主干路、主要商业区等无障碍需求比较集中的区域的人行道，应当按照标准（　　）。

A．安装过街音响提示装置　　B．设置盲道

C．设置无障碍停车位　　D．设置显著标志标识

46．工程建设单位未按照《无障碍环境建设法》规定进行建设的，由相关主管部门（　　）。

A．处5万元以下罚款　　B．追究刑事责任

C．责令限期改正　　D．责令停业整顿

47．根据《建设工程质量管理条例》，关于建设单位质量责任和义务的说法，正确的是（　　）。

A．建设单位应当就施工图设计文件向施工企业进行技术交底

B．建设单位不得明示或暗示设计单位违反抗震设防强制性标准，降低工程抗震性能

C．建设单位在开工后，应当尽快办理工程质量监督手续

D．建设单位应当对其采购的材料设备进行使用前的检验和试验

48．根据《建设工程质量管理条例》，设计单位在设计文件中选用的建筑材料、建筑构配件和设备，应当（　　）。

A．按照建设单位的指令确定　　B．注明规格、型号、性能等技术指标

C．注明生产厂、供应商　　D．征求施工企业的意见

49．关于总承包单位与分包单位的质量责任的说法，正确的是（　　）。

A．分包工程质量由分包单位自行向建设单位负责

B．总承包单位与分包单位对分包工程的质量各自向建设单位承担相应的责任

C．分包单位应当接受总承包单位的质量管理

D．分包工程发生质量问题，建设单位只能向总承包单位请求赔偿

50．根据《建设工程质量检测管理办法》，关于建设工程质量检测的说法，正确的是（　　）。

A．检测机构可以监制建筑材料、构配件和设备
B．非建设单位委托的检测机构出具的检测报告也可作为工程质量验收资料
C．检测结果利害关系人对检测结果发生争议的，由双方共同认可的检测机构复检
D．检测机构应当将检测过程中发现的施工企业违反工程建设强制性标准的情况，及时报告建设单位

51．根据《建设工程质量管理条例》，在工程建设过程中，对违反国家规定，降低工程质量标准，造成重大安全事故，构成犯罪的，应对（　　）依法追究刑事责任。
A．法定代表人　　B．经营负责人
C．项目负责人　　D．直接责任人

52．关于建筑节能验收的说法，错误的是（　　）。
A．政府投资项目不符合强制性节能标准的，依法负责项目审批的机关不得批准建设
B．国家实行固定资产项目节能评估和审查制度
C．不符合强制性节能标准的项目不得开工建设
D．不符合强制性节能标准、但已建成的项目，可以投入使用

53．根据《城市建设档案管理规定》和《建设工程文件归档规范》，关于工程竣工验收后提交档案资料的说法，正确的是（　　）。
A．勘察、设计、施工、监理等单位应当将本单位形成的工程文件立卷后向城建档案馆移交
B．对改建的工程，建设单位应当组织设计、施工单位据实修改、补充和完善原建设工程档案
C．建设单位应当在工程竣工验收后6个月内，向城建档案馆报送建设工程档案
D．施工分包单位应将本单位形成的工程文件立卷后向建设单位移交

54．根据《建设工程质量管理条例》，在正常使用条件下，给水排水管道工程的最低保修期限为（　　）年。
A．1　　B．2
C．3　　D．5

55．关于建设单位扬尘污染防治责任的说法，错误的是（　　）。
A．暂时不能开工的建设用地应当对裸露地面进行覆盖
B．应当将防治扬尘污染的费用在施工承包合同中明确由施工单位承担
C．超过3个月不能开工的建设用地，应当进行绿化、铺装或者遮盖
D．在施工承包合同中明确施工单位扬尘污染防治责任

56．根据《文物保护法》，属于受国家保护的文物是（　　）。
A．与历史事件有关的史迹　　B．具有历史价值的壁画
C．古脊椎动物化石　　D．古人类化石

57．关于劳动合同试用期的说法，正确的是（　　）。
A．试用期次数最多为2次
B．试用期内，用人单位可无理由解除劳动合同
C．以完成一定工作任务为期限的劳动合同不得约定试用期
D．试用期不包含在劳动合同期限内

58．关于劳动合同订立的说法，正确的是（　　）。

A．建立全日制劳动关系，应当订立书面劳动合同
B．固定期限劳动合同不能超过 10 年
C．商业保险是劳动合同的必备条款
D．劳动关系自劳动合同订立之日起建立

59．根据《劳动合同法》，不属于劳动合同终止情形的是（　　）。
A．用人单位决定提前解散的
B．用人单位进入破产重整程序的
C．劳动者开始依法享受基本养老保险待遇的
D．劳动者死亡，或者被人民法院宣告死亡或者宣告失踪的

60．施工总承包单位所承包工程发生拖欠农民工工资的，经办银行应在收到《支付通知书》（　　）内，从工资保证金账户中将相应数额的款项以银行转账方式支付给属地人力资源社会保障行政部门指定的被拖欠工资农民工本人。
A．5 日　　　　B．5 个工作日
C．7 日　　　　D．7 个工作日

61．职工的下列情形中，不得认定为工伤的是（　　）。
A．在工作时间和工作场所内，因工作原因受到事故伤害的
B．工作时间之前在工作场所内，从事与工作有关的预备性工作受到事故伤害的
C．在工作时间和工作场所内，自残的
D．在工作时间和工作场所内，因履行工作职责受到暴力等意外伤害的

62．职工因工致残被鉴定为五级伤残时，应享受的一次性伤残补助金为（　　）个月的本人工资。
A．13　　　　B．16
C．18　　　　D．20

63．根据《劳动争议调解仲裁法》，关于企业劳动争议调解委员会的说法，正确的是（　　）。
A．企业劳动争议调解委员会主任必须由工会成员担任
B．企业劳动争议调解委员会职工代表只能由全体职工推举产生
C．企业劳动争议调解委员会由职工代表和企业负责人组成
D．企业劳动争议调解委员会企业代表由企业负责人指定

64．关于人民调解的说法，正确的是（　　）。
A．经人民调解委员会调解达成调解协议的，必须制作调解协议书
B．经人民调解委员会调解达成的调解协议具有法律强制力
C．调解协议的履行发生争议的，一方当事人可以向人民法院申请强制执行
D．经人民调解委员会调解达成调解协议后，双方当事人可以共同向调解组织所在地基层人民法院申请司法确认

65．某施工合同约定关于工程质量的一切争议由 A 市仲裁委员会仲裁。合同履行中，施工企业与建设单位在工程质量和工程价款结算数额上均发生争议。关于争议管辖的说法，正确的是（　　）。
A．质量纠纷由 A 市仲裁委员会仲裁，结算纠纷由法院审理
B．质量和结算纠纷均由 A 市仲裁委员会仲裁
C．仲裁条款约定无效

D．双方只能修改或补充仲裁约定

66．甲、乙、丙三人组成仲裁庭，甲为首席仲裁员。甲认为应支持申请人的主张，乙、丙认为不应支持申请人的主张，则关于仲裁裁决的说法，正确的是（　　）。

A．应按乙、丙的意见作出仲裁裁决

B．乙、丙应服从并按甲的意见作出仲裁裁决

C．应将甲、乙、丙各自的意见全部列出提交仲裁委员会作出决定

D．应按甲的意见作出仲裁裁决，同时必须在笔录中如实记载乙、丙的意见

67．关于民事诉讼管辖权异议的说法，正确的是（　　）。

A．人民法院受理案件后，当事人对管辖权有异议的，应当在法庭辩论终结前提出

B．人民法院对当事人提出的异议，审查后认为异议成立的，裁定驳回起诉

C．当事人未提出管辖权异议并应诉答辩的，视为受诉人民法院有管辖权

D．对人民法院就级别管辖权异议作出的裁定，当事人不得提起上诉

68．根据《民事诉讼法》，关于简易程序的说法，正确的是（　　）。

A．简易程序是人民法院审理案件的首选诉讼程序

B．简易程序实行一审终审

C．人民法院在审理过程中，发现案件不宜适用简易程序的，裁定转为普通程序

D．适用简易程序审理的案件，应当在立案之日起2个月内审结

69．根据《行政诉讼法》，下列情形中，属于行政诉讼受案范围的是（　　）。

A．国防、外交等国家行为

B．行政法规、规章或者行政机关制定、发布的具有普遍约束力的决定、命令

C．行政机关对行政机关人员的奖惩、任免等决定

D．对于限制人身自由的行政强制措施不服的

70．因不动产提起诉讼的案件自行政行为作出之日起超过（　　）年的，人民法院不予受理。

A．5　　B．10

C．15　　D．20

二、多项选择题（共30题，每题2分。每题的备选项中，有2个或2个以上符合题意，至少有1个错项。错选，本题不得分；少选，所选的每个选项得0.5分）

71．社会法调整的是政府与社会之间、社会不同部分之间的法律关系，（　　）属于社会法。

A．《行政许可法》　　B．《职业病防治法》

C．《矿山安全法》　　D．《无障碍环境建设法》

E．《反垄断法》

72．关于建设用地使用权的说法，正确的有（　　）。

A．建设用地使用权只可以在地上设立

B．建设用地使用权因出让合同生效而设立

C．住宅建设用地使用权期满自动续期

D．建设用地使用权只能存在于国家所有的土地

E．设立建设用地使用权可以采取出让或划拨的方式

73．下列抵押财产中，抵押权自登记时设立的有（　　）。

A．建筑物　　B．建设用地使用权

C．交通运输工具　　D．生产设备、原材料

E．在建的船舶

74．下列作品中，属于著作权保护的对象有（　　）。

A．建筑作品　　B．工程设计图

C．注册商标　　D．外观设计专利

E．反映地理现象的示意图

75．关于从建筑物中抛掷物品造成他人损害的说法，正确的有（　　）。

A．工程质量监督机构应当及时调查，查清责任人

B．由物品所有权人承担侵权责任

C．可能加害的建筑物使用人补偿后，可以向侵权人追偿

D．建筑物管理人未采取必要的安全保障措施的，应当承担相应的侵权责任

E．由建设单位和施工企业承担连带责任

76．资质许可机关应当撤销建筑业企业资质的情形有（　　）。

A．资质许可机关工作人员滥用职权、玩忽职守准予资质许可的

B．超越法定职权准予资质许可的

C．违反法定程序准予资质许可的

D．以欺骗、贿赂等不正当手段取得资质许可的

E．资质证书有效期届满，未依法申请延续的

77．根据《注册建造师管理规定》，注册建造师享有的权利有（　　）。

A．使用非注册建造师的名称进行执业活动

B．在规定范围内从事执业活动

C．保管和使用本人注册证书、执业印章

D．对本人执业活动进行解释和辩护

E．未经许可，将本人的注册证书、执业印章转借给他人使用

78．根据《优化营商环境条例》，净化市场环境的措施有（　　）。

A．严格收费项目　　B．放宽市场准入

C．推进“证照分离”改革　　D．实行告知承诺

E．备案改为审批

79．根据《建筑工程施工许可管理办法》，不需要办理施工许可证的建筑工程有（　　）。

A．建筑面积 $200m^2$ 的房屋　　B．抢险救灾工程

C．城市大型立交桥　　D．城市居住小区

E．农民自建的低层住宅工程

80．关于投标保证金的说法，正确的有（　　）。

A．招标人在招标文件中可以要求投标人提交投标保证金

B．退还投标保证金时，无须退还保证金利息

C．投标保证金有效期应当与投标有效期一致

D．投标保证金不得超过招标项目结算价的2%

E．施工、货物招标的，投标保证金最高不得超过80万元人民币

81．下列行为中，属于投标人串通投标的行为有（　　）。

A．投标人之间先行内部竞价确定中标人

B．投标人之间相互约定抬高或者压低投标报价
C．招标人向投标人泄露标底
D．投标人借用其他企业名义投标
E．招标人预先内定中标人

82．对于可撤销合同，具有撤销权的当事人（　　），撤销权消灭。
A．自知道或者应当知道权利受到侵害之日起1年内没有行使撤销权的
B．自知道或者应当知道撤销事由之日起6个月内没有行使撤销权的
C．自知道或者应当知道撤销事由之日起1年内没有行使撤销权的
D．知道撤销事由后明确表示放弃撤销权的
E．知道撤销事由后以自己的行为表明放弃撤销权的

83．当事人对建设工程开工日期有争议，关于开工日期认定的说法，正确的有（　　）。
A．开工日期为建设工程施工合同载明的计划开工日期
B．开工通知发出后，尚不具备开工条件的，以开工条件具备的时间为开工日期
C．开工通知发出后，因承包人原因导致开工时间推迟的，以开工条件具备的时间为开工日期
D．承包人经发包人同意已经实际进场施工的，以实际进场施工时间为开工日期
E．发包人或者监理人未发出开工通知，也无相关证据证明实际开工日期的，以施工许可证载明的时间为开工日期

84．租赁合同中，承租人的合同解除权的情形有（　　）。
A．租赁物非因承租人原因发生权属争议，致使租赁物无法使用的
B．因租赁物部分或者全部毁损、灭失，致使不能实现合同目的的
C．租赁物具有违反法律、行政法规关于使用条件的强制性规定情形，致使租赁物无法使用的
D．租赁物危及承租人的安全或者健康的
E．租赁物非因承租人原因被司法机关或者行政机关依法查封、扣押，致使租赁物无法使用的

85．下列安全责任中，应当由设计单位承担的有（　　）。
A．采取措施保证各类管线、设施和周边建筑物、构筑物的安全
B．在各类工程设计中提出保障施工作业人员安全的措施建议
C．按照法律、法规和工程建设强制性标准进行设计
D．投保职业责任险
E．考虑施工安全操作和防护的需要

86．施工单位的项目负责人的安全生产责任主要包括（　　）。
A．制订安全生产规章制度和操作规程
B．确保安全生产费用的有效使用
C．组织制订安全施工措施
D．消除安全事故隐患
E．及时、如实报告生产安全事故

87．根据《建设工程安全生产管理条例》，施工单位应当编制专项施工方案的分部分项工程有（　　）。
A．基坑支护与降水工程
B．土方开挖工程
C．起重吊装工程
D．主体结构工程

E．模板工程和脚手架工程

88．对于列入建设工程概算的安全作业环境及安全施工措施所需的费用，施工单位应当用于（　　）。

A．安全生产条件改善　　B．专职安全管理人员工资发放
C．施工安全设施更新　　D．安全事故损失赔付
E．施工安全防护用具采购

89．根据《防震减灾法》，对已经建成的未采取抗震设防措施或者抗震设防措施未达到抗震设防要求的（　　），应当采取必要的抗震加固措施。

A．医院建设工程　　B．具有重要纪念意义的建设工程
C．可能发生次生灾害的建设工程　　D．重大建设工程
E．地震重点监视防御区内的建设工程

90．根据《建设工程质量管理条例》，建设单位有（　　）行为的，将被处以20万以上50万元以下罚款。

A．任意压缩合理工期
B．建设项目必须实行工程监理而未实行工程监理
C．未组织工程竣工验收擅自交付使用
D．暗示施工单位违反工程建设强制性标准，降低工程质量
E．工程验收不合格擅自交付使用

91．关于总承包模式下各单位质量责任的说法，正确的有（　　）。

A．施工总承包单位应当对施工图设计文件质量负责
B．施工总承包单位对其采购的材料质量负责
C．施工总承包单位对施工质量负责
D．分包单位就分包工程质量向施工总承包单位负责
E．分包单位与施工总承包单位就分包工程质量向建设单位承担连带责任

92．根据《建设工程质量管理条例》，建设工程竣工验收应具备的条件有（　　）。

A．有完整的技术档案和施工管理资料
B．有施工、监理等单位分别签署的质量合格文件
C．有质量监督机构签署的质量合格文件
D．有工程造价结算报告
E．有施工单位签署的工程保修书

93．根据住房和城乡建设部《关于推进建筑垃圾减量化的指导意见》，关于建筑垃圾污染防治的说法，正确的有（　　）。

A．实行建筑垃圾分类管理　　B．引导施工现场建筑垃圾再利用
C．减少施工现场建筑垃圾排放　　D．避免工程渣土和工程泥浆排放
E．实行现场泥沙分离、泥浆脱水预处理等工艺

94．根据《历史文化名城名镇名村保护条例》，在历史文化名城、名镇、名村保护范围内禁止进行的活动有（　　）。

A．修建生产、储存腐蚀性物品的工厂　　B．在历史建筑上涂污
C．破坏历史风貌的活动　　D．占用保护规划确定保留的道路
E．改变河湖水系自然状态的活动

95. 下列情形中，劳动者提出或者同意续订、订立劳动合同的，除劳动者提出订立无固定期限劳动合同外，用人单位应当与劳动者订立无固定期限劳动合同的有（　　）。

A．乙连续 2 次与某施工企业订立期限为 2 年的劳动合同，续订劳动合同时

B．丁应聘时要求订立无固定期限劳动合同

C．用人单位未及时缴纳社会保险，戊要求订立无固定期限劳动合同

D．甲在某施工企业连续工作超过 10 年

E．用人单位初次实行劳动合同制度时，丙在该用人单位连续工作满 10 年且距法定退休年龄不足 10 年

96. 根据《职业病防治法》，关于劳动者享有职业卫生保护权利的说法，正确的有（　　）。

A．获得职业卫生教育、培训

B．建立、健全工作场所职业病危害因素监测及评价制度

C．要求用人单位提供符合防治职业病要求的职业病防护设施和个人使用的职业病防护用品，改善工作条件

D．拒绝违章指挥和强令进行没有职业病防护措施的作业

E．制定职业病防治计划和实施方案

97. 对于下列情形，应当认定为工伤的有（　　）。

A．在工作时间和工作场所内，因工作原因受到事故伤害

B．工作时间前后在工作场所内，从事与工作无关的私人活动受到事故伤害

C．在工作时间和工作场所内，因履行工作职责受到暴力伤害

D．因工外出期间，由于工作原因受到伤害

E．在上下班途中，受到非本人主要责任的交通事故伤害

98. 下列有关仲裁的事项中，属于《仲裁法》规定仲裁协议应当具有的内容有（　　）。

A．仲裁事项　　B．选定的仲裁委员会

C．请求仲裁的意思表示　　D．仲裁裁决的效力

E．具体的仲裁事实、理由

99. 某施工合同约定，发生争议由仲裁委员会或有管辖权的人民法院管辖。后双方发生施工合同争议，根据该条款，对该争议案件享有管辖权的应为（　　）。

A．合同履行地人民法院　　B．被告住所地人民法院

C．仲裁委员会　　D．合同签订地人民法院

E．原告住所地人民法院

100. 下列情形中，人民法院应当再审的情形有（　　）。

A．管辖错误的　　B．缺席判决的

C．剥夺当事人辩论权利的　　D．原判决超出诉讼请求的

E．审判庭组成不合法的

考前第2套卷参考答案及解析

一、单项选择题

1. B	2. B	3. D	4. D	5. A
6. A	7. C	8. B	9. C	10. B
11. A	12. C	13. C	14. D	15. A
16. A	17. D	18. B	19. C	20. B
21. D	22. D	23. C	24. C	25. D
26. C	27. B	28. C	29. A	30. A
31. B	32. D	33. B	34. D	35. C
36. D	37. D	38. A	39. A	40. B
41. D	42. A	43. A	44. A	45. B
46. C	47. B	48. B	49. C	50. C
51. D	52. D	53. B	54. B	55. B
56. B	57. C	58. A	59. B	60. B
61. C	62. C	63. D	64. D	65. A
66. A	67. C	68. C	69. D	70. D

【解析】

1. B。行政法规是国家最高行政机关国务院根据宪法和法律就有关执行法律和履行行政管理职权的问题，以及依据全国人民代表大会及其常务委员会特别授权所制定的规范性文件的总称。现行的建设行政法规主要有《建设工程质量管理条例》《建设工程安全生产管理条例》《建设工程勘察设计管理条例》《城市房地产开发经营管理条例》等。

2. B。行政法规之间对同一事项的新的一般规定与旧的特别规定不一致，不能确定如何适用时，由国务院裁决。

3. D。当事人之间订立有关设立、变更、转让和消灭不动产物权的合同，除法律另有规定或者合同另有约定外，自合同成立时生效；未办理物权登记的，不影响合同效力。

4. D。用益物权包括土地承包经营权、建设用地使用权、宅基地使用权、居住权和地役权。

5. A。地役权人有权按照合同约定，利用他人的不动产，以提高自己的不动产的效益。他人的不动产为供役地，自己的不动产为需役地，故选项A正确，选项B错误。本题中对甲房地产公司而言A地块属于需役地，需役地以及需役地上的土地承包经营权、建设用地使用权、宅基地使用权部分转让时，转让部分涉及地役权的，受让人同时享有地役权，故选项D错误。地役权自地役权合同生效时设立，故选项C错误。

6. A。在施工过程中，建设单位对施工场地的占有属于自主占有，施工企业对施工场地的占有属于他主占有。

7. C。专利权的期限应用申请日起计算。发明专利权的期限为20年，实用新型专利权的期限为10年，外观设计专利权的期限为15年。

8. B。建设工程债产生的根据有合同、侵权、无因管理和不当得利。侵权是指公民或法人没有法律依据而侵害他人的财产权利或人身权利的行为。侵权行为一经发生，即在侵权行为人和被侵权人之间形成债的关系。侵权行为产生的债被称为侵权之债。本题即属于侵权行为。

9. C。建筑物、构筑物或者其他设施倒塌、塌陷造成他人损害的，由建设单位与施工单位承担连带责任，但是建设单位与施工单位能够证明不存在质量缺陷的除外。建设单位、施工单位赔偿后，有其他责任人的，有权向其他责任人追偿。因所有人、管理人、使用人或者第三人的原因，建筑物、构筑物或者其他设施倒塌、塌陷造成他人损害的，由所有人、管理人、使用人或者第三人承担侵权责任。

10. B。依法设立的城乡污水集中处理、生活垃圾集中处理场所超过国家和地方规定的排放标准向环境排放应税污染物的，应当缴纳环境保护税。企业事业单位和其他生产经营者贮存或者处置固体废物不符合国家和地方环境保护标准的，应当缴纳环境保护税。

11. A。行政处罚的种类：（1）警告、通报批评；（2）罚款、没收违法所得、没收非法财物；（3）暂扣许可证件、降低资质等级、吊销许可证件；（4）限制开展生产经营活动、责令停产停业、责令关闭、限制从业；（5）行政拘留；（6）法律、行政法规规定的其他行政处罚。

12. C。刑罚分为主刑和附加刑。主刑的种类如下：（1）管制；（2）拘役；（3）有期徒刑；（4）无期徒刑；（5）死刑。选项A、B、D属于附加刑。

13. C。法人是具有民事权利能力和民事行为能力，依法独立享有民事权利和承担民事义务的组织。法人是建设工程活动中的重要主体。

14. D。《民法典》规定，有下列情形之一的，委托代理终止：（1）代理期限届满或者代理事务完成；（2）被代理人取消委托或者代理人辞去委托；（3）代理人丧失民事行为能力；（4）代理人或者被代理人死亡；（5）作为被代理人或者代理人的法人、非法人组织终止。建设工程代理行为的终止，主要是第（1）、（2）、（5）项三种情况。

15. A。为切实减轻企业负担，各有关部门和单位在对企业跨地区承揽业务监督管理、招标活动中，不得要求企业提供建筑业企业资质证书原件，企业资质情况可通过扫描建筑业企业资质证书复印件的二维码查询，故选项A正确、选项B错误。《建筑业企业资质管理规定》中规定，资质证书有效期为5年，故选项C错误。建筑业企业资质证书有效期届满，企业继续从事建筑施工活动的，应当于资质证书有效期届满3个月前，向原资质许可机关提出延续申请，故选项D错误。

16. A。《建设工程质量管理条例》规定，违反本条例规定，注册建筑师、注册结构工程师、监理工程师等注册执业人员因过错造成质量事故的，责令停止执业1年；造成重大质量事故的，吊销执业资格证书，5年以内不予注册；情节特别恶劣的，终身不予注册。

17. D。工程质量不良行为认定标准包括：（1）在施工中偷工减料的，使用不合格建筑材料、建筑构（配）件和设备的，或者有不按照工程设计图纸或施工技术标准施工的其他行为的；（2）未按照节能设计进行施工的；（3）未对建筑材料、建筑构（配）件、设备和商品混凝土进行检测，或未对涉及结构安全的试块、试件以及有关材料取样检测的；（4）工程竣工验收后，不向建设单位出具质量保修书的，或质量保修的内容、期限违反规定的；（5）不履行保修义务或者拖延履行保修义务的。

18．B。机关、事业单位从中小企业采购货物、工程、服务，应当自货物、工程、服务交付之日起30日内支付款项，故选项A错误。机关、事业单位和大型企业不得要求中小企业接受不合理的付款期限、方式、条件和违约责任等交易条件，不得违约拖欠中小企业的货物、工程、服务款项，故选项C错误。合同约定采取履行进度结算、定期结算等结算方式的，付款期限应当自双方确认结算金额之日起算，故选项D错误。

19．C。《建筑法》规定，在建的建筑工程因故中止施工的，建设单位应当自中止施工之日起1个月内，向发证机关报告，并按照规定做好建筑工程的维护管理工作。建筑工程恢复施工时，应当向发证机关报告；中止施工满1年的工程恢复施工前，建设单位应当报发证机关核验施工许可证。

20．B。《必须招标的工程项目规定》范围内的项目，其勘察、设计、施工、监理以及与工程建设有关的重要设备、材料等的采购达到下列标准之一的，必须招标：（1）施工单项合同估算价在400万元人民币以上；（2）重要设备、材料等货物的采购，单项合同估算价在200万元人民币以上；（3）勘察、设计、监理等服务的采购，单项合同估算价在100万元人民币以上。同一项目中可以合并进行的勘察、设计、施工、监理以及与工程建设有关的重要设备、材料等的采购，合同估算价合计达到以上规定标准的，必须招标。

21．D。《招标投标法》规定，招标人应当确定投标人编制投标文件所需要的合理时间；但是，依法必须进行招标的项目，自招标文件开始发出之日起至投标人提交投标文件截止之日止，最短不得少于20日。

22．D。招标人终止招标的，应当及时发布公告，或者以书面形式通知被邀请的或者已经获取资格预审文件、招标文件的潜在投标人，故选项A错误，选项D正确。已经发售资格预审文件、招标文件或者已经收取投标保证金的，招标人应当及时退还所收取的资格预审文件、招标文件的费用，以及所收取的投标保证金及银行同期存款利息，故选项B、C错误。

23．C。投诉人就同一事项向两个以上有权受理的行政监督部门投诉的，由最先收到投诉的行政监督部门负责处理，故选项A错误。行政监督部门应当自收到投诉之日起3个工作日内决定是否受理投诉，并自受理投诉之日起30个工作日内作出书面处理决定，故选项D错误。行政监督部门处理投诉，有权查阅、复制有关文件、资料，调查有关情况，相关单位和人员应当予以配合，故选项C正确。必要时，行政监督部门可以责令暂停招标投标活动，故选项B错误。

24．C。单一来源采购是指采购人从某一特定供应商处采购货物、工程和服务的采购方式。《政府采购法》规定，符合下列情形之一的货物或者服务，可以采用单一来源方式采购：（1）只能从唯一供应商处采购的；（2）发生了不可预见的紧急情况不能从其他供应商处采购的；（3）必须保证原有采购项目一致性或者服务配套的要求，需要继续从原供应商处添购，且添购资金总额不超过原合同采购金额10%的。

25．D。订立开放式框架协议的，征集人应当发布征集公告，邀请供应商加入框架协议。征集公告发布后至框架协议期满前，供应商可以按照征集公告要求，随时提交加入框架协议的申请。订立开放式框架协议的，第二阶段成交供应商由采购人或者服务对象从第一阶段入围供应商中直接选定。封闭式框架协议与开放式框架协议确定成交供应商都是在第二阶段，故选项D正确。

26．C。撤销权应在行使期间内行使。有下列情形之一的，撤销权消灭：（1）当事人自知道或者应当知道撤销事由之日起 1 年内、重大误解的当事人自知道或者应当知道撤销事由之日起 90 日内没有行使撤销权；（2）当事人受胁迫，自胁迫行为终止之日起 1 年内没有行使撤销权；（3）当事人知道撤销事由后明确表示或者以自己的行为表明放弃撤销权；（4）当事人自民事法律行为发生之日起 5 年内没有行使撤销权。

27. B。当事人互负债务，有先后履行顺序，应当先履行债务一方未履行的，后履行一方有权拒绝其履行请求。先履行一方履行债务不符合约定的，后履行一方有权拒绝其相应的履行请求。

28. C。当事人可以约定一方违约时应当根据违约情况向对方支付一定数额的违约金，也可以约定因违约产生的损失赔偿额的计算方法。约定的违约金低于造成的损失的，人民法院或者仲裁机构可以根据当事人的请求予以增加；约定的违约金过分高于造成的损失的，人民法院或者仲裁机构可以根据当事人的请求予以适当减少。

29. A。当事人对垫资没有约定的，按照工程欠款处理。当事人对垫资利息没有约定，承包人请求支付利息的，人民法院不予支持，故选项 A 正确，选项 B 错误。选项 C 错误较为明显。当事人对垫资和垫资利息有约定，承包人请求按照约定返还垫资及其利息的，人民法院应予支持，但是约定的利息计算标准高于垫资时的同类贷款利率或者同期贷款市场报价利率的部分除外，故选项 D 错误。

30. A。承包人将建设工程非法转包、违法分包的，发包人可以解除合同。

31. B。租赁期限届满，当事人可以续订租赁合同；但是，约定的租赁期限自续订之日起不得超过 20 年，故选项 A 错误。《民法典》规定租赁期限不得超过 20 年。超过 20 年的，超过部分无效，故选项 C 错误。不定期租赁具体分为三种情况。（1）双方当事人没有约定租赁期限或约定不明的；（2）租赁期限届满，承租人继续使用租赁物，出租人没有提出异议的；（3）租赁期限6个月以上，当事人未采用书面形式，无法确定租赁期限的。定期租赁中，租赁期限 6 个月以上的，合同应当采用书面形式。租赁期限低于 6 个月的，可以采用书面形式，也可以采用口头形式，故选项 D 错误。

32. D。委托合同具有下列特征：

（1）委托合同以为他人处理事务为目的。

（2）委托合同是一种典型的以提供劳务作为标的的合同。

（3）委托合同以当事人之间的互相信任为前提。在委托合同中，任何一方失去对另一方的信任时，都可以随时解除委托合同。

（4）委托合同是诺成合同、不要式合同、双务合同。

（5）委托合同原则上是有偿的，但也可以是无偿合同。

33. B。有下列情形之一的建筑起重机械，不得出租、使用：（1）属国家明令淘汰或者禁止使用的；（2）超过安全技术标准或者制造厂家规定的使用年限的；（3）经检验达不到安全技术标准规定的；（4）没有完整安全技术档案的；（5）没有齐全有效的安全保护装置的。

34. D。选项 A 的正确表述应为：设置安全生产管理机构，按照国家有关规定配备专职安全生产管理人员。选项 B 属于施工企业资质的法定条件。选项 C 的正确表述应为：特种作业人员经有关业务主管部门考核合格，取得特种作业操作资格证书。

35. C。建筑施工企业安全生产管理机构专职安全生产管理人员在施工现场检查过程中具有以下职责：（1）查阅在建项目安全生产有关资料、核实有关情况；（2）检查危险性较大工程安全专项施工方案落实情况；（3）监督项目专职安全生产管理人员履责情况；（4）监督作业人员安全防护用品的配备及使用情况；（5）对发现的安全生产违章违规行为或安全隐患，有权当场予以纠正或作出处理决定；（6）对不符合安全生产条件的设施、设备、器材，有权当场作出查封的处理决定；（7）对施工现场存在的重大安全隐患有权越级报告或直接向建设主管部门报告；（8）企业明确的其他安全生产管理职责。

36. D。工程项目进行超过一定规模的危险性较大的分部分项工程施工时，建筑施工企业负责人应到施工现场进行带班检查，故选项 A 错误。项目负责人每月带班生产时间不得少于本月施工时间的 80%，故选项 B、C 错误。项目负责人是工程项目质量安全管理的第一责任人，应对工程项目落实带班制度负责，故选项 D 正确。

37. D。施工单位在城市市区内的建设工程的施工现场未实行封闭围挡的，责令限期改正；逾期未改正的，责令停业整顿，并处 5 万元以上 10 万元以下的罚款；造成重大安全事故，构成犯罪的，对直接责任人员，依照刑法有关规定追究刑事责任。

38. A。危大工程实行分包的，专项施工方案可以由相关专业分包单位组织编制，故选项 B 错误。危大工程实行分包并由分包单位编制专项施工方案的，专项施工方案应当由总承包单位技术负责人及分包单位技术负责人共同审核签字并加盖单位公章，故选项 C 错误。对于超过一定规模的危大工程，施工单位应当组织召开专家论证会对专项施工方案进行论证，故选项 D 错误。

39. A。根据生产安全事故造成的人员伤亡或者直接经济损失，事故一般分为以下等级：（1）特别重大事故，是指造成 30 人以上死亡，或者 100 人以上重伤（包括急性工业中毒），或者 1 亿元以上直接经济损失的事故；（2）重大事故，是指造成 10 人以上 30 人以下死亡，或者 50 人以上 100 人以下重伤，或者 5000 万元以上 1 亿元以下直接经济损失的事故；（3）较大事故，是指造成 3 人以上 10 人以下死亡，或者 10 人以上 50 人以下重伤，或者 1000 万元以上 5000 万元以下直接经济损失的事故；（4）一般事故，是指造成 3 人以下死亡，或者 10 人以下重伤，或者 1000 万元以下直接经济损失的事故。上述所称的“以上”包括本数，所称的“以下”不包括本数。

40. B。受理备案登记的负有安全生产监督管理职责的部门应当在 5 个工作日内对应急预案材料进行核对，材料齐全的，应当予以备案并出具应急预案备案登记表；材料不齐全的，不予备案并一次性告知需要补齐的材料。逾期不予备案又不说明理由的，视为已经备案。

41. D。事故调查组履行下列职责：（1）查明事故发生的经过、原因、人员伤亡情况及直接经济损失；（2）认定事故的性质和事故责任；（3）提出对事故责任者的处理建议；（4）总结事故教训，提出防范和整改措施；（5）提交事故调查报告。

42. A。建设行政主管部门和其他有关部门应当将申请领取施工许可证、拆除工程规定的有关资料的主要内容抄送同级负责安全生产监督管理的部门。

43. A。对没有推荐性国家标准、需要在全国某个行业范围内统一的技术要求，可以制定行业标准，故选项 A 正确。行业标准由国务院有关行政主管部门制定，报国务院标准化行政主管部门备案，故选项 B、D 错误。国家标准中包括强制性标准，故选项 C 错误。

44. A。建设单位应当将建筑的设计使用年限、结构体系、抗震设防烈度、抗震设防类别等具体情况和使用维护要求记入使用说明书，并将使用说明书交付使用人或者买受人。

45. B。《无障碍环境建设法》规定，城市主干路、主要商业区等无障碍需求比较集中的区域的人行道，应当按照标准设置盲道。

46. C。工程建设、设计、施工、监理单位未按照《无障碍环境建设法》规定进行建设、设计、施工、监理的，由住房和城乡建设、民政、交通运输等相关主管部门责令限期改正；逾期未改正的，依照相关法律法规的规定进行处罚。

47. B。选项A属于设计单位的重要义务。选项C中的“开工后”说法有误，应该是“开工前”。选项D中的“建设单位”说法有误，应该是“施工单位”。

48. B。《建筑法》《建设工程质量管理条例》均规定，设计单位在设计文件中选用的建筑材料、建筑构配件和设备，应当注明规格、型号、性能等技术指标，其质量要求必须符合国家规定的标准。除有特殊要求的建筑材料、专用设备、工艺生产线等外，设计单位不得指定生产厂、供应商。

49. C。分包单位应当接受总承包单位的质量管理。总承包单位依法将建设工程分包给其他单位的，分包单位应当按照分包合同的约定对其分包工程的质量向总承包单位负责，总承包单位与分包单位对分包工程的质量承担连带责任。

50. C。选项A错误，检测机构及其工作人员不得推荐或者监制建筑材料、建筑构配件和设备。选项B错误，非建设单位委托的检测机构出具的检测报告不得作为工程质量验收资料。选项C正确，检测结果利害关系人对检测结果存在争议的，可以委托共同认可的检测机构复检。选项D错误，检测机构在检测过程中发现建设、施工、监理单位存在违反有关法律法规规定和工程建设强制性标准等行为，以及检测项目涉及结构安全、主要使用功能检测结果不合格的，应当及时报告建设工程所在地县级以上地方人民政府住房和城乡建设主管部门。

51. D。《建设工程质量管理条例》规定，建设单位、设计单位、施工单位、工程监理单位违反国家规定，降低工程质量标准，造成重大安全事故，构成犯罪的，对直接责任人员依法追究刑事责任。

52. D。《节约能源法》规定，国家实行固定资产投资项目节能评估和审查制度。不符合强制性节能标准的项目，建设单位不得开工建设；已经建成的，不得投入生产、使用。政府投资项目不符合强制性节能标准的，依法负责项目审批的机关不得批准建设。

53. B。选项A中的“向城镇档案馆移交”说法有误，应该是“向建设单位移交”。选项C中的“6个月”说法有误，应该是“3个月”。选项D中的“建设单位”说法有误，应该是“总承包单位”。

54. B。在正常使用条件下，电气管线、给排水管道、设备安装和装修工程的最低保修期限为2年。

55. B。建设单位应当将防治扬尘污染的费用列入工程造价，并在施工承包合同中明确施工单位扬尘污染防治责任。暂时不能开工的建设用地，建设单位应当对裸露地面进行覆盖；超过3个月的，应当进行绿化、铺装或者遮盖。

56. B。《文物保护法》规定，在中华人民共和国境内，下列文物受国家保护：（1）具有历史、艺术、科学价值的古文化遗址、古墓葬、古建筑、石窟寺和石刻、壁画；（2）与重大历史事件、革命运动或者著名人物有关的以及具有重要纪念意义、教育意义或者史料价值的近代现代重要史迹、实物、代表性建筑；（3）历史上各时代珍贵的艺术品、工艺美术品；（4）历史上各时代重要的文献资料以及具有历史、艺术、科学价值的手稿和图书资料等；（5）反映历史上各时代、各民族社会制度、社会生产、社会生活的代表性实物。

57. C。劳动合同期限3个月以上不满1年的，试用期不得超过1个月；劳动合同期限

1年以上不满3年的，试用期不得超过2个月；3年以上固定期限和无固定期限的劳动合同，试用期不得超过6个月。同一用人单位与同一劳动者只能约定一次试用期。以完成一定工作任务为期限的劳动合同或者劳动合同期限不满3个月的，不得约定试用期。试用期包含在劳动合同期限内。用人单位在试用期解除劳动合同的，应当向劳动者说明理由。

58. A。劳动合同应当以书面形式订立，故选项A正确。固定期限劳动合同的期限并不限于10年，故选项B错误。劳动合同应当具备以下条款：（1）用人单位的名称、住所和法定代表人或者主要负责人；（2）劳动者的姓名、住址和居民身份证或者其他有效身份证件号码；（3）劳动合同期限；（4）工作内容和工作地点；（5）工作时间和休息休假；（6）劳动报酬；（7）社会保险；（8）劳动保护、劳动条件和职业危害防护；（9）法律、法规规定应当纳入劳动合同的其他事项，故选项C错误。选项D的正确表述为：劳动关系自用工之日起建立。

59. B。《劳动合同法》规定，有下列情形之一的，劳动合同终止：（1）劳动合同期满的；（2）劳动者开始依法享受基本养老保险待遇的；（3）劳动者死亡，或者被人民法院宣告死亡或者宣告失踪的；（4）用人单位被依法宣告破产的；（5）用人单位被吊销营业执照、责令关闭、撤销或者用人单位决定提前解散的；（6）法律、行政法规规定的其他情形。

60. B。施工总承包单位所承包工程发生拖欠农民工工资的，经办银行应在收到《支付通知书》5个工作日内，从工资保证金账户中将相应数额的款项以银行转账方式支付给属地人力资源社会保障行政部门指定的被拖欠工资农民工本人。

61. C。职工出现按照《工伤保险条例》规定应当认定为工伤或者视同工伤的情形，但是该情形是由于下列原因造成的，不得认定为工伤或者视同工伤：（1）故意犯罪的；（2）醉酒或者吸毒的；（3）自残或者自杀的。选项A、B、D属于应当认定为工伤的情形。

62. C。《工伤保险条例》规定，职工因工致残被鉴定为五级伤残的，应享受的一次性伤残补助金为18个月的本人工资。

63. D。企业劳动争议调解委员会由职工代表和企业代表组成。职工代表由工会成员担任或者由全体职工推举产生，企业代表由企业负责人指定。企业劳动争议调解委员会主任由工会成员或者双方推举的人员担任。

64. D。经人民调解委员会调解达成调解协议的，可以制作调解协议书。当事人认为无需制作调解协议的，可以采取口头协议的方式，人民调解员应当记录协议内容，故选项A错误。经人民调解委员会调解达成的调解协议对当事人双方具有法律约束力，当事人应当履行。当事人就调解协议的履行或者调解协议的内容发生争议的，一方当事人可以向人民法院提起诉讼，故选项B、C错误。经人民调解委员会调解达成调解协议后，双方当事人认为有必要的，可以自调解协议生效之日起30日内共同向人民法院申请司法确认，故选项D正确。

65. A。仲裁协议是仲裁机构受理仲裁案件的基础，是仲裁庭审理和裁决的依据。《仲裁法》规定，当事人采用仲裁方式解决纠纷，应当双方自愿，达成仲裁协议。没有仲裁协议，一方申请仲裁的，仲裁委员会不予受理。同时，仲裁协议也限制仲裁的范围，仲裁庭只能对当事人在仲裁协议中约定的仲裁事项进行仲裁，对仲裁协议约定范围之外的其他争议无权仲裁。

66. A。裁决应当按照多数仲裁员的意见作出，少数仲裁员的不同意见可以记入笔录。仲裁庭不能形成多数意见时，裁决应当按照首席仲裁员的意见作出。

67. C。《民事诉讼法》规定，人民法院受理案件后，当事人对管辖权有异议的，应当在提交答辩状期间提出，故选项 A 错误。人民法院对当事人提出的异议，应当审查。异议成立的，裁定将案件移送有管辖权的人民法院；异议不成立的，裁定驳回。注意是驳回异议，不是驳回起诉，故选项 B 错误。当事人未提出管辖异议，并应诉答辩或者提出反诉的，视为受诉人民法院有管辖权，但违反级别管辖和专属管辖规定的除外，故选项 C 正确。当事人不服地方人民法院管辖异议裁定的，有权在裁定书送达之日起 10 日内向上一级人民法院提起上诉，故选项 D 错误。

68. C。简易程序是基层人民法院和它的派出法庭审理事实清楚、权利义务关系明确、争议不大的简单民事案件适用的程序，故选项 A 错误。小额诉讼程序是简易程序的一种，实行一审终审，故选项 B 错误。适用简易程序审理的案件，应当在立案之日起 3 个月内审结，故选项 D 错误。

69. D。《行政诉讼法》规定，人民法院受理公民、法人或者其他组织提起的下列诉讼：（1）对行政拘留、暂扣或者吊销许可证和执照、责令停产停业、没收违法所得、没收非法财物、罚款、警告等行政处罚不服的；（2）对限制人身自由或者对财产的查封、扣押、冻结等行政强制措施和行政强制执行不服的；（3）申请行政许可，行政机关拒绝或者在法定期限内不予答复，或者对行政机关作出的有关行政许可的其他决定不服的；（4）对行政机关作出的关于确认土地、矿藏、水流、森林、山岭、草原、荒地、滩涂、海域等自然资源的所有权或者使用权的决定不服的；（5）对征收、征用决定及其补偿决定不服的；（6）申请行政机关履行保护人身权、财产权等合法权益的法定职责，行政机关拒绝履行或者不予答复的；（7）认为行政机关侵犯其经营自主权或者农村土地承包经营权、农村土地经营权的；（8）认为行政机关滥用行政权力排除或者限制竞争的；（9）认为行政机关违法集资、摊派费用或者违法要求履行其他义务的；（10）认为行政机关没有依法支付抚恤金、最低生活保障待遇或者社会保险待遇的；（11）认为行政机关不依法履行、未按照约定履行或者违法变更、解除政府特许经营协议、土地房屋征收补偿协议等协议的；（12）认为行政机关侵犯其他人身权、财产权等合法权益的。除上述规定外，人民法院受理法律、法规规定可以提起诉讼的其他行政案件。

70. D。因不动产提起诉讼的案件自行政行为作出之日起超过 20 年，其他案件自行政行为作出之日起超过 5 年提起诉讼的，人民法院不予受理。

二、多项选择题

71. B、C、D	72. C、D、E	73. A、B	74. A、B、E	75. C、D
76. A、B、C、D	77. B、C、D	78. B、C、D	79. A、B、E	80. A、C、E
81. A、B	82. C、D、E	83. B、D	84. A、B、D、E	85. C、E
86. B、C、D、E	87. A、B、C、E	88. A、C、E	89. A、B、D、E	90. A、B、D
91. B、C、D、E	92. A、B、E	93. A、B、C	94. A、B、C、D	95. A、D、E
96. A、C、D	97. A、C、D、E	98. A、B、C	99. A、B	100. C、D、E

【解析】

71. B、C、D。社会法是在国家干预社会生活过程中逐渐发展起来的一个法律门类，所调整的是政府与社会之间、社会不同部分之间的法律关系。《无障碍环境建设法》《残疾人保障法》《矿山安全法》《劳动法》《职业病防治法》《安全生产法》《劳动合同法》等属于社会法。

72. C、D、E。建设用地使用权人依法对国家所有的土地享有占有、使用和收益的权利，有权利用该土地建造建筑物、构筑物及其附属设施，不包括集体所有的农村土地。建设用地使用权可以在土地的地表、地上或者地下分别设立。设立建设用地使用权，可以采取出让或者划拨等方式。设立建设用地使用权的，应当向登记机构申请建设用地使用权登记。建设用地使用权自登记时设立。住宅建设用地使用权期间届满的，自动续期。

73. A、B。债务人或者第三人有权处分的下列财产可以抵押：（1）建筑物和其他土地附着物；（2）建设用地使用权；（3）海域使用权；（4）生产设备、原材料、半成品、产品；（5）正在建造的建筑物、船舶、航空器；（6）交通运输工具；（7）法律、行政法规未禁止抵押的其他财产。抵押人可以将上述所列财产一并抵押。上述（1）、（2）、（3）项，或者第（5）项规定的正在建造的建筑物抵押的，应当办理抵押登记，抵押权自登记时设立。

74. A、B、E。著作权保护的客体是作品，在建设工程活动中，会产生许多具有著作权的作品，主要有文字作品、建筑作品以及图形作品。图形作品，是指为施工、生产绘制的工程设计图、产品设计图，以及反映地理现象、说明事物原理或者结构的地图、示意图等作品。

75. C、D。从建筑物中抛掷物品造成他人损害的，公安等机关应当依法及时调查，查清责任人，故选项 A 错误。禁止从建筑物中抛掷物品。从建筑物中抛掷物品或者从建筑物上坠落的物品造成他人损害的，由侵权人依法承担侵权责任，故选项 B、E 错误。可能加害的建筑物使用人补偿后，有权向侵权人追偿，故选项 C 正确。物业服务企业等建筑物管理人未采取必要的安全保障措施的，应当依法承担未履行安全保障义务的侵权责任，故选项 D 正确。

76. A、B、C、D。《建筑业企业资质管理规定》规定，有下列情形之一的，资质许可机关应当撤销建筑业企业资质：（1）资质许可机关工作人员滥用职权、玩忽职守准予资质许可的；（2）超越法定职权准予资质许可的；（3）违反法定程序准予资质许可的；（4）对不符合资质标准条件的申请企业准予资质许可的；（5）依法可以撤销资质许可的其他情形。以欺骗、贿赂等不正当手段取得资质许可的，应当予以撤销。

77. B、C、D。《注册建造师管理规定》规定，注册建造师享有下列权利：（1）使用注册建造师名称；（2）在规定范围内从事执业活动；（3）在本人执业活动中形成的文件上签字并加盖执业印章；（4）保管和使用本人注册证书、执业印章；（5）对本人执业活动进行解释和辩护；（6）接受继续教育；（7）获得相应的劳动报酬；（8）对侵犯本人权利的行为进行申述。

78. B、C、D。净化市场环境的措施应为：严格规范各类收费行为，故选项 A 错误；审批改为备案，故选项 E 错误。

79. A、B、E。《建筑工程施工许可管理办法》规定，工程投资额在 30 万元以下或者建筑面积在 300m^2 以下的建筑工程，可以不申请办理施工许可证。抢险救灾及其他临时性房屋建筑和农民自建低层住宅的建筑活动，无需办理施工许可证。

80. A、C、E。招标人在招标文件中要求投标人提交投标保证金的，投标保证金不得超过招标项目估算价的 2%。投标保证金有效期应当与投标有效期一致。招标人不得挪用投标保证金，故选项 A、C 正确，选项 D 错误。招标人终止招标，已经收取投标保证金的，招标人应当及时退还所收取的投标保证金及银行同期存款利息，故选项 B 错误。施工、货物招标的，投标保证金最高不得超过 80 万元人民币，故选项 E 正确。

81. A、B。有下列情形之一的，属于投标人相互串通投标：（1）投标人之间协商投标报价等投标文件的实质性内容；（2）投标人之间约定中标人；（3）投标人之间约定部分投标人放弃投标或者中标；（4）属于同一集团、协会、商会等组织成员的投标人按照该组织要求协同投标；（5）投标人之间为谋取中标或者排斥特定投标人而采取的其他联合行动。

82. C、D、E。撤销权应在行使期间内行使。有下列情形之一的，撤销权消灭：（1）当事人自知道或者应当知道撤销事由之日起1年内、重大误解的当事人自知道或者应当知道撤销事由之日起90日内没有行使撤销权；（2）当事人受胁迫，自胁迫行为终止之日起1年内没有行使撤销权；（3）当事人知道撤销事由后明确表示或者以自己的行为表明放弃撤销权；（4）当事人自民事法律行为发生之日起5年内没有行使撤销权的，撤销权消灭。

83. B、D。开工日期为发包人或者监理人发出的开工通知载明的开工日期，故选项A错误。因承包人原因导致开工时间推迟的，以开工通知载明的时间为开工日期，故选项C错误。发包人或者监理人未发出开工通知，亦无相关证据证明实际开工日期的，应当综合考虑，故选项E错误。

84. A、B、D、E。承租人的合同解除权：

（1）租赁物非因承租人原因被司法机关或者行政机关依法查封、扣押，致使租赁物无法使用的；

（2）租赁物非因承租人原因发生权属争议，致使租赁物无法使用的；

（3）非因承租人原因租赁物具有违反法律、行政法规关于使用条件的强制性规定情形，致使租赁物无法使用的；

（4）因租赁物部分或者全部毁损、灭失，致使不能实现合同目的的；

（5）租赁物危及承租人的安全或者健康的。当租赁物的质量瑕疵达到危及承租人人身安全或健康的程度时，即使承租人订立合同时明知该租赁物质量不合格，承租人仍然可以随时解除合同。

85. C、E。设计单位的安全责任：（1）按照法律、法规和工程建设强制性标准进行设计；（2）明确施工安全关键点并提出指导意见，《建设工程安全生产管理条例》规定，设计单位应当考虑施工安全操作和防护的需要，对涉及施工安全的重点部位和环节在设计文件中注明，并对防范生产安全事故提出指导意见；（3）对“三新”等工程的施工安全提出措施建议；（4）对工程设计成果负责。

86. B、C、D、E。《建设工程安全生产管理条例》规定，施工单位的项目负责人应当由取得相应执业资格的人员担任，对建设工程项目的安全施工负责，落实安全生产责任制度、安全生产规章制度和操作规程，确保安全生产费用的有效使用，并根据工程的特点组织制定安全施工措施，消除安全事故隐患，及时、如实报告生产安全事故。

87. A、B、C、E。《建设工程安全生产管理条例》规定，施工单位应当在施工组织设计中编制安全技术措施和施工现场临时用电方案，对下列达到一定规模的危险性较大的分部分项工程编制专项施工方案，并附具安全验算结果，经施工单位技术负责人、总监理工程师签字后实施，由专职安全生产管理人员进行现场监督：（1）基坑支护与降水工程；（2）土方开挖工程；（3）模板工程；（4）起重吊装工程；（5）脚手架工程；（6）拆除、爆破工程；（7）国务院建设行政主管部门或者其他有关部门规定的其他危险性较大的工程。

88. A、C、E。《建设工程安全生产管理条例》规定，施工单位对列入建设工程概算的安全作业环境及安全施工措施所需费用，应当用于施工安全防护用具及设施的采购和更新、安全施工措施的落实、安全生产条件的改善，不得挪作他用。

89．A、B、D、E。《防震减灾法》规定，已经建成的下列建设工程，未采取抗震设防措施或者抗震设防措施未达到抗震设防要求的，应当按照国家有关规定进行抗震性能鉴定，并采取必要的抗震加固措施：（1）重大建设工程；（2）可能发生严重次生灾害的建设工程；（3）具有重大历史、科学、艺术价值或者重要纪念意义的建设工程；（4）学校、医院等人员密集场所的建设工程；（5）地震重点监视防御区内的建设工程。

90．A、B、D。《建设工程质量管理条例》规定，建设单位有下列行为之一的，责令改正，处20万元以上50万元以下的罚款：（1）迫使承包方以低于成本的价格竞标的；（2）任意压缩合理工期的；（3）明示或者暗示设计单位或者施工单位违反工程建设强制性标准，降低工程质量的；（4）施工图设计文件未经审查或者审查不合格，擅自施工的；（5）建设项目必须实行工程监理而未实行工程监理的；（6）未按照国家规定办理工程质量监督手续的；（7）明示或者暗示施工单位使用不合格的建筑材料、建筑构配件和设备的；（8）未按照国家规定将竣工验收报告、有关认可文件或者准许使用文件报送备案的。

91．B、C、D、E。建筑工程实行总承包的，工程质量由工程总承包单位负责，总承包单位将建筑工程分包给其他单位的，应当对分包工程的质量与分包单位承担连带责任。分包单位应当接受总承包单位的质量管理。

92．A、B、E。建设工程竣工验收应当具备下列条件：（1）完成建设工程设计和合同约定的各项内容；（2）有完整的技术档案和施工管理资料；（3）有工程使用的主要建筑材料、建筑构（配）件和设备的进场试验报告；（4）有勘察、设计、施工、工程监理等单位分别签署的质量合格文件；（5）有施工单位签署的工程保修书。

93．A、B、C。住房和城乡建设部《关于推进建筑垃圾减量化的指导意见》规定，对于建筑垃圾污染防治进一步明确规定：（1）实行建筑垃圾分类管理；（2）引导施工现场建筑垃圾再利用；（3）减少施工现场建筑垃圾排放。选项D错误，应为减少工程渣土和工程泥浆排放。选项E错误，应为鼓励采用现场泥沙分离、泥浆脱水预处理等工艺。

94．A、B、C、D。《历史文化名城名镇名村保护条例》规定，在历史文化名城、名镇、名村保护范围内禁止进行下列活动：（1）开山、采石、开矿等破坏传统格局和历史风貌的活动；（2）占用保护规划确定保留的园林绿地、河湖水系、道路等；（3）修建生产或储存爆炸性、易燃性、放射性、毒害性、腐蚀性物品的工厂、仓库等；（4）在历史建筑上刻划、涂污。

95．A、D、E。《劳动合同法》规定，具有下列情形之一，劳动者提出或者同意续订、订立劳动合同的，除劳动者提出订立固定期限劳动合同外，应当订立无固定期限劳动合同：（1）劳动者在该用人单位连续工作满10年的；（2）用人单位初次实行劳动合同制度或者国有企业改制重新订立劳动合同时，劳动者在该用人单位连续工作满10年且距法定退休年龄不足10年的；（3）连续订立2次固定期限劳动合同，且劳动者没有《劳动合同法》第39条和第40条第1项、第2项规定的情形，续订劳动合同的。

96．A、C、D。《职业病防治法》规定，劳动者享有下列职业卫生保护权利：（1）获得职业卫生教育、培训；（2）获得职业健康检查及职业病诊疗、康复等职业病防治服务；（3）了解工作场所产生或者可能产生的职业病危害因素、危害后果和应当采取的职业病防护措施；（4）要求用人单位提供符合防治职业病要求的职业病防护设施和个人使用的职业病防护用品，改善工作条件；（5）对违反职业病防治法律、法规以及危及生命健康的行为提出批评、检举和控告；（6）拒绝违章指挥和强令进行没有职业病防护措施的作业；（7）参与用人单位职业卫生工作的民主管理，对职业病防治工作提出意见和建议。

97. A、C、D、E。《工伤保险条例》规定，职工有下列情形之一的，应当认定为工伤：（1）在工作时间和工作场所内，因工作原因受到事故伤害的；（2）工作时间前后在工作场所内，从事与工作有关的预备性或者收尾性工作受到事故伤害的；（3）在工作时间和工作场所内，因履行工作职责受到暴力等意外伤害的；（4）患职业病的；（5）因工外出期间，由于工作原因受到伤害或者发生事故下落不明的；（6）在上下班途中，受到非本人主要责任的交通事故或者城市轨道交通、客运轮渡、火车事故伤害的；（7）法律、行政法规规定应当认定为工伤的其他情形。选项B中的“从事与工作无关的私人活动”并不符合工伤认定的标准，因此不选。

98. A、B、C。合法有效的仲裁协议应当具有下列法定内容：（1）请求仲裁的意思表示；（2）仲裁事项；（3）选定的仲裁委员会。

99. A、B。合同约定的仲裁条款没有排除法院管辖，因此仲裁条款无效，争议发生后只能交有管辖权的法院管辖。因合同纠纷提起的诉讼，由被告住所地或合同履行地人民法院管辖。

100. C、D、E。当事人的申请符合下列情形之一的，人民法院应当再审：（1）有新的证据，足以推翻原判决、裁定的；（2）原判决、裁定认定的基本事实缺乏证据证明的；（3）原判决、裁定认定事实的主要证据是伪造的；（4）原判决、裁定认定事实的主要证据未经质证的；（5）对审理案件需要的主要证据，当事人因客观原因不能自行收集，书面申请人民法院调查收集，人民法院未调查收集的；（6）原判决、裁定适用法律确有错误的；（7）审判组织的组成不合法或者依法应当回避的审判人员没有回避的；（8）无诉讼行为能力人未经法定代理人代为诉讼或者应当参加诉讼的当事人，因不能归责于本人或者其诉讼代理人的事由，未参加诉讼的；（9）违反法律规定，剥夺当事人辩论权利的；（10）未经传票传唤，缺席判决的；（11）原判决、裁定遗漏或者超出诉讼请求的；（12）据以作出原判决、裁定的法律文书被撤销或者变更的；（13）审判人员审理该案件时有贪污受贿，徇私舞弊，枉法裁判行为的。

《建设工程法规及相关知识》

考前第3套卷及解析

《建设工程法规及相关知识》考前第3套卷

一、**单项选择题**（共70题，每题1分。每题的备选项中，只有1个最符合题意）

1. 从法的形式来看，《市政公用设施抗灾设防管理规定》属于（　　）。
   A．法律　　B．行政法规
   C．部门规章　　D．地方政府规章

2. 下列情形中，需要由全国人民代表大会常务委员会裁决的是（　　）。
   A．行政法规之间对同一事项的新的一般规定与旧的特别规定不一致，不能确定如何适用
   B．法律之间对同一事项的新的一般规定与旧的特别规定不一致，不能确定如何适用
   C．地方性法规与部门规章之间对同一事项的规定不一致，不能确定如何适用
   D．部门规章之间对同一事项的规定不一致，不能确定如何适用

3. 某施工企业因工作需要购买一辆二手机动车，施工企业取得该机动车的时间是（　　）。
   A．订立机动车买卖合同时　　B．交付行驶证时
   C．交付车辆时　　D．进行过户登记时

4. 建设单位通过拍卖方式取得一宗建设用地使用权，其建设用地使用权的设立时间是（　　）。
   A．土地使用权出让合同订立时　　B．建设用地使用权登记时
   C．土地使用权出让合同生效时　　D．拍卖结束时

5. 下列财产不得抵押的是（　　）。
   A．建设用地使用权　　B．海域使用权
   C．土地所有权　　D．荒地承包经营权

6. 工程建设中使用的计算机软件是（　　）保护的客体，受知识产权保护。
   A．专利权　　B．商标权
   C．著作权　　D．发明权

7. 下列事项中，属于专利权保护对象的是（　　）。
   A．施工企业的名称或标志　　B．施工企业编制的投标文件
   C．施工企业编制的施工方案　　D．施工企业发明的新技术

8. 一旦行为人的行为致人损害就推定其主观上有过错，除非其能证明自己没有过错，否则应承担民事责任，是侵权行为的（　　）。
   A．无过错责任原则　　B．过错责任原则
   C．公平责任原则　　D．过错推定责任原则

9. 企业的下列收入中，属于不征税收入的是（　　）。
   A．国债利息收入　　B．接受捐赠收入
   C．特许权使用费收入　　D．财政拨款

10. 行政法的首要原则是（　　）。
    A．监督与救济原则　　B．高效便民原则

C．行政合规性原则　　D．依法行政原则

11．关于行政强制的说法，正确的是（　　）。

A．尚未制定法律、行政法规，且属于地方性事务的，地方性法规可以规定冻结存款、汇款的行政强制措施

B．法律、法规以外的其他规范性文件不得设定行政强制措施

C．查封场所、设施或者财物属于行政强制执行

D．排除妨碍、恢复原状属于行政强制措施

12．某施工企业的安全生产设施不符合国家规定，经行政主管部门提出后，对事故隐患仍不采取措施，因而发生重大伤亡事故，该行为构成的罪名为（　　）。

A．危险作业罪　　B．工程重大安全事故罪

C．重大责任事故罪　　D．重大劳动安全事故罪

13．根据《民法典》，属于特别法人的是（　　）。

A．某基金会　　B．某农村集体经济组织法人

C．某大学　　D．某有限责任公司

14．施工企业授权项目经理在授权范围内进行施工管理，项目经理为施工企业实施采购材料的行为属于（　　）。

A．职务代理　　B．指定代理

C．法定代理　　D．委托代理

15．某工程由甲施工企业承包，施工现场检查发现项目部的项目经理、技术负责人、质量管理人员和安全管理人员都是乙施工企业职工。则甲的行为视同（　　）。

A．允许他人使用本企业名义承揽工程　　B．违法分包

C．与他人联合承揽　　D．使用其他企业名义承揽工程

16．根据《建筑市场信用管理暂行办法》，不良信用信息公开期限一般为（　　），并不得低于相关行政处罚期限。

A．3 个月至 1 年　　B．6 个月至 3 年

C．1 年至 3 年　　D．3 年至 5 年

17．注册建造师的下列行为中，可以记入注册建造师执业信用档案的是（　　）。

A．对设计变更有异议的　　B．泄露商业秘密的

C．经常外出参会的　　D．拒绝执行监理工程师指令的

18．关于施工许可的说法，正确的是（　　）。

A．对于农民自建低层住宅，应当申请领取施工许可证

B．对于限额以下小型工程，应当申请领取施工许可证

C．施工分包合同签订后，申请领取施工许可证

D．省级人民政府建设主管部门对小型工程限额的调整，应当报国务院建设主管部门备案

19．按照国务院有关规定批准开工报告的建筑工程，因故不能按期开工超过 6 个月的，建设单位应当（　　）。

A．申请办理开工延期手续　　B．申请办理施工许可证注销手续

C．重新办理开工报告的批准手续　　D．核验开工报告批准手续

20．根据《招标投标法》及相关规定，关于邀请招标的说法，正确的是（　　）。

A．受自然环境限制不适宜公开招标的省级重点项目，建设单位可自行决定邀请招标
B．由于资金条件限制，只有少量潜在投标人可供选择的项目，可采取邀请招标
C．国有资金占控股或者主导地位的依法必须进行招标的项目，应当邀请招标
D．采用公开招标方式的费用占合同金额比例过大的项目，可采取邀请招标

21．关于两阶段招标的说法，正确的是（　　）。
A．第二阶段，投标人提交包括最终技术方案和投标报价的投标文件
B．对技术复杂或者无法精确拟定技术规格的项目，招标人应当分两阶段进行招标
C．第一阶段，投标人应当提交带报价的技术建议
D．招标人要求投标人提交投标保证金的，应当在第一阶段提出

22．根据《招标投标法》，招标项目属于建设施工的，投标文件应当（　　）。
A．由投标人自行编制　　B．包括拟用于完成招标项目的机械设备
C．完全响应招标文件各项要求　　D．包括投标担保

23．政府采购项目采用招标所需时间不能满足用户紧急需要的情况下，适用的采购方式是（　　）。
A．公开招标　　B．询价
C．竞争性谈判　　D．单一来源采购

24．关于框架协议采购的最高限制单价的说法，正确的是（　　）。
A．确定最高限制单价时，有政府定价的，执行政府定价
B．最高限制单价是供应商第二阶段响应报价的最高限价
C．在封闭式框架协议中，付费标准即为最高限制单价
D．确定最高限制单价时必须通过需求调查，并根据需求标准科学确定

25．下列合同各项内容中，不属于合同主要条款的是（　　）。
A．价款或者报酬　　B．保险条款
C．履行期限、地点和方式　　D．当事人的名称

26．关于效力待定合同的说法，正确的是（　　）。
A．善意相对人对合同有追认权
B．限制民事行为能力人签订的纯获利益的合同，无需追认
C．权利人有撤销的权利
D．撤销应当向人民法院或仲裁机构申请

27．当事人一方不履行合同义务或者履行合同义务不符合约定的，应当承担的违约责任是（　　）。
A．继续履行、消除危险或赔偿损失
B．返还财产、赔礼道歉或者采取补救措施
C．继续履行、采取补救措施或者赔偿损失
D．恢复原状、赔偿损失或者支付违约金

28．可撤销合同被撤销后的法律后果是（　　）。
A．自撤销后无效　　B．申请撤销时无效
C．自始无法律约束力　　D．合同有效

29．关于建设工程施工合同变更的说法，正确的是（　　）。
A．合同变更内容约定不明确，推定为变更

B．如果双方当事人就变更事项达成一致意见，则变更后的内容取代原合同内容

C．施工合同的变更是指内容变更

D．发包人可依据其单方意思变更合同

30．某买卖合同约定甲向乙供货，并约定甲向承运人丙交付货物即视为甲完成交付，在货物交付运输期间，乙将该货物转卖给丁并通知丙向丁交货，但乙和丁对于货物毁损、灭失的风险没有约定。关于本案例中货物毁损、灭失风险承担的说法，正确的是（　　）。

A．乙与丁的买卖合同成立时，货物毁损、灭失的风险由丁承担

B．甲向丙交付货物后，货物毁损、灭失的风险由丙承担

C．甲与乙的买卖合同成立，货物毁损、灭失的风险即由乙承担

D．丙向丁交付货物后，货物毁损、灭失的风险由乙承担

31．根据《民法典》，承揽合同在承揽工作完成前，关于该合同解除的说法，正确的是（　　）。

A．定作人可以随时解除合同，造成承揽人损失的应当赔偿

B．定作人和承揽人均可随时解除合同

C．定作人不得解除合同

D．定作人经承揽人同意即可解除合同

32．关于建设单位安全责任的说法，正确的是（　　）。

A．建设单位可根据自身需要提出低于强制性标准规定的要求

B．建设单位有权压缩合同约定的工期

C．建设单位可将拆除工程发包给任何施工企业

D．建设单位应当根据工程需要向施工企业提供施工现场相邻建筑物的相关资料

33．在施工现场安装、拆卸施工起重机械、整体提升脚手架和模板等自升式架设设施，必须由（　　）承担。

A．总承包单位　　B．使用设备的分包单位

C．具有相应资质的单位　　D．设备出租单位

34．关于建筑施工企业安全生产许可证的说法，正确的是（　　）。

A．建筑施工企业变更法定代表人，应当办理安全生产许可证的变更手续

B．安全生产许可证有效期可以自动延期

C．安全生产许可证延期后的有效期短于原有效期

D．建筑施工企业变更地址，安全生产许可证无须办理变更手续

35．根据《房屋市政工程生产安全重大事故隐患判定标准（2022版）》，下列重大事故隐患中，应当判定为施工安全管理重大事故隐患的是（　　）。

A．对因基坑工程施工可能造成损害的毗邻重要建筑物、构筑物和地下管线等，未采取专项防护措施

B．模板支架拆除及滑模、爬模爬升时，混凝土强度未达到设计或规范要求

C．建筑施工特种作业人员未取得特种作业人员操作资格证书上岗作业

D．有限空间作业时现场未有专人负责监护工作

36．根据《安全生产法》，从业人员发现直接危及人身安全的紧急情况时，有权停止作业或者在采取可能的措施后撤离作业场所，这项权利是（　　）。

A．紧急避险权　　B．知情权

C．拒绝违章指挥权　　　　D．控告权

37．生产经营单位的主要负责人因未履行安全生产管理职责，导致发生生产安全事故，被判处有期徒刑的，根据我国《安全生产法》的规定，自刑罚执行完毕之日起（　　）。

A．2 年内不得担任本施工企业的中层管理人员

B．3 年内不得担任监理单位的主要负责人

C．5 年内不得担任任何生产经营单位的主要负责人

D．终身不得担任任何施工企业的主要负责人

38．根据《危险性较大的分部分项工程安全管理规定》，关于需要进行第三方监测的危大工程的说法，正确的是（　　）。

A．建设单位应当委托具有相应质量检测资质的单位进行监测

B．监测方案由监测单位负责人审核签字并加盖单位公章

C．监测单位发现异常时，及时向建设、设计、施工、监理单位报告

D．监测单位及时向建设行政主管部门报送监测成果，并对监测成果负责

39．根据《生产安全事故报告和调查处理条例》，属于重大事故的是（　　）的事故。

A．造成 3 人死亡，直接经济损失 3000 万元

B．造成 5 人死亡，直接经济损失 1000 万元

C．造成 30 人重伤，直接经济损失 3000 万元

D．造成 10 人重伤，直接经济损失 5000 万元

40．根据《生产安全事故应急条例》，应急救援队伍根据救援命令参加生产安全事故应急救援所耗费用，由（　　）承担。

A．有关人民政府　　　　B．事故责任单位

C．应急救援队伍　　　　D．事故责任个人

41．根据《生产安全事故报告和调查处理条例》，关于事故处理的说法，正确的是（　　）。

A．重大事故的事故调查报告由国务院批复

B．较大事故的批复时间为 30 日

C．事故发生单位不得依照批复对本单位负有事故责任的人员进行处理

D．特别重大事故的批复时间可以延长，但延长时间最长不超过 30 日

42．根据《房屋建筑和市政基础设施工程施工安全监督工作规程》，工程项目因故中止施工的，（　　）应当向建设行政主管部门安全生产监督机构申请办理中止施工安全监督手续。

A．施工单位　　　　B．建设单位

C．监理单位　　　　D．施工总承包单位

43．根据《实施工程建设强制性标准监督规定》，对工程建设施工、监理、验收等阶段执行强制性标准的情况实施监督的机构是（　　）。

A．建设项目规划审查部门　　　　B．建筑安全监督管理机构

C．工程质量监督机构　　　　D．工程建设标准批准部门

44．根据《建设工程抗震管理条例》，实行施工总承包的，隔震减震装置属于建设工程主体结构的施工，应当由（　　）自行完成。

A．建设单位　　　　B．勘察单位

C．设计单位　　　　D．总承包单位

45. 根据《无障碍环境建设法》，（　　）可以依法提出制定或者修改无障碍环境建设标准的建议。

A．老年人代表、老龄协会　　B．国家市场监督管理总局、中国残联
C．残疾人代表、残疾人联合会　　D．残疾人联合会、老龄协会

46. 根据《建设工程质量管理条例》，建设工程发包单位（　　）。

A．不得迫使承包方以低于成本的价格竞标，不得压缩合同约定的工期
B．不得迫使承包方以低于成本的价格竞标，不得任意压缩合理工期
C．不得暗示承包方以低于成本的价格竞标，不得压缩合同约定的工期
D．不得暗示承包方以低于成本的价格竞标，不得任意压缩合理工期

47. 根据《建设工程质量管理条例》，建设单位应当在施工前委托原设计单位或者具有相应资质等级的设计单位提出设计方案的是涉及（　　）的装修工程。

A．改变建筑局部使用功能　　B．增加内部装饰
C．增加投资额度　　D．建筑承重结构变动

48. 根据《建设工程质量管理条例》，下列关于监理单位的表述错误的是（　　）。

A．应当依法取得相应等级的资质证书
B．不得转让工程监理业务
C．可以是建设单位的子公司
D．应与监理分包单位共同向建设单位承担责任

49. 根据《建设工程质量管理条例》，施工单位在施工过程中发现设计文件和图纸有差错的，应当（　　）。

A．及时提出意见和建议　　B．要求设计单位改正
C．报告建设单位要求设计单位改正　　D．报告监理单位要求设计单位改正

50. 下列试块、试件和材料中，必须实施见证取样和送检的是（　　）。

A．屋面、厕浴间使用的防水材料　　B．非承重结构的钢筋及连接接头试件
C．用于防水层上保护层的商品混凝土　　D．抹灰砂浆中使用的掺加剂

51. 根据《建筑工程五方责任主体项目负责人质量终身责任追究暂行办法》，施工企业项目经理造成重大质量事故，情节特别恶劣的，关于其承担的行政责任的说法中，正确的是（　　）。

A．终身不予注册
B．责令停止执业 1 年
C．责令停止执业 5 年
D．吊销执业资格证书，5 年以内不予注册

52. 建设单位组织竣工验收，对不符合民用建筑节能强制性标准的，不得出具（　　）。

A．建筑节能合格报告　　B．建筑节能达标报告
C．竣工验收合格报告　　D．能耗验收合格报告

53. 根据《建设工程质量管理条例》，工程承包单位在（　　）时，应当向建设单位出具质量保修书。

A．工程价款结算完毕　　B．施工完毕
C．提交工程竣工验收报告　　D．竣工验收合格

54. 根据《建设工程质量管理条例》，建设工程的保修期自（　　）之日起计算。

A．工程交付使用　　B．竣工审计通过

C．工程价款结清　　D．竣工验收合格

55．根据《城镇排水与污水处理条例》，关于建设工程城镇排水与污水处理的说法，正确的是（　　）。

A．建设工程开工前，施工企业应当查明工程建设范围内地下城镇排水与污水处理设施的相关情况

B．城镇排水主管部门及其他相关部门和单位应当及时提供相关资料

C．因工程建设需要拆除、改动城镇排水与污水处理设施的，政府有关部门应当承担改建和采取临时措施的费用

D．建设工程施工范围内有排水管网等城镇排水与污水处理设施的，建设单位应当与设计单位、施工企业共同制定设施保护方案

56．关于国家所有的不可移动文物范围的说法，正确的是（　　）。

A．纪念建筑物属于国家所有　　B．近代现代代表性建筑属于国家所有

C．石刻属于国家所有　　D．古文化遗址属于国家所有

57．用人单位与劳动者约定以某项工作的完成为合同期限的劳动合同，属于（　　）劳动合同。

A．固定期限　　B．无固定期限

C．以完成一定工作任务为期限　　D．短期

58．发生下列情形，施工企业解除劳动合同必须采取预告解除方式的是（　　）。

A．员工违反施工企业规章造成其患职业病

B．员工严重失职，给施工企业造成重大损害

C．员工不能胜任工作，经培训或调整工作岗位后仍不能胜任

D．员工被依法追究刑事责任

59．劳务派遣单位与被派遣的劳动者签订的劳动合同的法定最低期限是（　　）。

A．6个月　　B．1年

C．2年　　D．5年

60．根据《职业病防治法》，新建、扩建、改建建设项目和技术改造、技术引进项目可能产生职业病危害的，（　　）在可行性论证阶段应当进行职业病危害预评价。

A．建设单位　　B．施工单位

C．设计单位　　D．监理单位

61．关于工伤保险特征的说法，正确的是（　　）。

A．工伤保险的投保人为职工本人

B．工伤保险的风险具有客观性和不确定性

C．工伤保险的权利和义务是对应的，职工需要缴纳保险费

D．工伤保险只覆盖因工作遭受的事故伤害，不包括职业病

62．下列情形，工伤职工将停止享受工伤保险待遇的情形是（　　）。

A．工伤治愈后继续工作　　B．拒绝劳动能力鉴定

C．工伤治疗期间需要休息　　D．供养亲属死亡

63．仲裁庭裁决劳动争议案件，应当自劳动争议仲裁委员会受理仲裁申请之日起（　　）日内结束。

A．15　　B．30
C．45　　D．60

64．某工程施工合同因被拖欠工程款发生纠纷，施工方诉至法院，后本案经调解达成协议，并制作了协调书。关于本案中调解的说法，正确的是（　　）。
A．当事人一方不愿调解，人民法院应当暂缓判决
B．人民法院审理民事案件，调解过程应公开
C．制作调解书的日期为调解书生效日期
D．调解书经双方当事人签收即发生法律效力

65．关于仲裁协议效力的说法，正确的是（　　）。
A．人民法院受理案件后，当事人可另行达成仲裁协议
B．当事人在订立合同时就争议达成仲裁协议的，合同无效则仲裁协议无效
C．当事人对仲裁协议效力有异议的，可以在仲裁裁决作出前提出
D．仲裁协议是仲裁委员会受理案件的前提

66．某施工合同纠纷案经仲裁裁决，将已经竣工工程的部分楼层折价给施工单位抵偿工程欠款，但建设单位拒绝履行裁决。因此，施工单位决定申请执行仲裁裁决。关于申请执行仲裁裁决的说法，正确的是（　　）。
A．施工单位申请执行的期间为1年
B．申请执行本案的仲裁裁决，由施工单位所在地的中级人民法院管辖
C．申请执行本案的仲裁裁决，由本案工程合同签订地的中级人民法院管辖
D．施工单位有权向人民法院申请执行

67．关于民事诉讼活动中回避制度的说法，正确的是（　　）。
A．申请人对人民法院对当事人提出的回避申请作出的决定不服的，可以申请复议两次
B．人民法院对复议申请，应当在两日内作出复议决定
C．人民法院对当事人提出的回避申请可以口头形式作出决定
D．复议期间，被申请回避的人员，应停止参与本案的工作

68．根据《民事诉讼法》，属于人民法院应当裁定中止执行的情形是（　　）。
A．执行案件申请人撤销申请的
B．作为一方当事人的法人或其他组织终止，尚未确定权利义务承受人的
C．作为被执行人的公民死亡，无遗产可供执行，又无义务承担人的
D．追索赡养费、抚养费、抚育费案件的权利人死亡的

69．经行政复议的案件，公民、法人或者其他组织起诉复议机关不作为的，其被告是（　　）。
A．作出原行政行为的行政机关　　B．作出原行政行为的行政机关的上一级
C．复议机关　　D．复议机关的上一级

70．人民法院在审理上诉案件时，原判决遗漏当事人或者违法缺席判决等严重违反法定程序的，人民法院应（　　）。
A．判决或者裁定驳回上诉，维持原判决、裁定
B．依法改判、撤销或者变更
C．发回原审人民法院重审，或者查清事实后改判
D．裁定撤销原判决，发回原审人民法院重审

二、多项选择题（共30题，每题2分。每题的备选项中，有2个或2个以上符合题意，至少有1个错项。错选，本题不得分；少选，所选的每个选项得0.5分）

71. 下列国家机关中，有权制定地方性法规的有（　　）。
   A．省、自治区、直辖市的人民代表大会及其常委会
   B．省、自治区、直辖市的人民政府
   C．省级人民政府所在地的市级人民代表大会及其常委会
   D．省级人民政府所在地的市级人民政府
   E．国务院各部委

72. 建设单位对建设工程项目的权利来自物权中最基本的权利—所有权，所有权的内容包括（　　）。
   A．占用权　　B．使用权
   C．担保权　　D．收益权
   E．处分权

73. 下列权利中，可以出质的有（　　）。
   A．支票　　B．仓单
   C．存款单　　D．海域使用权
   E．土地所有权

74. 侵权行为危及他人人身、财产安全的，被侵权人有权请求侵权人承担（　　）等侵权责任。
   A．支付违约金　　B．定金罚则
   C．停止侵害　　D．消除危险
   E．排除妨碍

75. 行政强制执行的方式有（　　）。
   A．加处罚款或者滞纳金　　B．代履行
   C．查封场所、设施或者财物　　D．排除妨碍、恢复原状
   E．冻结存款、汇款

76. 根据《建设工程质量管理条例》，下列情形中，属于违法分包的情形有（　　）。
   A．分包单位将其承包的工程再分包给具有相应资质条件单位的
   B．总承包单位将工程主体结构的施工分包给其他单位的
   C．总承包单位将非主体工程分包给具有相应资质条件单位的
   D．总承包单位将其承包的全部工程转给具有相应资质条件单位的
   E．总承包单位将其承包的全部工程肢解以后分别分包给其他单位的

77. 根据《全国建筑市场各方主体不良行为记录认定标准》，下列施工企业的不良行为中，属于工程安全不良行为的有（　　）。
   A．对建筑安全事故隐患不采取措施予以消除的
   B．在施工中偷工减料的
   C．不履行保修义务的
   D．未对涉及结构安全的试块、试件以及有关材料取样检测的
   E．未在施工现场的危险部位设置明显的安全警示标志

78. 根据《优化营商环境条例》，关于规范监管执法的说法，正确的有（　　）。

A．对新技术、新产业、新业态、新模式等实行包容审慎监管
B．构建以信用为基础的新型监管机制
C．政府监管事权、监管规则和监管标准应公开透明
D．为了确保质量和安全，简单化予以禁止或者不予监管
E．推行“双随机、一公开”监管

79．建筑工程项目申请领取施工许可证应当具备的条件有（　　）。
A．已经办理了建筑工程用地批准手续
B．施工图设计文件已按规定通过了审查
C．消防设计图纸已经公安消防机构审核
D．按照规定应该委托监理的工程已委托监理
E．已经办理了招标投标核准手续

80．下列招标情形中，属于以不合理条件限制、排斥潜在投标人或者投标人的有（　　）。
A．就同一招标项目向潜在投标人或者投标人提供有差别的项目信息
B．设定的资格、技术、商务条件与招标项目的具体特点和实际需要不相适应
C．限定或者指定特定的专利、商标、品牌、原产地或者供应商
D．对不同的潜在投标人或者投标人采取相同的资格审查或者评标标准
E．依法必须进行招标的项目以特定行业的业绩、奖项作为加分条件或者中标条件

81．下列情形中，评标委员会应当否决投标的情形有（　　）。
A．投标联合体没有提交共同投标协议的
B．投标报价高于招标文件设定的最高投标限价的
C．投标文件未经投标单位盖章和单位负责人签字的
D．投标报价超过标底上下浮动范围的
E．投标人不符合招标文件规定的资格条件的

82．根据《民法典》，免除施工单位违约责任的情形有（　　）。
A．施工单位因安全事故隐患，被监理工程师责令暂停施工，致使工期延误
B．因拖欠农民工工资，部分农民工停工抗议，致使工期延误
C．地震导致已完工程被爆破拆除重建，造成建设单位费用增加
D．由于战争，施工单位暂停施工，致使工期延误
E．因迟延履行而遭遇洪水，致使工期延误

83．根据《民法典》，合同权利义务终止的情形有（　　）。
A．债务人依法将标的物抵押
B．债权债务同归于一人
C．债务相互抵消
D．债权人依法将标的物提存
E．债权人免除债务

84．根据《民法典》，关于委托合同中委托人义务的说法，正确的有（　　）。
A．受托人为处理委托事务垫付的必要费用，委托人应当偿还该费用，但不用支付利息
B．委托人应当预付处理委托事务的费用
C．受托人完成委托事务的，委托人应当按照约定向其支付报酬
D．委托人经受托人同意，可以在受托人之外委托第三人处理委托事务
E．因不可归责于受托人的事由，委托事务不能完成的，委托人应当向受托人支付相应的报酬，但当事人另有约定的除外

85．工程监理单位的主要安全责任有（　　）。
A．采取措施保护施工现场毗邻区域内地下管线
B．组织抢救生产安全事故
C．审查专项施工方案
D．对施工安全事故隐患要求整改
E．及时报告生产安全事故

86．在施工过程中，施工企业施工作业人员的权力有（　　）。
A．获得安全生产所需的防护用品
B．根据现场条件改变施工图纸内容
C．对危及生命安全和人身健康的行为提出批评
D．对危及生命安全和人身健康的行为检举和控告
E．对影响人身健康的作业程序和条件提出改进意见

87．根据《建设工程安全生产管理条例》，建设工程施工前，施工单位负责项目管理的技术人员应当对有关安全施工的技术要求向（　　）作出详细说明。
A．监理工程师　　B．施工作业班组
C．施工作业人员　　D．现场安全员
E．现场技术员

88．根据国务院办公厅《消防安全责任制实施办法》，关于企业落实消防安全主体责任应履行职责的说法，正确的有（　　）。
A．生产经营单位安全费用应当保证大部分用于消防工作
B．应当建立专职或志愿消防队、微型消防站
C．建立与公安消防队联勤联动机制
D．保障疏散通道、安全出口、消防车通道畅通
E．每年至少对建筑消防设施进行一次全面检测

89．根据《建设抗震管理条例》，县级以上人民政府住房和城乡建设主管部门或者其他有关监督管理部门履行建设工程抗震监督管理职责时，有权采取的措施有（　　）。
A．向施工单位和施工人员调查了解相关情况
B．查封涉嫌违反抗震设防标准的施工现场
C．对抗震结构材料、构件和隔震减震装置实施抽样检测
D．对建设工程或者施工现场进行监督检查
E．查阅、复制建设单位有关建设工程抗震的文件和资料

90．根据《建设工程质量管理条例》，工程设计单位的质量责任和义务有（　　）。
A．将工程概算控制在批准的投资估算之内
B．设计方案先进可靠
C．就审查合格的施工图设计文件向施工单位作出详细说明
D．除有特殊要求的，不得指定生产厂、供应商
E．参与建设工程质量事故分析

91．关于施工单位质量责任和义务的说法，正确的有（　　）。
A．总承包单位不得将主体工程对外分包
B．分包单位应当按照分包合同的约定对建设单位负责

C．总承包单位与每一分包单位就各自分包部分的质量承担连带责任

D．施工单位在施工中发现设计图纸有差错时，应当按照国家标准施工

E．隔震减震装置应当由分包单位完成

92．根据《建设工程质量管理条例》，关于质量保修期限的说法，正确的有（　　）。

A．地基基础工程最低保修期限为设计文件规定的该工程合理使用年限

B．屋面防水工程最低保修期限为 3 年

C．给排水管道工程最低保修期限为 2 年

D．供热工程最低保修期限为 2 个采暖期

E．建设工程的保修期自交付使用之日起计算

93．关于施工单位扬尘污染防治责任的说法，正确的有（　　）。

A．建筑土方、工程渣土、建筑垃圾应当定时清运

B．应当向负责监督管理扬尘污染防治的主管部门备案

C．在场地内堆存的建筑垃圾，应当采用密闭式防尘网遮盖

D．应当在施工工地公示扬尘污染防治措施

E．应当制定具体的施工扬尘污染防治实施方案

94．根据《历史文化名城名镇名村保护条例》，禁止在历史文化街区、名镇、名村核心保护范围内进行新建扩建活动，但允许建设的项目有（　　）。

A．重大历史题材影视摄制基地项目

B．自然保护区旅游开发项目

C．重大体育赛事场馆项目

D．必要的基础设施

E．公共服务设施项目

95．根据《劳动合同法》，下列合同中，属于无效劳动合同的有（　　）。

A．违反法律、行政法规强制性规定的劳动合同

B．由用人单位提供的格式劳动合同

C．用人单位免除自己法定责任、排除劳动者权利的劳动合同

D．与用人单位代理人签订的劳动合同

E．未明确规定合同期限的劳动合同

96．关于未成年工劳动保护的说法，正确的有（　　）。

A．禁止安排未成年工从事夜班工作和加班加点工作

B．用人单位不得安排未成年工从事矿山井下的劳动

C．用人单位不得安排未成年工从事建设工程施工的劳动

D．用人单位应当对未成年工定期进行健康检查

E．用人单位不得安排未成年工从事国家规定的第 4 级体力劳动强度的劳动

97．下列情形导致的申请时间延误，应当认定为不属于职工或其近亲属自身原因的有（　　）。

A．申请人因突发疾病住院，无法及时办理相关手续

B．申请人所在地区发生地震，导致通信中断无法及时提交申请

C．用人单位未按时为职工缴纳社会保险费，导致职工无法享受相关权益

D．申请人对工伤认定结果不满，提起行政复议

E．社会保险行政部门系统升级，导致申请人无法在线提交申请

98．仲裁案件当事人申请仲裁后自行达成和解协议的，可以（　　）。

A．请求仲裁庭根据和解协议制作调解书
B．请求仲裁庭根据和解协议制作裁决书
C．撤回仲裁申请书
D．请求强制执行
E．请求法院判决

99．因下列纠纷提起的诉讼中，适用专属管辖的有（　　）。
A．不动产纠纷
B．预制构配件运输纠纷
C．港口作业纠纷
D．继承遗产纠纷
E．工程质量纠纷

100．根据《行政复议法》，行政复议期间有（　　）情形之一的，行政复议中止。
A．申请人、被申请人因不可抗力或者其他正当理由，不能参加行政复议
B．作为申请人的公民丧失参加行政复议的行为能力，尚未确定法定代理人参加行政复议
C．行政复议案件审理需要以其他案件的审理结果为依据，而其他案件尚未审结
D．申请人撤回行政复议申请，行政复议机构准予撤回
E．作为申请人的公民下落不明

考前第3套卷参考答案及解析

一、单项选择题

1. C	2. B	3. C	4. B	5. C
6. C	7. D	8. D	9. D	10. D
11. B	12. D	13. B	14. D	15. A
16. B	17. B	18. D	19. C	20. D
21. A	22. B	23. C	24. A	25. B
26. B	27. C	28. C	29. B	30. A
31. A	32. D	33. C	34. A	35. C
36. A	37. C	38. C	39. D	40. B
41. D	42. B	43. C	44. D	45. D
46. B	47. D	48. D	49. A	50. A
51. A	52. C	53. C	54. D	55. B
56. D	57. C	58. C	59. C	60. A
61. B	62. B	63. C	64. D	65. A
66. D	67. C	68. B	69. C	70. D

【解析】

1. C。大量的建设法规是以部门规章的方式发布，如住房和城乡建设部发布的《房屋建筑和市政基础设施工程质量监督管理规定》《房屋建筑和市政基础设施工程竣工验收备案管理办法》《市政公用设施抗灾设防管理规定》。

2. B。法律之间对同一事项的新的一般规定与旧的特别规定不一致，不能确定如何适用时，由全国人民代表大会常务委员会裁决。行政法规之间对同一事项的新的一般规定与旧的特别规定不一致，不能确定如何适用时，由国务院裁决。地方性法规、规章之间不一致时，由有关机关依照下列规定的权限作出裁决：（1）同一机关制定的新的一般规定与旧的特别规定不一致时，由制定机关裁决；（2）地方性法规与部门规章之间对同一事项的规定不一致，不能确定如何适用时，由国务院提出意见，国务院认为应当适用地方性法规的，应当决定在该地方适用地方性法规的规定；认为应当适用部门规章的，应当提请全国人民代表大会常务委员会裁决；（3）部门规章之间、部门规章与地方政府规章之间对同一事项的规定不一致时，由国务院裁决。

3. C。动产物权的设立和转让，自交付时发生效力，但法律另有规定的除外。船舶、航空器和机动车等物权的设立、变更、转让和消灭，未经登记，不得对抗善意第三人。

4. B。设立建设用地使用权的，应当向登记机构申请建设用地使用权登记。建设用地使用权自登记时设立。

5. C。下列财产不得抵押：（1）土地所有权；（2）宅基地、自留地、自留山等集体所有土地的使用权，但是法律规定可以抵押的除外；（3）学校、幼儿园、医疗机构等为公益目的成立的非营利法人的教育设施、医疗卫生设施和其他公益设施；（4）所有权、使用权不明或者有争议的财产；（5）依法被查封、扣押、监管的财产；（6）法律、行政法规规定不得抵押的其他财产。

6. C。在建设工程中常见的知识产权主要是著作权、专利权、商标权。计算机软件也是工程建设中经常使用的，计算机软件属于著作权保护的客体。

7. D。专利法保护的对象就是专利权的客体，各国规定各不相同。《专利法》保护的是发明创造专利权，并规定发明创造是指发明、实用新型和外观设计。其中发明是指产品、方法或者其改进所提出的新的技术方案。

8. D。我国侵权行为的归责原则为：（1）过错责任原则，是指行为人因过错侵害他人民事权益造成损害的，应当承担侵权责任。（2）无过错责任原则，是指行为人造成他人民事权益损害，不论行为人有无过错，法律规定应当承担侵权责任的，依照其规定。（3）过错推定责任，是指一旦行为人的行为致人损害就推定其主观上有过错，除非其能证明自己没有过错，否则应承担民事责任。（4）公平责任原则，是指损害双方的当事人对损害结果的发生都没有过错，但如果受害人的损失得不到补偿又显失公平的情况下，由人民法院根据具体情况和公平的观念，要求当事人分担损害后果。

9. D。收入总额中的下列收入为不征税收入：（1）财政拨款；（2）依法收取并纳入财政管理的行政事业性收费、政府性基金；（3）国务院规定的其他不征税收入。选项 A 属于免税收入。选项 B、C 属于应当缴纳企业所得税的收入。

10. D。依法行政是建设社会主义法治国家的关键。依法行政原则是行政法的首要原则。

11. B。尚未制定法律、行政法规，且属于地方性事务的，地方性法规可以设定查封场所、设施或财物和扣押财物的行政强制措施，故选项 A 错误。法律、法规以外的其他规范性文件不得设定行政强制措施，故选项 B 正确。行政强制措施包括：限制公民人身自由；查封场所、设施或者财物；扣押财物；冻结存款、汇款；其他行政强制措施，故选项 C 错误。行政强制执行包括：加处罚款或者滞纳金；划拨存款、汇款；拍卖或者依法处理查封、扣押的场所、设施或者财物；排除妨碍、恢复原状；代履行；其他强制执行方式，故选项 D 错误。

12. D。安全生产设施或者安全生产条件不符合国家规定，因而发生重大伤亡事故或者造成其他严重后果的，属于重大劳动安全事故罪。

13. B。机关法人、基层群众性自治组织、农村集体经济组织、城镇农村的合作经济组织等属于特别法人。选项 D 属于营利法人，选项 A、C 属于非营利法人。

14. D。委托代理人按照被代理人的委托行使代理权。

15. A。《房屋建筑和市政基础设施工程施工分包管理办法》规定，分包工程发包人没有将其承包的工程进行分包，在施工现场所设项目管理机构的项目负责人、技术负责人、项目核算负责人、质量管理人员、安全管理人员不是工程承包人本单位人员的，视同允许他人以本企业名义承揽工程。

16. B。建筑市场各方主体的信用信息公开期限为：（1）基本信息长期公开；（2）优良信用信息公开期限一般为 3 年；（3）不良信用信息公开期限一般为 6 个月至 3 年，并不得低于相关行政处罚期限。具体公开期限由不良信用信息的认定部门确定。

17. B。注册建造师有下列行为之一，经有关监督部门确认后由工程所在地建设主管部门或有关部门记入注册建造师执业信用档案：（1）《注册建造师执业管理办法（试行）》第22条所列行为；（2）未履行注册建造师职责造成质量、安全、环境事故的；（3）泄露商业秘密的；（4）无正当理由拒绝或未及时签字盖章的；（5）未按要求提供注册建造师信用档案信息的；（6）未履行注册建造师职责造成不良社会影响的；（7）未履行注册建造师职责导致项目未能及时交付使用的；（8）不配合办理交接手续的；（9）不积极配合有关部门监督检查的。

18．D。选项A、B均属于不需要办理施工许可证的建设工程。施工许可证应由建设单位在建筑工程开工前申请领取，故选项C错误。省、自治区、直辖市人民政府住房城乡建设主管部门可以根据当地的实际情况，对工程限额进行调整，并报国务院住房城乡建设主管部门备案，故选项D正确。

19．C。《建筑法》规定，按照国务院有关规定批准开工报告的建筑工程，因故不能按期开工或者中止施工的，应当及时向批准机关报告情况。因故不能按期开工超过6个月的，应当重新办理开工报告的批准手续。

20．D。选项A错误，国务院发展计划部门确定的国家重点项目和省、自治区、直辖市人民政府确定的地方重点项目不适宜公开招标的，经国务院发展计划部门或者省、自治区、直辖市人民政府批准，可以进行邀请招标。选项B错误，技术复杂、有特殊要求或者受自然环境限制，只有少量潜在投标人可供选择的项目，可以采取邀请招标。选项C错误，国有资金占控股或者主导地位的依法必须进行招标的项目，应当公开招标。

21．A。选项B中“应当分两阶段进行招标”说法有误，应为“可以分两阶段进行招标”。选项C错误，第一阶段，投标人按照招标公告或者投标邀请书的要求提交不带报价的技术建议。选项D错误，招标人要求投标人提交投标保证金的，应当在第二阶段提出。

22．B。《招标投标法》规定，投标人应当按照招标文件的要求编制投标文件。招标项目属于建设施工项目的，投标文件的内容应当包括拟派出的项目负责人与主要技术人员的简历、业绩和拟用于完成招标项目的机械设备等。

23．C。竞争性谈判主要适用于不能或者不宜采用招标方式的采购项目，具体为：（1）招标后没有供应商投标或者没有合格标的或者重新招标未能成立的；（2）技术复杂或者性质特殊，不能确定详细规格或者具体要求的；（3）采用招标所需时间不能满足用户紧急需要的；（4）不能事先计算出价格总额的。

24．A。最高限制单价是供应商第一阶段响应报价的最高限价。在开放式框架协议中，付费标准即为最高限制单价。确定最高限制单价时，有政府定价的，执行政府定价；没有政府定价的，应当通过需求调查，并根据需求标准科学确定。

25．B。合同的内容由当事人约定，一般包括以下条款：（1）当事人的姓名或者名称和住所；（2）标的；（3）数量；（4）质量；（5）价款或者报酬；（6）履行期限、地点和方式；（7）违约责任；（8）解决争议的方法。

26．B。《民法典》规定，限制民事行为能力人实施的纯获利益的民事法律行为或者与其年龄、智力、精神健康状况相适应的民事法律行为有效；实施的其他民事法律行为经法定代理人同意或者追认后有效。

27．C。《民法典》规定，当事人一方不履行合同义务或者履行合同义务不符合约定，应当承担继续履行、采取补救措施或者赔偿损失等违约责任。

28．C。《民法典》规定，无效的或者被撤销的民事法律行为自始没有法律约束力。

29. B。施工合同的变更主要有内容变更和主体变更两种情况。施工合同当事人协商一致，可以变更合同。当事人对合同变更的内容约定不明确的，推定为未变更。

30. A。出卖人出卖交由承运人运输的在途标的物，除当事人另有约定的以外，毁损、灭失的风险自合同成立时起由买受人承担。

31. A。选项 B 错误，定作人不履行协助义务致使承揽工作不能完成的，承揽人可以催告定作人在合理期限内履行义务，并可以顺延履行期限；定作人逾期不履行的，承揽人可以解除合同。选项 C 错误，承揽人将其承揽的主要工作交由第三人完成的，应当就该第三人完成的工作成果向定作人负责；未经定作人同意的，定作人也可以解除合同。选项 D 错误，定作人在承揽人完成工作前可以随时解除合同，造成承揽人损失的，应当赔偿损失。

32. D。建设单位应当向施工单位提供施工现场及毗邻区域内供水、排水、供电、供气、供热、通信、广播电视等地下管线资料，气象和水文观测资料，相邻建筑物和构筑物、地下工程的有关资料，并保证资料的真实、准确、完整。

33. C。在施工现场安装、拆卸施工起重机械、整体提升脚手架和模板等自升式架设设施，必须由具有相应资质的单位承担。

34. A。建筑施工企业变更名称、地址、法定代表人等，应当到原安全生产许可证颁发管理机关办理安全生产许可证变更手续，故选项 A 正确，选项 D 错误。安全生产许可证有效期满需要延期的，企业应当于期满前 3 个月向原安全生产许可证颁发管理机关办理延期手续，故选项 B 错误。安全生产许可证延期后的有效期为 3 年，故选项 C 错误。

35. C。施工安全管理有下列情形之一的，应判定为重大事故隐患：（1）建筑施工企业未取得安全生产许可证擅自从事建筑施工活动；（2）施工单位的主要负责人、项目负责人、专职安全生产管理人员未取得安全生产考核合格证书从事相关工作；（3）建筑施工特种作业人员未取得特种作业人员操作资格证书上岗作业；（4）危险性较大的分部分项工程未编制、未审核专项施工方案，或未按规定组织专家对“超过一定规模的危险性较大的分部分项工程范围”的专项施工方案进行论证。

36. A。《安全生产法》规定，从业人员发现直接危及人身安全的紧急情况时，有权停止作业或者在采取可能的应急措施后撤离作业场所。生产经营单位不得因从业人员在前款紧急情况下停止作业或者采取紧急撤离措施而降低其工资、福利等待遇或者解除与其订立的劳动合同。

37. C。生产经营单位的主要负责人有违法行为，导致发生生产安全事故，构成犯罪的，依照刑法有关规定追究刑事责任；尚不够刑事处罚的，给予撤职处分或者处 2 万元以上 20 万元以下的罚款。生产经营单位的主要负责人依照规定受刑事处罚或者撤职处分的。自刑罚执行完毕或者受处分之日起，5 年内不得担任任何生产经营单位的主要负责人。对重大、特别重大生产安全事故负有责任的，终身不得担任本行业生产经营单位的主要负责人。

38. C。选项 A 中“质量检测资质的单位”说法错误，应为“勘察资质的单位”。选项 B 中“监测单位负责人”说法错误，应为“监测单位技术负责人”。选项 D 中“建设行政主管部门”说法错误，应为“建设单位”。

39. D。根据生产安全事故造成的人员伤亡或者直接经济损失，事故一般分为以下等级：（1）特别重大事故，是指造成 30 人以上死亡，或者 100 人以上重伤（包括急性工业中毒），或者 1 亿元以上直接经济损失的事故；（2）重大事故，是指造成 10 人以上 30 人以下死亡，或者 50 人以上 100 人以下重伤，或者 5000 万元以上 1 亿元以下直接经济损失的事故；（3）较大事故，是指造成 3 人以上 10 人以下死亡，或者 10 人以上 50 人以下重伤，或者 1000 万元以上 5000 万元以下直接经济损失的事故；（4）一般事故，是指造成 3 人以下死亡，或者 10 人以下重伤，或者 1000 万元以下直接经济损失的事故。上述所称的“以上”包括本数，所称的“以下”不包括本数。

40. B。应急救援队伍接到有关人民政府及其部门的救援命令或者签有应急救援协议的生产经营单位的救援请求后，应当立即参加生产安全事故应急救援。应急救援队伍根据救援命令参加生产安全事故应急救援所耗费用，由事故责任单位承担；事故责任单位无力承担的，由有关人民政府协调解决。

41. D。《生产安全事故报告和调查处理条例》规定，重大事故、较大事故、一般事故，负责事故调查的人民政府应当自收到事故调查报告之日起 15 日内做出批复；特别重大事故，30 日内做出批复，特殊情况下，批复时间可以适当延长，但延长的时间最长不超过 30 日。事故发生单位应当按照负责事故调查的人民政府的批复，对本单位负有事故责任的人员进行处理。

42. B。《房屋建筑和市政基础设施工程施工安全监督工作规程》规定，工程项目因故中止施工的，建设单位应当向监督机构申请办理中止施工安全监督手续，并提交中止施工的时间、原因、在施部位及安全保障措施等资料。

43. C。工程质量监督机构应当对工程建设施工、监理、验收等阶段执行强制性标准的情况实施监督。

44. D。实行施工总承包的，隔震减震装置属于建设工程主体结构的施工，应当由总承包单位自行完成。

45. D。《无障碍环境建设法》规定，制定或者修改涉及无障碍环境建设的法律、法规、规章、规划、其他规范性文件以及标准，应当征求残疾人、老年人代表以及残疾人联合会、老龄协会等组织的意见。残疾人联合会、老龄协会等组织可以依法提出制定或者修改无障碍环境建设标准的建议。

46. B。《建设工程质量管理条例》规定，建设工程发包单位不得迫使承包方以低于成本的价格竞标，不得任意压缩合理工期。

47. D。《建设工程质量管理条例》规定，涉及建筑主体和承重结构变动的装修工程，建设单位应当在施工前委托原设计单位或者具有相应资质条件的设计单位提出设计方案；没有设计方案的，不得施工。同时还规定，房屋拆除应当由具备保证安全条件的建筑施工单位承担。

48. D。监理单位应当依法取得相应等级的资质证书，并在其资质等级许可的范围内承担工程监理业务，故选项 A 正确。工程监理单位不得转让工程监理业务，故选项 B 正确。工程监理单位不得与被监理工程的承包单位以及建筑材料、建筑构配件和设备供应单位有隶属关系或者其他利害关系。监理单位无需回避建设单位，可以是建设单位的子公司，故选项 C 正确。代表建设单位对施工质量实施监理，并对施工质量承担监理责任，故选项 D 错误。

49. A。《建设工程质量管理条例》规定，施工单位在施工过程中发现设计文件和图纸有差错的，应当及时提出意见和建议。

50. A。下列试块、试件和材料必须实施见证取样和送检：（1）用于承重结构的混凝土试块；（2）用于承重墙体的砌筑砂浆试块；（3）用于承重结构的钢筋及连接接头试件；（4）用于承重墙的砖和混凝土小型砌块；（5）用于拌制混凝土和砌筑砂浆的水泥；（6）用于承重结构的混凝土中使用的掺加剂；（7）地下、屋面、厕浴间使用的防水材料；（8）国家规定必须实行见证取样和送检的其他试块、试件和材料。

51. A。对施工单位项目经理按以下方式进行责任追究：（1）项目经理为相关注册执业人员的，责令停止执业 1 年；造成重大质量事故的，吊销执业资格证书，5 年以内不予注册；情节特别恶劣的，终身不予注册；（2）构成犯罪的，移送司法机关依法追究刑事责任；（3）处单位罚款数额 5% 以上 10% 以下的罚款；（4）向社会公布曝光。

52. C。《民用建筑节能条例》规定，建设单位组织竣工验收，应当对民用建筑是否符合民用建筑节能强制性标准进行查验；对不符合民用建筑节能强制性标准的，不得出具竣工验收合格报告。

53. C。《建设工程质量管理条例》规定，建设工程承包单位在向建设单位提交工程竣工验收报告时，应当向建设单位出具质量保修书。质量保修书中应当明确建设工程的保修范围、保修期限和保修责任。

54. D。建设工程保修期的起始日是竣工验收合格之日。

55. B。选项 A 中的主体应为：建设单位。因工程建设需要拆除、改动城镇排水与污水处理设施的，建设单位应当制定拆除、改动方案，报城镇排水主管部门审核，并承担重建、改建和采取临时措施的费用，故选项 C 错误。建设单位应当与施工单位、设施维护运营单位共同制定设施保护方案，故选项 D 错误。

56. D。《文物保护法》规定，古文化遗址、古墓葬、石窟寺属于国家所有。

57. C。以完成一定工作任务为期限的劳动合同，是指用人单位与劳动者约定以某项工作的完成为合同期限的劳动合同。

58. C。预告解除合同也称为非过错性解除合同，用人单位提前告知劳动者解除合同的情形。《劳动合同法》规定，有下列情形之一的，用人单位提前 30 日以书面形式通知劳动者本人或者额外支付劳动者 1 个月工资后，可以解除劳动合同：（1）劳动者患病或者非因工负伤，在规定的医疗期满后不能从事原工作，也不能从事由用人单位另行安排的工作的；（2）劳动者不能胜任工作，经过培训或者调整工作岗位，仍不能胜任工作的；（3）劳动合同订立时所依据的客观情况发生重大变化，致使劳动合同无法履行，经用人单位与劳动者协商，未能就变更劳动合同内容达成协议的。

59. C。劳务派遣单位应当与被派遣劳动者订立 2 年以上的固定期限劳动合同，按月支付劳动报酬；被派遣劳动者在无工作期间，劳务派遣单位应当按照所在地人民政府规定的最低工资标准，向其按月支付报酬。

60. A。《职业病防治法》规定，新建、扩建、改建建设项目和技术改造、技术引进项目可能产生职业病危害的，建设单位在可行性论证阶段应当进行职业病危害预评价。

61. B。选项 A 错误，因为工伤保险的投保人为用人单位，而不是职工本人。选项 B 正确，工伤保险所遭受的风险是职业伤害和危险，这种危险具有客观性，且其发生具有不确定性。选项 C 错误，工伤保险的权利和义务是不对应的，职工不需要缴纳保险费，而是由用人单位缴纳。选项 D 错误，工伤保险的工伤定义是广义的，包括因工作而受到的伤害和罹患的职业疾病。

62. B。《工伤保险条例》规定，工伤职工有下列情形之一的，停止享受工伤保险待遇：（1）丧失享受待遇条件的；（2）拒不接受劳动能力鉴定的；（3）拒绝治疗的。选项 A、C 和 D 均不是停止享受工伤保险待遇的情形，而选项 B 明确指出了拒绝劳动能力鉴定的情况。

63. C。仲裁庭裁决劳动争议案件，应当自劳动争议仲裁委员会受理仲裁申请之日起 45

日内结束。

64．D。当事人一方或者双方坚持不愿调解、调解未达成协议或者调解书送达前一方反悔的，人民法院应当及时判决，故选项 A 错误。人民法院审理民事案件，除当事人同意公开的外，调解过程不公开，故选项 B 错误。调解书经双方当事人签收后，即具有法律效力，最后收到调解书的当事人签收的日期为调解书生效日期，故选项 C 错误、选项 D 正确。

65．A。仲裁协议独立存在，合同的变更、解除、终止或者无效，以及合同成立后未生效、被撤销等，均不影响仲裁协议的效力。选项B中的“合同无效则仲裁协议无效”说法有误，应该是“合同未成立也不影响仲裁协议的效力”。选项C中的“在仲裁裁决作出前”说法有误，应该是“在仲裁庭首次开庭前”。选项D错误，仲裁协议是仲裁机构受理仲裁案件的基础，是仲裁庭审理和裁决的依据。没有仲裁协议，一方申请仲裁的，仲裁委员会不予受理。

66．D。对依法设立的仲裁机构的裁决，一方当事人不履行的，对方当事人可以向有管辖权的人民法院申请执行。受申请的人民法院应当执行。当事人申请执行仲裁裁决案件，由被执行人住所地或者被执行的财产所在地的中级人民法院管辖。申请仲裁裁决强制执行必须在法律规定的期限内提出。《民事诉讼法》规定，申请执行的期间为 2 年。

67．C。人民法院对当事人提出的回避申请，应当在申请提出的 3 日内，以口头或者书面形式作出决定。申请人对决定不服的，可以在接到决定时申请复议一次。复议期间，被申请回避的人员，不停止参与本案的工作。人民法院对复议申请，应当在 3 日内作出复议决定，并通知复议申请人。

68．B。执行中止，是指执行过程中发生法定情形，暂停执行程序，待中止情形消失后恢复执行的制度。有下列情形之一的，人民法院应当裁定中止执行：（1）申请人表示可以延期执行的；（2）案外人对执行标的提出确有理由的异议的；（3）作为一方当事人的公民死亡，需要等待继承人继承权利或者承担义务的；（4）作为一方当事人的法人或者其他组织终止，尚未确定权利义务承受人的；（5）人民法院认为应当中止执行的其他情形。

69．C。经复议的案件，复议机关决定维持原行政行为的，作出原行政行为的行政机关和复议机关是共同被告；复议机关改变原行政行为的，复议机关是被告。复议机关在法定期限内未作出复议决定，公民、法人或者其他组织起诉原行政行为的，作出原行政行为的行政机关是被告；起诉复议机关不作为的，复议机关是被告。

70．D。人民法院审理上诉案件，按照下列情形，分别处理：（1）原判决、裁定认定事实清楚，适用法律、法规正确的，判决或者裁定驳回上诉，维持原判决、裁定；（2）原判决、裁定认定事实错误或者适用法律、法规错误的，依法改判、撤销或者变更；（3）原判决认定基本事实不清、证据不足的，发回原审人民法院重审，或者查清事实后改判；（4）原判决遗漏当事人或者违法缺席判决等严重违反法定程序的，裁定撤销原判决，发回原审人民法院重审。

二、多项选择题

71．A、C	72．A、B、D、E	73．A、B、C	74．C、D、E	75．A、B、D
76．A、B	77．A、E	78．A、B、C、E	79．A、B	80．A、B、C、E
81．A、B、C、E	82．C、D	83．B、C、E	84．B、C、D、E	85．C、D
86．A、C、D、E	87．B、C	88．C、D、E	89．A、C、D、E	90．C、D、E
91．A、C	92．A、C、D	93．B、C、D、E	94．D、E	95．A、C
96．A、B、D、E	97．B、C、E	98．B、C	99．A、C、D	100．A、B、C、E

【解析】

71. A、C。省、自治区、直辖市的人民代表大会及其常务委员会根据本行政区域的具体情况和实际需要，在不同宪法、法律、行政法规相抵触的前提下，可以制定地方性法规。设区的市的人民代表大会及其常务委员会根据本市的具体情况和实际需要，在不同宪法、法律、行政法规和本省、自治区的地方性法规相抵触的前提下，可以对城乡建设与管理、生态文明建设、历史文化保护、基层治理等方面的事项制定地方性法规，法律对设区的市制定地方性法规的事项另有规定的，从其规定。设区的市的地方性法规须报省、自治区的人民代表大会常务委员会批准后施行。

72. A、B、D、E。所有权是所有人依法对自己财产（包括不动产和动产）所享有的占有、使用、收益和处分的权利。

73. A、B、C。债务人或者第三人有权处分的下列权利可以出质：（1）汇票、本票、支票；（2）债券、存款单；（3）仓单、提单；（4）可以转让的基金份额、股权；（5）可以转让的注册商标专用权、专利权、著作权等知识产权中的财产权；（6）现有的以及将有的应收账款；（7）法律、行政法规规定可以出质的其他财产权利。

74. C、D、E。侵权行为危及他人人身、财产安全的，被侵权人有权请求侵权人承担停止侵害、排除妨碍、消除危险等侵权责任。

75. A、B、D。行政强制执行的方式：（1）加处罚款或者滞纳金；（2）划拨存款、汇款；（3）拍卖或者依法处理查封、扣押的场所、设施或者财物；（4）排除妨碍、恢复原状；（5）代履行；（6）其他强制执行方式。选项C、E属于强制措施的种类。

76. A、B。《建设工程质量管理条例》规定，本条例所称违法分包，是指下列行为：（1）总承包单位将建设工程分包给不具备相应资质条件的单位的；（2）建设工程总承包合同中未有约定，又未经建设单位认可，承包单位将其承包的部分建设工程交由其他单位完成的；（3）施工总承包单位将建设工程主体结构的施工分包给其他单位的；（4）分包单位将其承包的建设工程再分包的。选项E属于转包的情形，承包单位将其承包的全部工程肢解以后，以分包的名义分别转给其他单位或个人施工的。

77. A、E。工程安全不良行为认定标准：（1）在本单位发生重大生产安全事故时，主要负责人不立即组织抢救或在事故调查处理期间擅离职守或逃匿的，主要负责人对生产安全事故隐瞒不报、谎报或拖延不报的；（2）对建筑安全事故隐患不采取措施予以消除的；（3）不设立安全生产管理机构、配备专职安全生产管理人员或分部分项工程施工时无专职安全生产管理人员现场监督的；（4）主要负责人、项目负责人、专职安全生产管理人员、作业人员或特种作业人员，未经安全教育培训或经考核不合格即从事相关工作的；（5）未在施工现场的危险部位设置明显的安全警示标志，或未按照国家有关规定在施工现场设置消防通道、消防水源、配备消防设置和灭火器材的；（6）未向作业人员提供安全防护用具和安全防护服装的；（7）未按照规定在施工起重机械和整体提升脚手架、模板等自升式架设设施验收合格后登记的；（8）使用国家明令淘汰、禁止使用的危及施工安全的工艺、设备、材料的；（9）违法挪用列入建设工程概算的安全生产作业环境及安全施工措施所需费用的；（10）施工前未对有关安全施工的技术要求作出详细说明的；（11）未根据不同施工阶段和周围环境及季节、气候的变化，在施工现场采取相应的安全施工措施，或在城市市区内的建设工程的施工现场未实行封闭围挡的；（12）在尚未竣工的建筑物内设置员工集体宿舍的；（13）施工现场临时搭建的建筑物不符合安全使用要求的；（14）未对因建设工程施工可能造成损害的毗邻建筑物、构筑物和地下管线等采取专项防护措施的；（15）安全防护用具、机械设备、施工机具及配件在进入施工现场前未经查验或查验不合格即投入使用的；（16）使用未经验收或验收不合格的施工起重机械和整体提升脚手架、模板等自升式架设设施的；（17）委托不具有相应资质的单位承担施工现场安装、拆卸施工起重机械和整体提升脚手架、模板等自升式架设设施的；（18）在施工组织设计中未编制安全技术措施、施工现场临时用电方案或专项施工方案的；（19）主要负责人、项目负责人未履行安全生产管理职责的，或不服管理、违反规章制度和操作规程冒险作业的；（20）施工单位取得资质证书后，降低安全生产条件的，或经整改仍未达到与其资质等级相适应的安全生产条件的；（21）取得安全生产许可证发生重大安全事故的；（22）未取得安全生产许可证擅自进行生产的；（23）安全生产许可证有效期满未办理延期手续，继续进行生产的，或逾期不办理延期手续，继续进行生产的；（24）转让安全生产许可证的，接受转让的，冒用或使用伪造的安全生产许可证的。选项B属于工程质量不良行为认定标准。选项C属于工程质量不良行为认定标准。选项D属于工程质量不良行为认定标准。在施工中偷工减料的、不履行保修义务的和未对涉及结构安全的试块、试件以及有关材料取样检测的属于工程质量不良行为认定的标准。

78. A、B、C、E。规范监管执法：（1）政府监管事权、监管规则和监管标准应公开透明；（2）构建以信用为基础的新型监管机制；（3）推行“双随机、一公开”监管；（4）对新技术、新产业、新业态、新模式等实行包容审慎监管，针对其性质、特点分类制定和实行相应的监管规则和标准，留足发展空间，同时确保质量和安全，不得简单化予以禁止或者不予监管。

79. A、B。建设单位申请领取施工许可证，应当具备下列条件，并提交相应的证明文件：

（1）依法应当办理用地批准手续的，已经办理该建筑工程用地批准手续；

（2）依法应当办理建设工程规划许可证的，已经取得建设工程规划许可证；

（3）施工场地已经基本具备施工条件，需要征收房屋的，其进度符合施工要求；

（4）已经确定施工企业；

（5）有满足施工需要的资金安排、施工图纸及技术资料，建设单位应当提供建设资金已经落实承诺书，施工图设计文件已按规定审查合格；

（6）有保证工程质量和安全的具体措施。

80. A、B、C、E。招标人有下列行为之一的，属于以不合理条件限制、排斥潜在投标人或者投标人：（1）就同一招标项目向潜在投标人或者投标人提供有差别的项目信息；（2）设定的资格、技术、商务条件与招标项目的具体特点和实际需要不相适应或者与合同履行无关；（3）依法必须进行招标的项目以特定行政区域或者特定行业的业绩、奖项作为加分条件或者中标条件；（4）对潜在投标人或者投标人采取不同的资格审查或者评标标准；（5）限定或者指定特定的专利、商标、品牌、原产地或者供应商；（6）依法必须进行招标的项目非法限定潜在投标人或者投标人的所有制形式或者组织形式；（7）以其他不合理条件限制、排斥潜在投标人或者投标人。

81. A、B、C、E。有下列情形之一的，评标委员会应当否决其投标：（1）投标文件未经投标单位盖章和单位负责人签字；（2）投标联合体没有提交共同投标协议；（3）投标人不符合国家或者招标文件规定的资格条件；（4）同一投标人提交两个以上不同的投标文件或者投标报价，但招标文件要求提交备选投标的除外；（5）投标报价低于成本或者高于招标文件设定的最高投标限价；（6）投标文件没有对招标文件的实质性要求和条件作出响应；（7）投标人有串通投标、弄虚作假、行贿等违法行为。

82. C、D。《民法典》规定，当事人一方因不可抗力不能履行合同的，根据不可抗力的影响，部分或者全部免除责任，但法律另有规定的除外。当事人迟延履行后发生不可抗力的，不能免除责任。

83. B、C、E。引起合同权利义务终止的情形包括：（1）债务已经履行；（2）债务相互抵销；（3）债务人依法将标的物提存；（4）债权人免除债务；（5）债权债务同归于一人；（6）法律规定或者当事人约定终止的其他情形。

84. B、C、D、E。选项 A 中的“但不用支付利息”说法有误，应该是“并支付利息”。

85. C、D。工程监理单位的安全责任：（1）对建设工程安全生产的总体监督；（2）审查安全技术措施或专项施工方案；（3）依法处理施工安全事故隐患；（4）承担建设工程安全生产的监理责任。

86. A、C、D、E。《劳动法》《建筑法》《安全生产法》《建设工程安全生产管理条例》等法律、行政法规规定，施工作业人员享有的主要安全生产权利如下：

（1）施工作业危险的知情权和建议权；

（2）施工安全防护用品的获得权；

（3）对危险行为的批评、检举、控告权和拒绝违章指挥权；

（4）紧急避险权；

（5）获得救治和请求民事赔偿权；

（6）获得工伤保险、安全生产责任保险和意外伤害保险赔偿的权利。

87. B、C。《建设工程安全生产管理条例》规定，建设工程施工前，施工单位负责项目管理的技术人员应当对有关安全施工的技术要求向施工作业班组和施工作业人员作出详细说明，并由双方签字确认。

88. C、D、E。国务院办公厅《消防安全责任制实施办法》规定，企业应当落实消防安全主体责任，履行下列职责：（1）明确各级、各岗位消防安全责任人及其职责，制定本单位的消防安全制度、消防安全操作规程、灭火和应急疏散预案。定期组织开展灭火和应急疏散演练，进行消防工作检查考核，保证各项规章制度落实；（2）保证防火检查巡查、消防设施器材维护保养、建筑消防设施检测、火灾隐患整改、专职或志愿消防队和微型消防站建设等消防工作所需资金的投入。生产经营单位安全费用应当保证适当比例用于消防工作；（3）按照相关标准配备消防设施、器材，设置消防安全标志，定期检验维修，对建筑消防设施每年至少进行一次全面检测，确保完好有效。设有消防控制室的，实行 24h 值班制度，每班不少于 2 人，并持证上岗；（4）保障疏散通道、安全出口、消防车通道畅通，保证防火防烟分区、防火间距符合消防技术标准。人员密集场所的门窗不得设置影响逃生和灭火救援的障碍物。保证建筑构件、建筑材料和室内装修装饰材料等符合消防技术标准；（5）定期开展防火检查、巡查，及时消除火灾隐患；（6）根据需要建立专职或志愿消防队、微型消防站，加强队伍建设，定期组织训练演练，加强消防装备配备和灭火药剂储备，建立与公安消防队联勤联动机制，提高扑救初起火灾能力；（7）消防法律、法规、规章以及政策文件规定的其他职责。

89. A、C、D、E。《建设抗震管理条例》规定，县级以上人民政府住房和城乡建设主管部门或者其他有关监督管理部门履行建设工程抗震监督管理职责时，有权采取以下措施：（1）对建设工程或者施工现场进行监督检查；（2）向有关单位和人员调查了解相关情况；（3）查阅、复制被检查单位有关建设工程抗震的文件和资料；（4）对抗震结构材料、构件和隔震减震装置实施抽样检测；（5）查封涉嫌违反抗震设防强制性标准的施工现场；（6）发现可能影响抗震质量的问题时，责令相关单位进行必要的检测、鉴定。

90．C、D、E。设计单位应就审查合格的施工图设计文件向施工单位作出详细说明。除有特殊要求的建筑材料、专用设备、工艺生产线等外，设计单位不得指定生产厂、供应商。设计单位还应当参与建设工程质量事故分析，并对因设计造成的质量事故，提出相应的技术处理方案。

91．A、C。选项B错误，分包单位应当按照分包合同的约定对其分包工程的质量向总承包单位负责，总承包单位与分包单位对分包工程的质量承担连带责任。选项D错误，施工单位在施工过程中发现设计文件和图纸有差错的，应当及时提出意见和建议。选项E错误，隔震减震装置属于建设工程主体结构的施工，应当由总承包单位自行完成。

92．A、C、D。在正常使用条件下，建设工程最低保修期限为：（1）基础设施工程、房屋建筑的地基基础工程和主体结构工程，为设计文件规定的该工程合理使用年限；（2）屋面防水工程、有防水要求的卫生间、房间和外墙面的防渗漏，为5年，故选项B错误；（3）供热与供冷系统，为2个采暖期、供冷期；（4）电气管道、给排水管道、设备安装和装修工程，为2年。建设工程的保修期，自竣工验收合格之日起计算。故选项E错误。

93．B、C、D、E。施工单位应当制定具体的施工扬尘污染防治实施方案。从事房屋建筑、市政基础设施建设、河道整治以及建筑物拆除等的施工单位，应当向负责监督管理扬尘污染防治的主管部门备案。建筑土方、工程渣土、建筑垃圾应当及时清运；在场地内堆存的，应当采用密闭式防尘网遮盖。工程渣土、建筑垃圾应当进行资源化处理。施工单位应当在施工工地公示扬尘污染防治措施、负责人、扬尘监督管理主管部门等信息。

94．D、E。在历史文化街区、名镇、名村核心保护范围内，不得进行新建、扩建活动。但是，新建、扩建必要的基础设施和公共服务设施除外。

95．A、C。《劳动合同法》规定，下列劳动合同无效或者部分无效：（1）以欺诈、胁迫的手段或者乘人之危，使对方在违背真实意思的情况下订立或者变更劳动合同的；（2）用人单位免除自己的法定责任、排除劳动者权利的；（3）违反法律、行政法规强制性规定的。

96．A、B、D、E。未成年工的特殊保护是针对未成年工处于生长发育期的特点，一般情况下，对未成年工实行缩短工作时间，禁止安排未成年工从事夜班工作和加班加点工作。《劳动法》规定，不得安排未成年工从事矿山井下、有毒有害、国家规定的第四级体力劳动强度的劳动和其他禁忌从事的劳动。用人单位应按下列时间要求对未成年工定期进行健康检查：（1）安排工作岗位之前；（2）工作满1年；（3）年满18周岁，距前一次的体检时间已超过半年。

97．B、C、E。有下列情形之一耽误申请时间的，应当认定为不属于职工或者其近亲属自身原因：（1）不可抗力；（2）人身自由受到限制；（3）属于用人单位原因；（4）社会保险行政部门登记制度不完善；（5）当事人对是否存在劳动关系申请仲裁、提起民事诉讼。选项B符合“不可抗力”的情形，即地震作为自然灾害，属于申请人无法预见、避免和克服的客观情况，因此不应视为申请人自身原因导致的延误。选项C属于“属于用人单位原因”的情形。由于用人单位的过失导致职工权益受损，不应归咎于职工自身。选项E属于“社会保险行政部门登记制度不完善”的情形。行政部门系统升级导致的服务中断，属于行政部门的管理问题，不应视为申请人自身的过错。

98．B、C。《仲裁法》规定，当事人申请仲裁后，可以自行和解。当事人达成和解协议的，可以请求仲裁庭根据和解协议作出裁决书，也可以撤回仲裁申请。如果当事人撤回仲裁申请后反悔的，可以根据仲裁协议申请仲裁。

99．A、C、D。下列案件由人民法院专属管辖：（1）因不动产纠纷提起的诉讼，由不动产所在地人民法院管辖；农村土地承包经营合同纠纷、房屋租赁合同纠纷、建设工程施工合同纠纷、政策性房屋买卖合同纠纷，按照不动产纠纷确定管辖。不动产已登记的，以不动产登记簿记载的所在地为不动产所在地；不动产未登记的，以不动产实际所在地为不动产所在地。（2）因港口作业中发生纠纷提起的诉讼，由港口所在地人民法院管辖。（3）因继承遗产纠纷提起的诉讼，由被继承人死亡时住所地或者主要遗产所在地人民法院管辖。

100．A、B、C、E。《行政复议法》规定，行政复议期间有下列情形之一的，行政复议中止：（1）作为申请人的公民死亡，其近亲属尚未确定是否参加行政复议；（2）作为申请人的公民丧失参加行政复议的行为能力，尚未确定法定代理人参加行政复议；（3）作为申请人的公民下落不明；（4）作为申请人的法人或者其他组织终止，尚未确定权利义务承受人；（5）申请人、被申请人因不可抗力或者其他正当理由，不能参加行政复议；（6）依照规定进行调解、和解，申请人和被申请人同意中止；（7）行政复议案件涉及的法律适用问题需要有权机关作出解释或者确认；（8）行政复议案件审理需要以其他案件的审理结果为依据，而其他案件尚未审结；（9）有《行政复议法》第 56 条或者第 57 条规定的情形；（10）需要中止行政复议的其他情形。

#《水利水电工程管理与实务》

考前第 1 套卷及解析

《水利水电工程管理与实务》考前第 1 套卷

一、单项选择题（共 20 题，每题 1 分。每题的备选项中，只有 1 个最符合题意）

1. 工程测量中使用的 DS3 型水准仪属于（　　）。
   A．精密水准仪，用于国家一、二等精密水准测量
   B．普通水准仪，用于国家三、四等水准及普通水准测量
   C．精密水准仪，用于国家三、四等水准及普通水准测量
   D．普通水准仪，用于国家一、二等精密水准测量
2. 下列描述边坡变形破坏的现象中，蠕变是指（　　）。
   A．土体发生长期缓慢的塑性变形　　B．土体裂隙张开，无明显相对位移
   C．土体沿贯通的剪切破坏面滑动　　D．岩体突然脱离母岩
3. 根据《水利水电工程等级划分及洪水标准》SL 252—2017，某泵站工程等别为Ⅱ等，其次要建筑物级别应为（　　）级。
   A．2　　B．3
   C．4　　D．5
4. 防洪库容指的是（　　）之间的水库容积。
   A．校核洪水位与防洪限制水位　　B．设计洪水位与正常蓄水位
   C．防洪限制水位与死水位　　D．防洪高水位与防洪限制水位
5. 水位变化区域的外部混凝土、溢流面受水流冲刷部位的混凝土避免采用（　　）。
   A．硅酸盐水泥　　B．普通硅酸盐水泥
   C．硅酸盐大坝水泥　　D．火山灰质硅酸盐水泥
6. 天然砂料作为混凝土细集料时，含泥量宜小于（　　）。
   A．1%　　B．2%
   C．3%　　D．4%
7. 在拌合机口应进行混凝土坍落度检测，抽样频次为（　　）。
   A．1 次 /1h　　B．1 次 /2h
   C．1 次 /4h　　D．1 次 /8h
8. 下列措施中，不能改善龙口水力条件的是（　　）。
   A．双戗截流　　B．单戗截流
   C．宽戗截流　　D．平抛垫底
9. 一般情况下，岩石基础灌浆的灌浆孔基岩段长度小于（　　）m，可采用全孔一次灌浆法。
   A．6　　B．10
   C．16　　D．32
10. 围岩的稳定性评价为基本稳定，则该围岩类型为（　　）。
   A．Ⅰ　　B．Ⅱ
   C．Ⅳ　　D．Ⅴ

11．土石坝填筑施工时，砂砾石的填筑标准应以（　　）作为设计控制指标。

A．压实度　　B．最优含水率

C．最大干密度　　D．相对密度

12．将水流挑离堤岸，防止水流、波浪对堤岸的冲刷，多用于游荡性河流的护岸形式是（　　）。

A．坝式护岸　　B．墙式护岸

C．坡式护岸　　D．混合式护岸

13．关于对ZZ560—LH—450型水轮机描述的说法，错误的是（　　）。

A．轴流定桨式水轮机　　B．混凝土蜗壳

C．立轴式结构　　D．转轮标称直径为4.5m

14．在流域范围内制定的防洪、治涝、灌溉、航运、供水、水力发电、竹木流放、渔业、水资源保护、水土保持、防沙治沙、节约用水等规划属于（　　）。

A．区域规划　　B．水资源综合规划

C．流域专业规划　　D．流域综合规划

15．根据水利水电工程施工安全用电要求，在潮湿和易触及带电体场所的照明电源的最大电压应为（　　）V。

A．12　　B．24

C．36　　D．38

16．根据《水利水电工程施工组织设计规范》SL 303—2017，工程建设全过程可划分为工程筹建期、工程准备期、主体工程施工期和工程完建期四个施工时段，下列内容宜在工程准备期实施的是（　　）。

A．对外交通　　B．施工供电

C．场地平整　　D．移民安置

17．关于机电及金属结构设备制造监理专业资质等级的说法，正确的是（　　）。

A．不分级　　B．分为甲、乙两个等级

C．分为专业甲、乙、丙三个等级　　D．分为甲、乙、丙三个等级

18．水利工程施工合同中约定的分包单位进场需要经（　　）批准。

A．总包单位　　B．质量监督单位

C．水行政主管部门　　D．监理单位

19．施工场地禁止标志的几何图形是（　　）。

A．带斜杠的圆环　　B．正三角形

C．等腰梯形　　D．方形

20．工程弃渣堆放处每月应进行（　　）次环境监测。

A．1　　B．2

C．3　　D．4

二、多项选择题（共10题，每题2分。每题的备选项中，有2个或2个以上符合题意，至少有1个错项。错选，本题不得分；少选，所选的每个选项得0.5分）

21．根据《水利水电工程等级划分及洪水标准》SL 252—2017，水利水电工程的等别根据其工程规模、效益和经济社会中的重要性可划分为五等，下列属于Ⅲ等的有（　　）。

A．总库容 1 亿 m^3

B．总库容 0.3 亿 m^3

C．总库容 0.1 亿 m^3

D．年引水量 1 亿 m^3

E．年引水量 0.3 亿 m^3

22．下列水工建筑物中，属于临时性水工建筑物的有（　　）。

A．电站厂房

B．导流墙

C．导流隧洞

D．导流明渠

E．围堰

23．常用于均质土坝土料的有（　　）。

A．砂质黏土

B．壤土

C．黏土

D．中砂

E．砾石

24．水利工程施工中，进行钢筋质量检验的主要指标有（　　）。

A．含碳量

B．屈服强度

C．极限强度

D．伸长率

E．冷弯性能

25．碾压土石坝填筑施工中，土料填筑压实参数有（　　）。

A．碾压机具的重量

B．含水量

C．碾压遍数

D．铺土厚度

E．碾压密度

26．下列起重设备中，属于移动式启闭机的有（　　）。

A．螺杆式启闭机

B．门式启闭机

C．链式启闭机

D．台车式启闭机

E．液压式启闭机

27．水利工程建设项目管理“三项”制度包括（　　）。

A．项目法人责任制

B．政府监督制

C．招标投标制

D．建设监理制

E．业主负责制

28．根据相关规定，政府验收包括（　　）等。

A．阶段验收

B．竣工验收

C．专项验收

D．单位工程验收

E．水电站（泵站）中间机组启动验收

29．水利工程施工合同钢筋子目计量时，包含在钢筋单价中，不另行支付的有（　　）。

A．箍筋

B．主筋

C．架立筋

D．搭接钢筋

E．套筒连接

30．根据《构建水利安全生产风险管控“六项机制”的实施意见》（水监督〔2022〕309 号），属于“六项机制”的有（　　）。

A．风险转移

B．风险预警

C．风险查找

D．风险防范

E．风险处置

三、实务操作和案例分析题（共5题，（一）、（二）、（三）题各20分，（四）、（五）题各30分）

（一）

背景资料：

某水闸工程，闸室共3孔，每孔净宽10m。底板顶面高程为20.0m，闸墩顶高为32.0m，墩顶以上为混凝土排架、启闭机房及公路桥。

监理人向承包人发出的开工通知中载明的开工时间为第一年10月1日。闸室施工内容包括基坑开挖、闸底板垫层混凝土、闸墩混凝土、闸底板混凝土、闸门安装及调试、门槽二期混凝土、底槛及导轨等埋件安装、闸上公路桥等各项工作，承包人编制经监理人批准的闸室施工进度计划如图1所示（每月按30d计，不考虑工作之间的搭接）。

序号	工作名称	持续时间(d)	第一年			第二年				
			10	11	12	1	2	3	4	5
1	基坑开挖	30								
2	A	20		——						
3	B	30		——	——					
4	C	55			——	——	——			
5	底槛及导轨等埋件安装	20								
6	D	25						——		
7	E	15							——	
8	闸上公路桥	30							——	——
计划完成工程价款(万元)			150	160	180	200	190	170	130	100

图1　闸室施工进度计划

工程施工过程中发生如下事件：

事件1：承包人收到发包人提供的测量基准点等相关资料后，开展了施工测量，并将施工控制网资料提交监理人审批。

事件2：闸墩混凝土浇筑完成后，施工单位依据相关规范对闸墩混凝土单元工程质量及其包含的混凝土浇筑等工序质量进行了评定。

事件3：为方便施工，加快施工进度，施工单位在未经复核的情况下，当现浇桥面板混凝土强度达到设计强度的70%时即拆除脚手架及承重模板。一辆特种起重机在桥上进行吊装作业时，桥面发生坍塌，造成3人死亡，直接经济损失300万元。

问题：

1. 指出图1中A、B、C、D、E分别代表的工作名称；分别指出基坑开挖和底槛及导轨等埋件安装两项工作的计划开始时间和完成时间。

2. 事件1中，除测量基准点外，发包人还应提供哪些基准资料？承包人应在收到发包人提供的基准资料后多少天内向监理人提交施工控制网资料？

3. 事件2中，除混凝土浇筑工序外，闸墩混凝土单元工程中还包括哪些工序？

4. 根据《水工混凝土施工规范》SL 677—2014，说明桥面板拆模时机是否正确，为什么？

5. 根据《水利部生产安全事故应急预案》（水监督〔2021〕391号），指出本工程的事故等级。

答题区:

（二）

背景资料：

某中型水利枢纽工程主要建设内容包括泄洪洞、河床式发电厂房、挡水坝段等。发包人依据《水利水电工程标准施工招标文件》（2009年版）与承包人签订了施工合同。合同约定：

（1）签订合同价为15800万元。

（2）合同工期40个月，开工日期为2021年10月21日。

（3）工程预付款为签约合同价的10%，开工前一次性支付，按 $R=\dfrac{A}{(F_2-F_1)S}(C-F_1S)$（其中 F_2=90%，F_1=20%）扣回。

（4）提交履约保证金，不扣留质量保证金。

施工期间发生如下事件：

事件1：主体工程开工前，承包人向监理人提交了详细的施工总进度计划和开工报审表，经监理人批准的施工进度计划中，部分关键节点内容见表1。

表1　关键施工节点表（部分）

序号	节点日期	节点内容
1	2022年3月30日	基本完成导流工程，进行<u>A</u>验收，开始主体工程施工
4	2024年10月30日	完成泄洪洞及安全鉴定，进行<u>B</u>验收，导流泄水建筑物下闸封堵
5	2025年2月20日	完成全部施工内容，进行<u>C</u>验收

事件2：2023年6月，因遭遇当地百年一遇的降雨，施工进度因此延迟20d。监理单位要求承包人根据实际情况提交新施工进度计划及采取赶工措施，承包人认为该事件属于不可抗力因素，拒绝监理人的要求。

事件3：截至2024年5月份，累计已完成合同额12500万元；6月份完成合同额1780万元，承包人按合同约定向监理人提交了2024年6月份的进度付款申请单及相应的支持性证明。

问题：

1. 事件1中，承包人提交的开工报审表的主要内容有哪些？
2. 分别写出表1中A、B、C三个验收的具体名称及验收主持单位。
3. 事件2中，承包人的做法是否正确？说明理由。
4. 根据事件3，计算6月份的预付款以及实际工程款。（计算结果保留两位小数）
5. 承包人提交的进度付款申请单的内容有哪些？

答题区:

（三）

背景资料：

某施工单位中标一水利枢纽工程，地基是岩基。工程包括水库、混凝土坝、泵站、溢洪道等，合同工期为12个月。水库总库容为1.4亿m^3，年引水量为2亿m^3，施工单位中标后与招标人签订了合同，按照合同要求进场施工。

施工过程中发生如下事件：

事件1：开挖至设计高程后，施工单位对基础面表面松软岩石、棱角和反坡进行清除，随即开仓浇筑。

事件2：混凝土坝根据设计要求，需要能够抵抗1.2MPa的水压力不渗水，同时具有良好的抗冻性。施工单位按照要求对混凝土试块进行了抗渗性和抗冻性试验，发现混凝土试块抗渗等级为W10、抗冻等级为F100。

事件3：施工过程中，大坝坝基采用水泥灌浆，灌浆采用两排孔，分三序施工，其施工次序如图2所示。根据施工安排在基岩上浇筑一层坝体混凝土后再进行钻孔灌浆。灌浆后施工单位对其进行了质量检查。

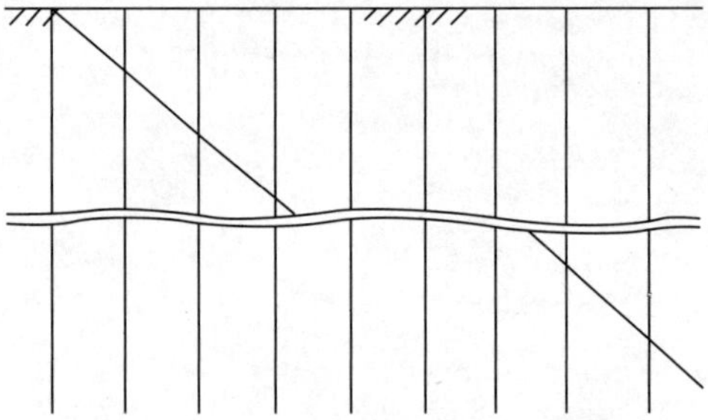

图2　灌浆次序图

注：P为先导孔；④为第一次序孔

事件4：混凝土大坝施工中，施工单位根据相关规定对混凝土进行质量检查。可采用钻孔取芯和无损检验的方法。

问题：

1．说明此水利枢纽工程的等别规模、混凝土坝和临时性水工建筑物的级别。

2．事件1中，施工单位对基础面处理措施和程序是否完善？请说明理由。

3．事件2中W10、F100分别表示什么意思？是否满足混凝土大坝的抗渗要求？

4．事件3中该灌浆的作用是什么？指出图2灌浆中第二次序孔、第三次序孔分别是哪些？该灌浆两排排孔的灌浆顺序是什么？说明帷幕灌浆质量合格的要求。

5．事件4中现场混凝土质量检验应以什么强度为主？钻孔取芯和无损检测这两种方法中，一般采用什么方法？

答题区：

（四）

背景资料：

某河水闸工程主要包括闸门的安装、闸底板的修护、周围翼墙的重建、工作桥和交通桥的施工、启闭机安装等工作。此工程采取公开招标方式招标，招标人依据《水利水电工程标准施工招标文件》（2009 年版）编制招标文件。招标代理机构在“中国招标投标公共服务平台”刊登的招标公告要求投标人购买招标文件时须提交信用等级材料，而工程所在地省级招标平台公告中无此要求。

招标文件明确：

（1）本工程保修期一年，自工程通过竣工验收之日起计算。

（2）投标人近 5 年至少应具有 2 项合同价 2500 万元以上的类似工程业绩。

事件 1：评标委员会在评标过程中发现投标人 A 的投标报价清单中，某一项关键项目的单价与工程量的乘积比相应总价多 10 万元。

事件 2：评标后最终甲投标人中标，招标人给甲发送中标通知书但是没有通知其他投标人。招标人与投标人甲签订合同后的 10 个工作日后退还未中标的投标人的投标保证金。

事件 3：水闸的上游连接段划分为一个分部工程，包括 20 个单元工程。经质量检验，20 个单元工程质量全部合格，其中 16 个单元工程质量优良；主要单元工程共有 10 个，达到优良的有 8 个。该分部工程施工中未发生质量事故。

问题：

1．指出招标程序和招标文件中的不妥之处，并说明理由。

2．指出背景材料中提到的类似工程业绩包括哪几个方面的类似？类似工程的业绩证明资料有哪些？

3．事件 1 中情况应如何处理？

4．指出并改正事件 2 中招标人做法的不妥之处。

5．根据事件 3，指出该分部工程的质量等级，并说明理由。

答题区：

（五）

背景资料：

某泵站土建工程，根据《水利水电工程标准施工招标文件》（2009年版）编制了招标文件。招标文件约定：

（1）模板工程费用不单独计量和支付，摊入到相应混凝土单价中。

（2）投标最高限价2800万元，投标最低限价2100万元。

（3）若签约合同价低于投标最高限价的20%，履约保证金由签约合同价的10%提高到15%。

（4）永久占地应严格限定在发包人提供的永久施工用地范围内，临时施工用地由承包人负责，费用包含在投标报价中。

（5）承包人应严格执行投标文件承诺的施工进度计划，实施期间不得调整。

（6）工程预付款总金额为签约合同价的10%，以履约保证金担保。

依据水利部现行定额及编制规定，某投标人编制了排架C25混凝土单价分析表（表2）。

表2　排架C25混凝土单价分析（100m^3）

序号	费用名称	单位	数量	单价（元）
一	直接费	—	—	—
（一）	直接费	—	—	—
1	人工费	工时	120	84.2
2	材料费	元	—	—
（1）	A	m^3	190	3.84
（2）	商品混凝土C25	m^3	103	B
3	机械使用费	元	—	C
（1）	振捣器1.1kW	台时	44	2.0
（2）	风（砂）水枪6m^3/min	台时	2	50.20
（3）	搅拌机	台时	100	25.50
（二）	其他直接费（费率3%）	—	—	—
二	间接费（费率5%）	—	—	—
三	利润（费率7%）	—	—	—
四	D	—	—	—
五	税金	—	—	—
六	工程单价	—	—	—

招标投标及施工过程中发生如下事件：

事件1：投标截止后，投标人A发现排架混凝土单价分析时未摊入模板费用，以投标文件修改函向招标人提出修改该单价分析表，否则放弃本次投标。

事件2：经过评标，B单位中标。工程实施过程中，B单位认为某部位C20混凝土强度偏低，建议将C20变更为C25。经协商后，监理人将闸底板混凝土自C20变更为C25。B单位按照变更估计原则，以现行材料价格为基础提交了新单价。

事件3：在某批钢筋进场后，施工、监理单位共同检查了其出厂质量证明书和外观质量，并测量了钢筋的直径，合格后随机抽取了一根钢筋在其端部先截去300mm后又截取了一个抗拉试件和一个冷弯试件进行检验。

问题：

1．指出招标文件约定中的不妥之处。

2．指出排架C25混凝土单价分析表中，A、B、C、D所代表的名称（或型号规格）。

3．对于事件1中投标人修改排架C25混凝土单价分析表的有关做法，招标人应如何处理？评标委员会能否要求投标人以投标文件澄清答复方式增加模板费用？说明理由。

4．事件2中，B单位的做法是否正确？说明理由。

5．指出并改正事件3中的不妥之处。

答题区：

考前第1套卷参考答案及解析

一、单项选择题

1. B	2. A	3. B	4. D	5. D
6. C	7. B	8. B	9. A	10. B
11. D	12. A	13. A	14. C	15. B
16. C	17. B	18. D	19. A	20. A

【解析】

1. B。水准仪按精度不同划分为4个等级，分为普通水准仪（DS3、DS10）和精密水准仪（DS05、DS1）。普通水准仪用于国家三、四等水准及普通水准测量，工程测量中一般使用DS3型微倾式普通水准仪，精密水准仪用于国家一、二等精密水准测量。

2. A。松弛张裂：是指由于临谷部位的岩体被冲刷侵蚀或人工开挖，使边坡岩体失去约束，应力重新调整分布，从而使岸坡岩体发生向临空面方向的回弹变形及产生近平行于边坡的拉张裂隙，一般称为边坡卸荷裂隙。蠕变：是指边坡岩（土）体主要在重力作用下向临空方向发生长期缓慢的塑性变形的现象，有表层蠕动和深层蠕动两种类型。崩塌：是指较陡边坡上的岩（土）体在重力作用下突然脱离母体崩落、滚动堆积于坡脚的地质现象。在坚硬岩体中发生的崩塌也称岩崩，而在土体中发生的则称土崩。滑坡：是指边坡岩（土）体主要在重力作用下沿贯通的剪切破坏面发生滑动破坏的现象。在边坡的破坏形式中，滑坡是分布最广、危害最大的一种。它在坚硬或松软岩层、陡倾或缓倾岩层以及陡坡或缓坡地形中均可发生。

3. B。水利水电工程的永久性水工建筑物的级别应根据建筑物所在工程的等别以及永久性水工建筑物的重要性确定，一共五级，分别为1、2、3、4、5级，见表3。

表3　永久性水工建筑物级别

工程等别	主要建筑物	次要建筑物	工程等别	主要建筑物	次要建筑物
Ⅰ	1	3	Ⅳ	4	5
Ⅱ	2	3	Ⅴ	5	5
Ⅲ	3	4			

4. D。防洪库容是指防洪高水位至防洪限制水位之间的水库容积。水库特征水位和相应库容关系如图3所示。

5. D。水泥的适用范围：（1）水位变化区域的外部混凝土、溢流面受水流冲刷部位的混凝土，应优先选用硅酸盐水泥、普通硅酸盐水泥、硅酸盐大坝水泥，避免采用火山灰质硅酸盐水泥。（2）有抗冻要求的混凝土，应优先选用硅酸盐水泥、普通硅酸盐水泥、硅酸盐大坝水泥，并掺用引气剂或塑化剂，以提高混凝土的抗冻性。当环境水兼硫酸盐侵蚀时，应优先选用抗硫酸盐硅酸盐水泥。（3）大体积建筑物内部的混凝土，应优先选用矿渣硅酸盐大

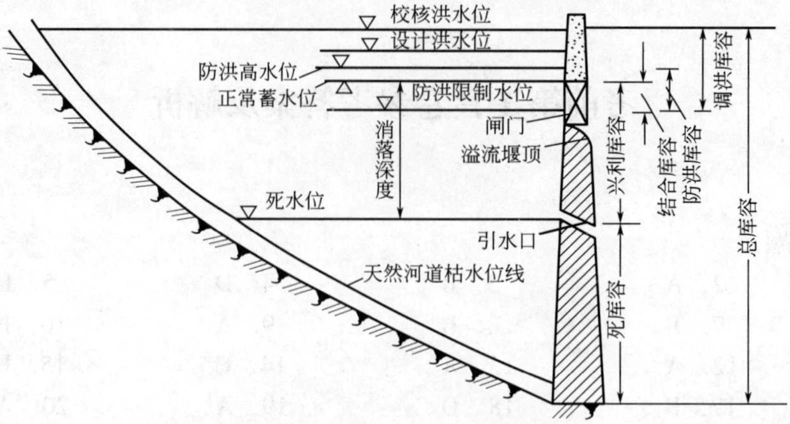

图 3　水库特征水位和相应库容关系

坝水泥、矿渣硅酸盐水泥、粉煤灰硅酸盐水泥、火山灰质硅酸盐水泥等，以适应低热性的要求。（4）位于水中和地下部位的混凝土，宜采用矿渣硅酸盐水泥、粉煤灰硅酸盐水泥、火山灰质硅酸盐水泥等。

6．C。细集料（砂）的质量技术要求见表 4。

表 4　细集料（砂）的质量技术要求

项目	指标	备注
天然砂中含泥量	≤ 3%	含泥量指粒径小于 0.08mm 的细屑、淤泥和黏土的总量，不得含有泥块
人工砂中石粉含量	6% ～ 8%	石粉指小于 0.16mm 的颗粒
坚固性	≤ 8%	有抗冻要求的混凝土
	≤ 10%	无抗冻要求的混凝土
云母含量	≤ 2%	—
表观密度（kg/m^3）	≥ 2500	—
轻物质含量	≤ 1%	表观密度小于 $2000kg/m^3$
硫化物及硫酸盐含量	≤ 1%	按质量折算成 SO_3
有机质含量	浅于标准色	如深于标准色，应配成砂浆，进行强度对比试验

7．B。混凝土检测项目和抽样频次等一览表见表 5。

表 5　混凝土检测项目和抽样频次等一览表

检测项目	检测名称	取样地点	抽样频次	检测目的
新拌和混凝土	坍落度	拌合机口	1 次 /2h	检测和易性
	水胶比		1 次 /2h	控制强度
	含气量		1 次 /2h	调整剂量
	湿度		根据需要	冬夏期施工及温度控制
硬化混凝土	抗压强度（以 28d 龄期为主，适量 7d、90d 强度）	拌合机口	1 次 /4h 或 1 次（150 ～ $300m^3$）	检测混凝土强度、混凝土生产控制水平

8. B。龙口水力条件是影响截流的重要因素，改善龙口水力条件的措施有双戗截流、三戗截流、宽戗截流、平抛垫底等。

9. A。灌浆孔的基岩段长度小于6m时，可采用全孔一次灌浆法；大于6m时，可采用自上而下分段灌浆法、自下而上分段灌浆法、综合灌浆法或孔口封闭灌浆法。

10. B。地下洞室的围岩可以岩石强度、岩体完整程度、结构面状态、地下水和主要结构面产状等五项因素之和的总评分为基本依据，以围岩强度应力比为参考依据，进行地质分类，见表6。

表6 围岩工程地质分类

围岩类型	围岩稳定性评价	支护类型
Ⅰ	稳定。围岩可长期稳定，一般无不稳定块体	不支护
Ⅱ	基本稳定。围岩整体稳定，不会产生塑性变形，局部可能产生掉块	不支护或局部锚杆或喷薄层混凝土。大跨度时，喷混凝土、系统锚杆加钢筋网
Ⅲ	稳定性差。围岩强度不足，局部会产生塑性变形，不支护可能产生塌方或变形破坏。完整的较软岩，可能暂时稳定	喷混凝土，系统锚杆加钢筋网。跨度为20～50m时，浇筑混凝土衬砌
Ⅳ	不稳定。围岩自稳时间很短，规模较大的各种变形和破坏都可能发生	喷混凝土、系统锚杆加钢筋网或加钢架构
Ⅴ	极不稳定。围岩不能自稳，变形破坏严重	管棚、喷混凝土、系统锚杆、钢架构，必要时进行二次支护

11. D。含砾和不含砾的黏性土的填筑标准应以压实度和最优含水率作为设计控制指标。设计最大干密度应以击实最大干密度乘以压实度求得。砂砾石和砂的填筑标准应以相对密度作为设计控制指标。砂砾石的相对密度不应低于0.75，砂的相对密度不应低于0.7，反滤料宜为0.7。

12. A。堤岸防护工程一般可分为坡式护岸（平顺护岸）、坝式护岸、墙式护岸等几种。坝式护岸是指修建丁坝、顺坝，将水流挑离堤岸，以防止水流、波浪或潮汐对堤岸边地的冲刷，这种形式多用于游荡性河流的护岸。墙式护岸是指顺堤岸修筑竖直陡坡式挡墙，这种形式多用于城区河流或海岸防护。在河道狭窄，堤外无滩且易受水冲刷，受地形条件或已建建筑物限制的重要堤段，常采用墙式护岸。坡式护岸对河床边界条件改变和对近岸水流条件的影响均较小，是较常采用的形式。

13. A。水轮机的型号由三部分组成，每一部分用短横线“-”隔开，各部分符号的表示方法如图4所示。

ZZ560-LH-450中，ZZ表示轴流转桨式水轮机；560表示转轮型号；LH表示立轴，混凝土蜗壳；450表示转轮标称直径为4.5m。

14. C。《中华人民共和国水法》第十四条规定，国家制定全国水资源战略规划。开发、利用、节约、保护水资源和防治水害，应当按照流域、区域统一制定规划。规划分为流域规划和区域规划。流域规划包括流域综合规划和流域专业规划；区域规划包括区域综合规划和区域专业规划。前款所称综合规划，是指根据经济社会发展需要和水资源开发利用现状编制的开发、利用、节约、保护水资源和防治水害的总体部署。前款所称专业规划，是指防洪、治涝、灌溉、航运、供水、水力发电、竹木流放、渔业、水资源保护、水土保持、防沙治

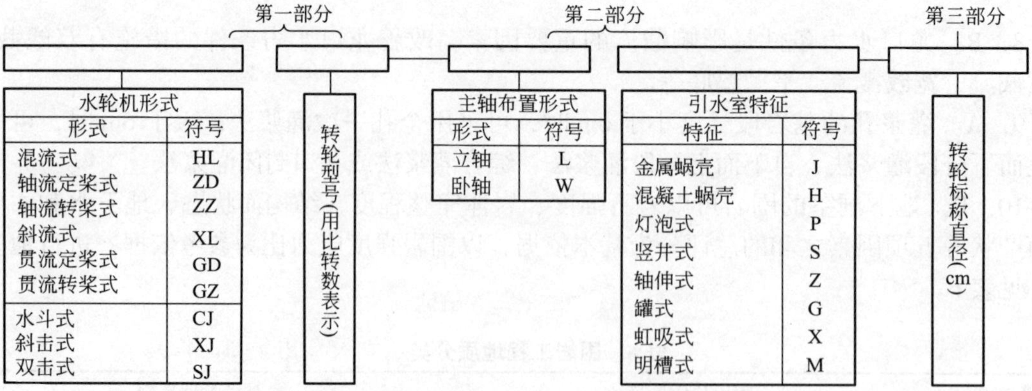

图 4　水轮机的型号各部分符号的表示方法

沙、节约用水等规划。

15. B。一般场所宜选用额定电压为 220V 的照明器，对下列特殊场所应使用安全电压照明器：

（1）地下工程，有高温、导电灰尘，且灯具离地面高度低于 2.5m 等场所的照明，电源电压应不大于 36V；

（2）在潮湿和易触及带电体场所的照明电源电压不得大于 24V；

（3）在特别潮湿的场所、导电良好的地面、锅炉或金属容器内工作的照明电源电压不得大于 12V。

16. C。根据《水利水电工程施工组织设计规范》SL 303—2017，工程建设全过程可划分为工程筹建期、工程准备期、主体工程施工期和工程完建期四个施工时段。工程准备期工作内容宜包括场地平整、场内交通、施工工厂设施、必要的生活生产房屋建设以及实施经批准的试验性工程等。根据确定的施工导流方案，工程准备期内还应完成必要的导流工程。选项 A、B、D 属于工程筹建期工作内容。

17. B。水利工程建设监理单位资质分为水利工程施工监理、水土保持工程施工监理、机电及金属结构设备制造监理、水利工程建设环境保护监理四个专业。其中，水利工程施工监理、水土保持工程施工监理专业资质等级分为甲级、乙级、丙级三个等级，机电及金属结构设备制造监理专业资质分为甲级、乙级两个等级，水利工程建设环境保护监理专业资质暂不分级。

18. D。投标文件中载明或在施工合同中约定采用工程分包的，应当明确分包单位的名称、资质、业绩、分包项目内容、现场主要管理人员及设备资源等相关内容。分包单位进场需经监理单位批准。

19. A。警告标志的几何图形是黑色的正三角形，黑色符号和黄色背景。黄色，传递注意、警告的信息。禁止标志的几何图形是带斜杠的圆环，其中圆环与斜杠相连，用红色，图形符号用黑色，背景用白色。红色，传递禁止、停止、危险或提示消防设备、设施的信息。指令标志的几何图形是圆形，蓝色背景，白色图形符号。蓝色，传递必须遵守规定的指令性信息。提示标志的几何图形通常是方形（增加辅助标志时可以是矩形），绿色背景，白色图形符号及文字。绿色，传递安全的提示性信息。

20. A。工程弃渣堆放处每月 1 次环境监测，雨季每周 1 次环境监测；固体废物露天堆放处每月 1 次环境监测，雨季每月 2 次环境监测。

二、多项选择题

21. B、C、D　22. C、D、E　23. A、B　24. C、D、E　25. A、B、C、D
26. B、D　27. A、C、D　28. A、B、C　29. C、D、E　30. B、C、D、E

【解析】

21. B、C、D。根据《水利水电工程等级划分及洪水标准》SL 252—2017，水利水电工程的等别，根据其工程规模、效益和在经济社会中的重要性可划分为五等。其中，$0.1\times10^8m^3$ ≤水库总库容 $<1\times10^8m^3$ 时，工程类别为Ⅲ等；$1\times10^8m^3$ ≤年引水量 $<3\times10^8m^3$ 时，工程类别为Ⅲ等。故选项B、C、D为Ⅲ等；选项A为Ⅱ等；选项E为Ⅳ等。

22. C、D、E。临时性水工建筑物是指工程施工期间使用的建筑物，如围堰、导流隧洞、导流明渠等。选项A属于主要建筑物；选项B属于次要建筑物。

23. A、B。常用于均质土坝的土料是砂质黏土和壤土，要求其应具有一定的抗渗性和强度，其渗透系数不宜大于 1×10^{-4}cm/s；黏料含量一般为10%～30%；有机质含量（按重量计）不大于5%，易溶盐含量小于5%。

24. C、D、E。钢筋可分为有物理屈服点的钢筋和无物理屈服点的钢筋。屈服强度、极限强度、伸长率和冷弯性能是有物理屈服点钢筋进行质量检验的四项主要指标，而对无物理屈服点的钢筋则只测定后三项。

25. A、B、C、D。土料填筑压实参数主要包括碾压机具的重量、含水量、碾压遍数及铺土厚度等，对于振动碾还应包括振动频率及行走速率等。

26. B、D。启闭机按结构形式分为固定卷扬式启闭机、液压式启闭机、螺杆式启闭机、轮盘式启闭机、移动式启闭机（包括门式启闭机、桥式启闭机和台车式启闭机）等。

27. A、C、D。水利工程项目建设实行项目法人责任制、招标投标制和建设监理制。简称“三项”制度。

28. A、B、C。水利水电建设工程验收按验收主持单位可分为法人验收和政府验收。法人验收应包括分部工程验收、单位工程验收、水电站（泵站）中间机组启动验收、合同工程完工验收等；政府验收应包括阶段验收、专项验收、竣工验收等。

29. C、D、E。钢筋按施工图纸所示钢筋强度等级、直径和长度计算的有效重量以t为单位计量，由发包人按《工程量清单》相应项目有效工程量的每吨工程单价支付。施工架立筋、搭接、套筒连接、加工及安装过程中操作损耗等所需费用，均包含在《工程量清单》相应项目有效工程量的每吨工程单价中，发包人不另行支付。

30. B、C、D、E。根据《构建水利安全生产风险管控“六项机制”的实施意见》（水监督〔2022〕309号），要准确把握水利安全生产的特点和规律，坚持风险预控、关口前移，分级管控、分类处置，源头防范、系统治理，构建水利安全生产风险查找、研判、预警、防范、处置和责任等风险管控“六项机制”。

三、实务操作和案例分析题

（一）

1. 图1中A、B、C、D、E代表的工作名称分别为：A：闸底板垫层混凝土；B：闸底板混凝土；C：闸墩混凝土；D：门槽二期混凝土；E：闸门安装及调试。

基坑开挖工作的计划开始时间为第一年10月1日，计划完成时间为第一年10月30日；底槛及导轨等埋件安装的计划开始时间为第二年2月16日，计划完成时间为第二年3月5日。

2．事件1中，除测量基准点外，发包人还应提供基准线和水准点及其相关资料。承包人应在收到上述资料后的28d内，将施测的施工控制网资料提交监理人审批。

3．闸墩混凝土单元工程还包括的工序：基础面或施工缝处理、模板安装、钢筋制作及安装、预埋件制作及安装、外观质量检查。

4．桥面板拆模时间不正确。

理由：因为桥面跨度大于8m，现浇桥面板混凝土强度应达到设计强度的100%时才可以拆模。

5．本工程的事故等级属于较大事故。

（二）

1．承包人提交的开工报审表的主要内容：按合同进度计划正常施工所需的施工道路临时设施、材料设备施工人员等施工组织措施的落实情况以及工程的进度安排。

2．表1中A、B、C三个验收的具体名称及验收主持单位如下：

A：枢纽工程导（截）流验收，由竣工验收主持单位或其委托的单位主持。

B：水库下闸蓄水验收，由竣工验收主持单位或其委托的单位主持。

C：合同工程完工验收，由项目法人主持。

3．承包人的做法不正确。

理由：《水利水电工程标准施工招标文件》（2009年版）通用合同条款规定，不可抗力造成工期延误时，承包人应采取赶工措施确保合同工期，否则需承担逾期违约责任。

监理人有权要求承包人提交新进度计划及赶工措施，承包人拒绝执行属于违约行为。

4．根据预付款扣回公式，截止到2024年5月份累计扣回的预付款为：R=15800×10%×（12500−20%×15800）/[（90%−20%）×15800]=1334.29万元；

截至5月累计完成合同额12500万元，6月完成1780万元，累计完成14280万元（12500+1780），大于15800×90%；所以6月份工程预付款扣还金额为15800×10%−1334.29=245.71万元。

承包人实得金额为1780−245.71=1534.29万元。

5．进度付款申请单内容包括：

（1）截至本次付款周期末已实施工程的价款。

（2）变更金额。

（3）索赔金额。

（4）应支付的预付款和扣减的返还预付款。

（5）应扣减的质量保证金。

（6）根据合同应增加和扣减的其他金额。

（三）

1．此水利枢纽工程的工程等别为Ⅱ等，规模为大（2）型，混凝土坝级别为2级，临时性水工建筑物级别为4级。

2．事件1中，施工单位对基础面处理措施和程序不完善。

理由：对于岩基，在爆破后，用人工清除表面松软岩石、棱角和反坡，并用高压水枪冲洗，若粘有油污和杂物，可用金属丝刷刷洗，直至洁净为止，最后，再用高压风吹至岩面无积水，经质检合格，才能开仓浇筑。

3. W10 表示混凝土能抵抗 1MPa 的水压力而不渗水；F100 表示混凝土能经受 100 次的冻融循环而不严重降低强度（抗压强度下降不超过 25%，重量损失不超过 5%）。

由于 1MPa<1.2MPa，故无法满足混凝土大坝的抗渗要求。

4. 该灌浆为帷幕灌浆（或防渗灌浆）。作用是：用浆液灌入岩体或土层的裂隙、孔隙，形成防水幕，以减小渗流量或降低扬压力。

图 2 中②、⑥为第二次序孔；①、③、⑤、⑦为第三次序孔。

灌浆顺序是先灌下游排孔，再灌上游排孔。

质量合格的要求：坝体混凝土与基岩接触段的透水率的合格率为 100%，其余各段的合格率不小于 96%，不合格试段的透水率不超过设计规定的 150%，且不合格试段的分布不集中。

5. 应以检测抗压强度为主。一般采用的是无损检测。

（四）

1. 招标程序和招标文件中的不妥之处及理由如下：

（1）不妥之处一：招标代理机构在某网站刊登的招标公告要求投标人购买招标文件时须提交信用等级材料，而在“中国招标投标公共服务平台”的招标公告中无此要求。

理由：招标人或其代理招标机构同步在不同媒体发布招标公告的内容需保持一致。

（2）不妥之处二：本工程保修期一年，自工程通过竣工验收之日起计算。

理由：河湖疏浚工程无工程质量保修期。

2. 业绩的类似性包括：功能、结构、规模、造价等方面。

类似工程的业绩证明资料有：中标通知书和（或）合同协议书、工程接收证书（工程竣工验收证书）、合同工程完工证书的复印件。

3. 对事件 1 的处理：应按关键项目的单价和工程量的乘积修正其总价及相应的投标总报价，并向投标人 A 发出澄清通知要求其确认。

4. 事件 2 中招标人做法的不妥之处及改正如下：

（1）不妥之处一：招标人给甲发送中标通知书但是没有通知其他投标人。

改正：招标人给甲发送中标通知书并通知未中标人。

（2）不妥之处二：招标人与投标人甲签订合同后的 10 个工作日退还未中标的投标人的投标保证金。

改正：招标人与投标人甲签订合同后的 5 个工作日内退还未中标的投标人和中标人的投标保证金及相应利息。

5. 该分部工程的质量等级为合格。

理由：分部工程优良标准为所含单元工程质量全部合格，其中 70% 以上达到优良标准，主要单元工程以及重要隐蔽单元工程（关键部位单元工程）质量优良率达 90% 以上，且未发生过质量事故。事件 3 所列主要单元工程质量优良率为 80%，不满足优良标准，只满足合格标准。

（五）

1．招标文件约定中的不妥之处如下：

（1）设定投标最低限价。

（2）履约保证金由签约合同价的10%提高到15%；

（3）承包人应严格执行投标文件承诺的施工进度计划，实施期间不得调整；

（4）临时占地由承包人负责。

2．排架C25混凝土单价分析表中，A、B、C、D所代表的名称（或型号规格）：A——水；B—200；C—2738.40；D—材料补差。

3．事件1中投标人修改排架C25混凝土单价分析表的有关做法，招标人应予以拒绝。若该投标人放弃投标，则没收其投标保证金。

评标委员会不能要求投标人以投标文件澄清答复方式增加模板费用。

理由：除计算性算术错误外，评标委员会不能要求投标人澄清投标文件实质性内容。

4．B单位的做法不正确。

理由：已标价工程量清单中有适用于变更工作的子目，可直接采用。

5．事件3中的不妥之处：施工、监理单位共同检查了其出厂质量证明书和外观质量，并测量了钢筋的直径，合格后随机抽取了一根钢筋在其端部先截去300mm后又截取了一个抗拉试件和一个冷弯试件进行检验。

改正：一个验收批检验，应随机选取2根经外部质量检查和直径测量合格的钢筋，各截取一个抗拉试件和一个冷弯试件进行检验，不得在同一根钢筋上取两个或两个以上同用途的试件。钢筋取样时，钢筋端部要先截去500mm再取试样。

#《水利水电工程管理与实务》
考前第 2 套卷及解析

《水利水电工程管理与实务》考前第2套卷

一、单项选择题（共20题，每题1分。每题的备选项中，只有1个最符合题意）

1. 测量土方开挖工程量，两次独立测量的差值小于7%时，可以作为最后工程量的是（　　）值。
   A．小数　　B．大数
   C．中数　　D．平均
2. 某水利工程，水库总库容10.6亿m^3，灌溉面积120万亩，该工程等别为（　　）等。
   A．Ⅰ　　B．Ⅱ
   C．Ⅲ　　D．Ⅳ
3. 校核洪水位到防洪限制水位之间的库容为（　　）。
   A．防洪库容　　B．调洪库容
   C．重叠库容　　D．兴利库容
4. 某水闸闸墩合理使用年限为50年，所处的侵蚀环境类别为四类，其钢筋的混凝土保护层最小厚度为（　　）mm。
   A．30　　B．35
   C．45　　D．55
5. 决定混凝土抗冻性的因素不包括（　　）。
   A．集料最大粒径　　B．混凝土的密实度
   C．孔隙的充水程度　　D．孔隙构造和数量
6. 在拌制混凝土过程中掺入适量的防水剂，其主要作用是（　　）。
   A．改善混凝土拌合物流变性能　　B．调节混凝土凝结硬化性能
   C．改善混凝土耐久性　　D．调节混凝土含气量
7. 图1所示的消能方式属于（　　）。

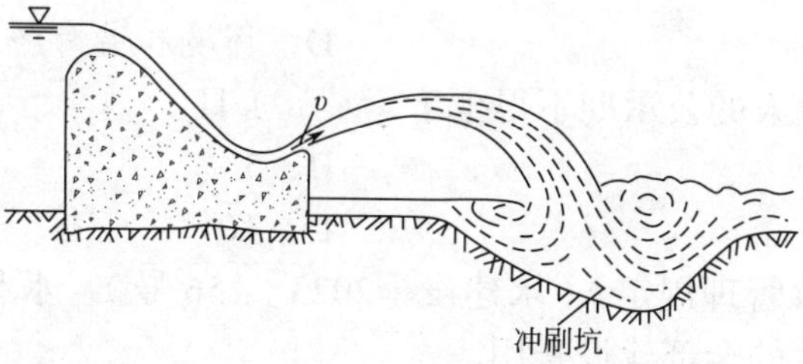

图1　消能方式

   A．底流消能　　B．挑流消能
   C．面流消能　　D．消力戽消能
8. 在建筑物和岩石之间进行灌浆，以增加接触面结合能力的灌浆方法是（　　）。
   A．固结灌浆　　B．帷幕灌浆
   C．接触灌浆　　D．回填灌浆

9. 水利水电工程施工中，将土石共分为16级，其中岩石分（　　）级。

A．6　　B．8

C．10　　D．12

10. 下列机械中，属于静压碾压机械的是（　　）。

A．振动碾　　B．夯板

C．履带推土机　　D．气胎碾

11. 混凝土结构物与土石坝坝身连接部位，填土前应涂刷浓黏性土浆，泥浆土与水的质量比宜为（　　）。

A．1∶1.5～1∶1.0　　B．1∶2.0～1∶1.5

C．1∶2.5～1∶2.0　　D．1∶3.0～1∶2.5

12. 下列关于横缝的说法，正确的是（　　）。

A．横缝是沿坝轴线方向划分坝段形成的缝

B．横缝将坝的全长划分为5～10m的若干坝段

C．横缝是垂直于坝轴线方向划分坝段形成的缝

D．横缝的缝宽通常为15～24m

13. 某固定卷扬式启闭机启闭力为800kN，该卷扬机属于（　　）。

A．小型　　B．中型

C．大型　　D．超大型

14. 建在蓄滞洪区内的房屋应当采用（　　）结构。

A．双层　　B．砖混

C．坡屋面　　D．平顶式

15. 某工程筹建期5个月，工程准备期6个月，主体工程施工期25个月，工程完建期4个月，该工程施工总工期为（　　）个月。

A．30　　B．35

C．36　　D．40

16. 根据《水利建设工程文明工地创建管理办法》（水精〔2014〕3号），下列工作中不属于文明工地创建评审范畴的是（　　）。

A．质量管理到位　　B．进度管理到位

C．安全施工到位　　D．环境和谐有序

17. 招标人公示中标候选人的公示期不得少于（　　）日。

A．3　　B．5

C．7　　D．10

18. 根据《水利工程造价管理规定》（水建设〔2023〕156号），水利工程造价是指（　　）到竣工验收阶段发生的全部建设费用。

A．工程规划　　B．项目建议书

C．可行性研究报告　　D．预可行性研究报告

19. 根据《水利部关于水利安全生产标准化达标动态管理的实施意见》（水监督〔2021〕143号），达标单位在证书有效期内累计记分达到（　　）分，实施黄牌警示。

A．5　　B．10

C．15　　D．20

20. 环境监测的方法不包括（　　）。

A. 人工巡视　　B. 卫生防疫

C. 仪器采样　　D. 调查访问

二、多项选择题（共10题，每题2分。每题的备选项中，有2个或2个以上符合题意，至少有1个错项。错选，本题不得分；少选，所选的每个选项得0.5分）

21. 关于施工测量与放样的说法，正确的有（　　）。

A. 采用1985国家高程基准　　B. M越小，比例尺越小

C. 平面位置放样可以采用极坐标法　　D. 高程放样应选择距离交会法

E. 施工放样前应根据数据手册计算放样数据

22. 水库大坝为2级，根据（　　）指标可提高一级。

A. 坝高　　B. 坝型

C. 坝长　　D. 坝结构

E. 坝大小

23. 建筑材料按材料的物理化学性质可分为（　　）。

A. 无机材料　　B. 有机材料

C. 金属材料　　D. 高分子材料

E. 复合材料

24. 关于浅孔爆破特点的说法，正确的有（　　）。

A. 单位体积岩石相应钻孔工作量小　　B. 单位耗药量低

C. 劳动生产率高　　D. 便于控制开挖面形状和规格

E. 能均匀破碎介质

25. 碾压混凝土坝采用RCD工法通仓薄层浇筑，施工碾压厚度通常为（　　）cm。

A. 20　　B. 30

C. 50　　D. 75

E. 100

26. 水泵机组包括（　　）。

A. 水泵　　B. 动力机

C. 辅助设备　　D. 传动设备

E. 电气设备

27. 下列工作中属于发包人义务的有（　　）。

A. 对施工作业和施工方法的完备性和安全可靠性负责

B. 提供施工场地

C. 组织设计交底

D. 编制施工总进度

E. 协助承包人办理证件和批件

28. 下列费用属于其他直接费的有（　　）。

A. 冬雨期施工增加费　　B. 夜间施工增加费

C. 企业进退场费　　D. 临时设施费

E. 劳动保护费

29. 根据《水利水电工程施工安全管理导则》SL 721—2015，下列属于施工单位一级安全教育的内容有（　　）。

A. 现场规章制度教育　　B. 安全基本知识教育

C. 班组安全制度教育　　D. 安全法规、法制教育

E. 安全操作规程教育

30. 绿色施工要求，固体废物处置应做到（　　）。

A. 减量化　　B. 无害化

C. 深埋化　　D. 拦挡化

E. 资源化

三、实务操作和案例分析题（共5题，（一）、（二）、（三）题各20分，（四）、（五）题各30分）

（一）

背景资料：

发包人与承包人依据《水利水电工程标准施工招标文件》（2009年版）签订某水闸工程施工合同。合同约定水闸闸门由发包人提供。

施工过程中发生如下事件：

事件1：承包人编制并经监理人批准的水闸工程施工进度计划如图2所示（每月按30d计），每项混凝土工程按月均衡施工。

序号	工作名称	持续时间(d)	单位	工程量	2021年			2022年												2023年		
					10	11	12	1	2	3	4	5	6	7	8	9	10	11	12	1	2	3
1	土石围堰填筑	120	m^3	277000	—	—	—	—														
2	水闸基坑土石方开挖	90	m^3	200000					—	—	—											
3	水闸闸室混凝土施工	150	m^3	58500								—	—	—	—	—						
4	上下游连接段混凝土施工	120	m^3	32000									—	—	—	—						
5	上部结构钢筋混凝土施工	60	m^3	800													—	—				
6	干砌石及浆砌石护坡	60	m^3	6500														—	—			
7	闸门等设备安装	30	项	4															—			
8	围堰拆除	60	m^3	277000																—	—	

图2　水闸工程施工进度计划

事件2：承包人负责采购的钢筋运抵现场，承包人自行进行了资料核查和外观检查后办理交货验收手续。承包人核查钢筋标牌注明的内容包括生产日期、规格、尺寸等。

事件3：发包人提供的紫铜止水片需用于闸室底板沉降缝，承包人在加工制作时，发现部分紫铜片表面存在油污和浮皮。设计要求紫铜止水片接头采用双面焊搭接，现场搭接长度需满足规范要求。此外，橡胶止水带用于闸墩侧墙水平施工缝，承包人需对其接头进行处理，且需避免止水带接触油污或长期暴晒。

事件4：在闸室底板水平止水片混凝土浇筑时，承包人在止水片高程处设置了施工缝，混凝土浇筑过程中直接从高处下料冲撞止水片，振捣时振捣器多次触及止水片，且嵌固止水片的模板在混凝土初凝后即拆除。

问题：

1．根据图 2，分别计算 2022 年 5 月至 11 月每个月的混凝土浇筑工程量。

2．改正事件 2 中承包人做法的不妥之处。除事件 2 所列内容外，钢筋标牌注明的内容还有哪些？

3．承包人对表面有油污和浮皮的紫铜止水片应如何处理？紫铜止水片采用双面焊搭接时，搭接长度有何要求？

4．指出并改正闸室底板水平止水片混凝土浇筑过程中的不妥之处。

答题区：

（二）

背景资料：

某高土石坝坝体施工项目，业主与施工总承包单位签订了施工总承包合同，并委托了工程监理单位实施监理。施工中发生如下事件：

事件 1：施工总承包完成桩基工程后，将深基坑支护工程的设计委托给了专业设计单位，并自行决定将基坑的支护和土方开挖工程分包给了一家专业分包单位施工，专业设计单位根据业主提供的勘察报告完成了基坑支护设计后，即将设计文件直接给了专业分包单位，专业分包单位在收到设计文件后编制了基坑支护工程和降水工程专项施工组织方案，施工组织方案经施工总承包单位项目经理签字后即由专业分包单位组织了施工。

事件 2：专业分包单位在施工过程中，由负责质量管理工作的施工人员兼任现场安全生产监督工作。土方开挖到接近基坑设计标高时，总监理工程师发现基坑四周地表出现裂缝，即向施工总承包单位发出书面通知，要求停止施工，并要求立即撤离现场施工人员，查明原因后再恢复施工，但总承包单位认为地表裂缝属正常现象，没有予以理睬。不久基坑发生严重坍塌，并造成 4 名施工人员被掩埋，经抢救 3 人死亡，1 人重伤。

事件 3：事故发生后，经事故调查组调查，造成坍塌事故的主要原因是由于地质勘察资料中未标明地下存在古河道，基坑支护设计中未能考虑这一因素造成的。事故中直接经济损失 80 万元，于是专业分包单位要求设计单位赔偿事故损失 80 万元。

问题：

1．请指出事件 1、事件 2、事件 3 中的不妥之处，并写出正确做法。

2．根据《水利工程建设安全生产管理规定》（水利部令第 26 号），施工单位应对哪些达到一定规模的危险性较大的工程编制专项施工方案？

3．本事故可定为哪种等级的事故？

4．这起事故的主要责任人是哪一方？说明理由。

答题区：

（三）

背景资料：

某堤防除险加固工程依据《水利水电工程标准施工招标文件》（2009 年版）签订了施工合同，施工内容包括防洪闸及堤防加固。其中经承包人申请、监理单位批准，发包人同意将新闸门的制作及安装由分包单位承担。合同约定：

（1）当实际完成工程量超过工程量清单估算工程量时，其超出工程量清单估算工程量 15% 以上的部分所造成的延期由发包人承担责任；

（2）工期提前的奖励标准为 10000 元 /d，逾期完工违约金为 10000 元 /d。经监理单位批准的施工进度计划如图 3 所示（假定各项工作均衡施工）。

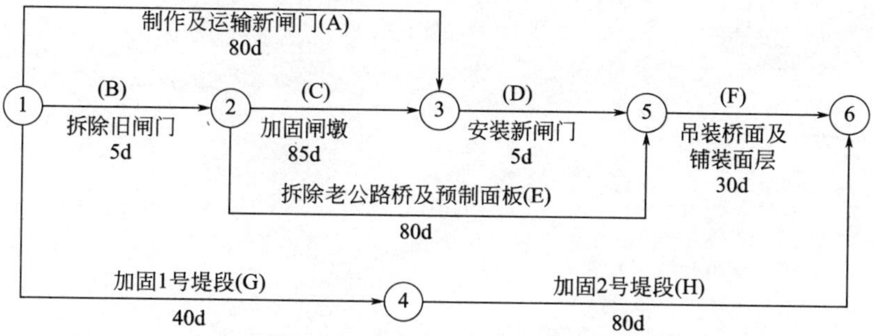

图 3　经监理单位批准的施工进度计划

在施工过程中发生了如下事件：

事件 1：由于山体滑坡毁坏了运输必经的公路，新闸门比批准的施工进度计划推迟 10d 运抵现场。

事件 2：在 C 工作中，闸墩部分钢筋安装质量不合格，承包人按监理单位要求进行了返工处理，导致 C 工作推迟 5d 完成。

事件 3：在 D 工作中，由于安装新闸门的技术人员未能按时到达施工现场，导致 D 工作推迟 6d 完成。

事件 4：在 G 工作中，由于设计变更使堤段填筑的工程量达到工程量清单估算工程量的 120%，导致 G 工作 48d 完成。

事件 5：在 F 工作中，承包人采取赶工措施，F 工作 20d 完成。

问题：

1. 确定施工进度计划的工期，并指出关键工作。

2. 分别分析事件 1、事件 2、事件 3、事件 4 对工期的影响。

3. 分别指出事件 1、事件 2、事件 3、事件 4 承包人是否有权提出延长工期，并说明理由。

4. 根据施工中发生的上述事件，确定该工程的实际完成时间是多少天，以及承包人因工期提前得到的奖励或因逾期应支付的违约金是多少？

答题区：

（四）

背景资料：

某中型灌区改造工程，施工招标文件依据《水利水电工程标准施工招标文件》（2009 年版）编制，工程量清单按《水利工程工程量清单计价规范》GB 50501—2007 编制。招标文件约定：

（1）闸门和启闭机采购列入暂估价项目估算金额 240 万元；

（2）渠道开挖土方土料质量满足填筑要求，可用来进行土方填筑，土方自然方和压实方的换算系数为 0.85。

中标人已标价工程量清单中，分部分项工程量清单（部分）和措施项目清单（部分）如表 1、表 2 所示。

表 1　分部分项工程量清单（部分）

编号	项目名称	单位	工程量	单价（元 /m^3）	合价（元）
1	渠道开挖与填筑	m^3			
2	土方开挖	m^3	1413600	10	14136000
3	土方填筑	m^3	915535	6	5493210
4	渠道混凝土护坡	m^3	17500	350	6125000

表 2　措施项目清单（部分）

编号	项目名称	单位	工程量	单价（元）	合价（元）
1	安全生产措施费	项	1	700000	700000
2	文明施工措施费	项	1	500000	500000
3	施工期环境保护措施计费	项	1	500000	500000
4	施工期水土保持措施费	项	1	1000000	1000000

工程实施过程中发生如下事件：

事件 1：渠道土方开挖与填筑实际完成工程量为 1050500m^3，按照施工图纸计算工程量为 895000m^3。结算时，监理人按照 895000m^3 进行计量，但承包人要求按照已标价工程量清单中的“土方填筑”子目 915535m^3 计量。

事件 2：在施工过程中，承包人提出将部分渠道混凝土护坡的强度等级由 C25 提高至 C30，并自行按 C30 标准施工。监理人发现后，要求对已施工部分进行返工处理，承包人认为提高强度等级属于质量优化，不应承担返工费用。

事件 3：渠道护坡采用现浇混凝土，厚度为 10cm，护坡上布置若干根排水管，每根排水管截面积为 0.11m^2。计量时，监理人要求扣除排水管所占体积。

事件 4：承包人无闸门和启闭机供应能力，发包人要求以招标形式确定供应单位，并与承包人联合组织闸门和启闭机招标工作。

问题：

1. 根据背景资料表 1 分部分项工程量清单，计算渠道土方开挖的弃土量。

2．事件 1 中，承包人的要求是否合理？说明理由。

3．事件 2 中，承包人的观点是否合理？说明理由。

4．事件 3 中，监理人的要求是否合理？说明理由。

5．事件 4 中，发包人对闸门和启闭机采购及相应组织方式的要求是否合理？说明理由。闸门和启闭机采购列入暂估价项目，需满足什么条件？

答题区：

（五）

背景资料：

某水库工程由混凝土面板堆石坝、溢洪道和输水隧洞等主要建筑物组成，水库总库容0.9亿m^3。

混凝土面板堆石坝最大坝高68m，大坝上下游坡比均为1：1.5，大坝材料分区包括：石渣压重（1B）区、黏土铺盖（1A）区、混凝土趾板、混凝土面板及下游块石护坡等。混凝土面板堆石坝材料分区示意图如图4所示。

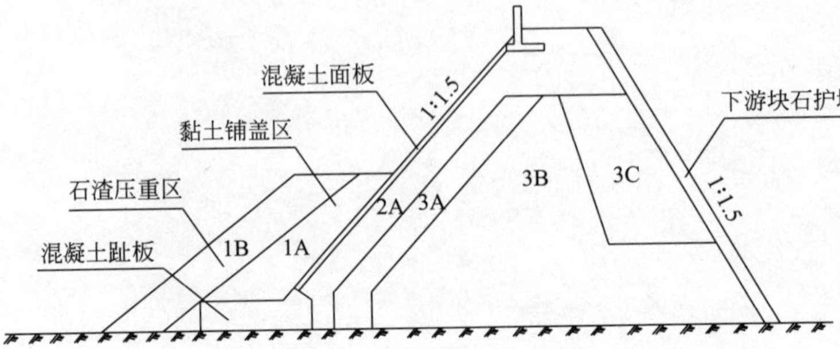

图4 混凝土面板堆石坝材料分区示意图

施工过程中发生如下事件：

事件1：堆石坝施工前，施工单位编制了施工方案，部分内容如下：

（1）堆石坝主堆石区堆石料最大粒径控制在350mm以下。根据碾压试验结果确定的有关碾压施工参数有：15t振动平碾，行车速率控制在3km/h以内，铺料厚度0.8m等。

（2）坝料压实质量检查采用干密度和碾压参数控制。其中干密度检测采用环刀法，试坑深度为0.6m。

事件2：施工单位在面板混凝土施工前，提供了面板混凝土配合比，见表3。

表3 面板混凝土配合比

编号	水泥品种等级	水胶比	砂率	每方混凝土材料用量 kg/m^3					
				水	水泥	砂	小石	中石	粉煤灰
1-1	P.MH42.5	<u>A</u>	<u>B</u>	122	249	760	620	620	56

事件3：在混凝土面板施工过程中，面板出现裂缝。现场认定该裂缝属表面裂缝，按质量缺陷处理。裂缝处理工作程序如下：

（1）承包人拟定处理方案并自行组织实施；

（2）裂缝处理完毕，经现场检查验收合格后，由承包人填写《施工质量缺陷备案表》，备案表由监理人签字确认；

（3）《施工质量缺陷备案表》报项目法人备案。

事件4：混凝土趾板分部工程共有48个单元工程，单元工程质量评定全部合格，其中28个单元工程质量优良，主要单元工程、重要隐蔽单元工程（关键部位单元工程）质量优良，且未发生质量事故；中间产品质量全部合格，其中混凝土试件质量达到优良，原材料质量合格。故该分部工程评定为优良。

问题：

1. 指出该水库工程的等别、工程规模和主要建筑物级别。分别指出图 4 中 2A、3A、3B、3C 所代表的坝体材料分区名称。

2. 事件 1 中，堆石料碾压施工参数还有哪些？指出并改正坝料压实质量检查工作的错误之处。

3. 计算事件 2 混凝土施工配合比表中的水胶比 A 值（保留小数点后两位）和砂率 B 值（用 % 表示、保留小数点后两位）。

4. 改正事件 3 中裂缝处理工作程序上的不妥之处。

5. 事件 4 中趾板分部工程质量评定结论是否正确？简要说明理由。

答题区：

《水利水电工程管理与实务》考前第 2 套卷

一、单项选择题

1．C	2．A	3．B	4．D	5．A
6．C	7．B	8．C	9．D	10．D
11．D	12．A	13．B	14．D	15．B
16．B	17．A	18．B	19．B	20．B

【解析】

1．C。开挖施工过程中，应定期测算开挖完成量和工程剩余量。开挖工程量的结算应以测量收方的成果为依据。开挖工程量的计算中，面积计算方法可采用解析法或图解法（求积仪）。两次独立测同一区域的开挖工程量其差值小于 5%（岩石）和 7%（土方）时，可取中数作为最后值。

2．A。水利水电工程分等指标见表 4。

表 4　水利水电工程分等指标

工程等别	工程规模	水库总库容（10^8m^3）	防洪			治涝	灌溉	供水		发电
			保护人口（10^4人）	保护农田面积（10^4亩）	保护区当量经济规模（10^4人）	治涝面积（10^4亩）	灌溉面积（10^4亩）	供水对象重要性	年引水量（10^8m^3）	发电装机容量（MW）
Ⅰ	大（1）型	≥ 10	≥ 150	≥ 500	≥ 300	≥ 200	≥ 150	特别重要	≥ 10	≥ 1200
Ⅱ	大（2）型	＜ 10，≥ 1.0	＜ 150，≥ 50	＜ 500，≥ 100	＜ 300，≥ 100	＜ 200，≥ 60	＜ 150，≥ 50	重要	＜ 10，≥ 3	＜ 1200，≥ 300
Ⅲ	中型	＜ 1.0，≥ 0.10	＜ 50，≥ 20	＜ 100，≥ 30	＜ 100，≥ 40	＜ 60，≥ 15	＜ 50，≥ 5	比较重要	＜ 3，≥ 1	＜ 300，≥ 50
Ⅳ	小（1）型	＜ 0.1，≥ 0.01	＜ 20，≥ 5	＜ 30，≥ 5	＜ 40，≥ 10	＜ 15，≥ 3	＜ 5，≥ 0.5	一般	＜ 1，≥ 0.3	＜ 50，≥ 10
Ⅴ	小（2）型	＜ 0.01，≥ 0.001	＜ 5	＜ 5	＜ 10	＜ 3	＜ 0.5		＜ 0.3	＜ 10

防洪、供水中的多项指标满足 1 项即可，所以该工程等别为Ⅰ等。

3．B。防洪库容指防洪高水位至防洪限制水位之间的水库容积。用以控制洪水，满足水库下游防护对象的防护要求。调洪库容指校核洪水位至防洪限制水位之间的水库容积。用于保证下游防洪安全（指其中的防洪库容部分）及对校核洪水调洪削峰，保证大坝安全。重叠库容（共用库容、结合库容）指防洪库容与兴利库容重叠部分的库容，是正常蓄水位至防洪限制水位之间汛期用于蓄洪、非汛期用于兴利的水库容积。兴利库容（有效库容、调节库容）指正常蓄水位至死水位之间的水库容积用以调节径流，按兴利要求提供水库的供水量或水电站的流量。

4. D。合理使用年限为50年的水工结构钢筋的混凝土保护层厚度不应小于表5所列值。合理使用年限为20年、30年时，其保护层厚度应比下表所列值适当降低；合理使用年限为100年时，其保护层厚度应比表5所列值适当增加；合理使用年限为150年时，其保护层厚度应专门研究确定。

表5　混凝土保护层最小厚度（单位：mm）

项次	构件类别	环境类别				
		一	二	三	四	五
1	板、墙	20	25	30	45	50
2	梁、柱、墩	30	35	45	55	60
3	截面厚度不小于2.5m的底板及墩墙	—	40	50	60	65

5. A。决定混凝土抗冻性的重要因素有混凝土的密实度、孔隙构造和数量、孔隙的充水程度。

6. C。为了提高混凝土的性能、节约水泥、加快施工进度、降低工程造价，常在混凝土内加入少量的外加剂。外加剂按其主要功能可分为四类：

（1）改善混凝土和易性的外加剂，包括减水剂、引气剂、泵送剂等。

（2）调节混凝土凝结时间、硬化性能的外加剂，包括速凝剂、早强剂、缓凝剂。

（3）改善混凝土耐久性的外加剂，包括引气剂、防水剂、阻锈剂、养护剂等。

（4）改善混凝土其他性能的外加剂，包括膨胀剂、防冻剂、防水剂和泵送剂等。

7. B。四种消能方式如图5所示。

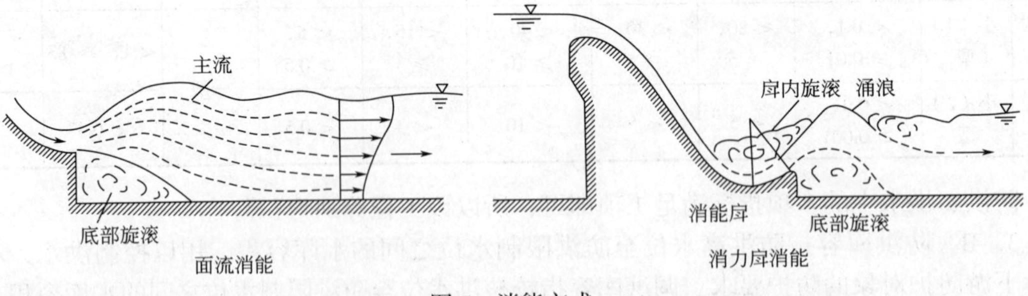

图5　消能方式

8. C。固结灌浆，用浆液灌入岩体裂隙或破碎带，以提高岩体的整体性和抗变形能力的灌浆。帷幕灌浆，用浆液灌入岩体或土层的裂隙、孔隙，形成防水幕，以减小渗流量或降低扬压力的灌浆。接触灌浆，通过浆液灌入混凝土与基岩或混凝土与钢板之间的缝隙，以增加接触面结合能力的灌浆。回填灌浆，用浆液填充混凝土与围岩或混凝土与钢板之间的空隙和孔洞，以增强围岩或结构的密实性的灌浆。

9. D。水利水电工程施工中常用的土石分级，依开挖方法、开挖难易、坚固系数等，共划分为16级，其中土分4级，岩石分12级。

10. D。压实机械分为静压碾压、振动碾压、夯机三种基本类型。其中静压碾压设备有羊足碾（在压实过程中，对表层土有翻松作用，无需刨毛就可以保证土料良好的层间结合）、气胎碾等；夯机设备有夯板、强夯机等。

11. D。对于坝身与混凝土结构物（如涵管、刺墙等）的连接部位，填土前，先将结合面的混凝土表面乳皮、粉尘及其附着杂物清除干净，在结合面上洒水湿润，涂刷一层厚约3～5mm的浓黏性土浆、水泥黏性土浆或水泥砂浆，要边涂刷、边铺土、边碾压，涂刷高度与铺土厚度一致，并应与下部涂层衔接，不得在泥浆干涸后铺土和压实。泥浆土与水质量比宜为1：3.0～1：2.5，宜通过试验确定。

12. A。沿坝轴线方向，将坝的全长划分为15～24m的若干坝段。坝段之间的缝称为横缝。横缝的作用是减小温度应力，适应地基不均匀沉降，满足混凝土浇筑能力和温度控制等施工要求。横缝有永久性（不需要进行接缝灌浆的，故称为永久缝）和临时性两种。

13. B。启闭机按启闭力 T 分档，见表6。

表6　启闭机按启闭力 T 分档表

启闭机形式	小型	中型	大型	超大型
固定卷扬式、移动式、液压式	$T<250$	$250\leqslant T<1000$	$1000\leqslant T<2500$	$T>2500$
螺杆式	$T<250$	$250\leqslant T\leqslant 500$	$T>500$	—

14. D。根据《中华人民共和国防洪法》规定，在蓄滞洪区内建设的油田、铁路、公路、矿山、电厂、电信设施和管道，其洪水影响评价报告应当包括建设单位自行安排的防洪避洪方案。建设项目投入生产或者使用时，其防洪工程设施应当经水行政主管部门验收。在蓄滞洪区内建造房屋应当采用平顶式结构。

15. B。工程建设全过程可划分为工程筹建期、工程准备期、主体工程施工期和工程完建期四个施工时段。编制施工总进度时，工程施工总工期应为后三项工期之和。因此，该工程施工总工期 =6+25+4=35 个月。

16. B。文明工地创建标准包括质量管理到位、体制机制健全、安全施工到位、环境和谐有序、文明风尚良好、创建措施有力。

17. A。招标人应当自收到评标报告之日起3日内公示中标候选人，公示期不得少于3日。

18. B。根据《水利工程造价管理规定》（水建设〔2023〕156号），水利工程造价是指水利工程建设项目从项目建议书到竣工验收阶段发生的全部建设费用。

19. B。根据《水利部关于水利安全生产标准化达标动态管理的实施意见》（水监督［2021］143号），达标单位在证书有效期内累计记分达到10分，实施黄牌警示；达标单位在证书有效期内累计记分达到15分，证书期满后将不予延期；累计记分达到20分，撤销证书。

20. B。环境监测应包括人工巡视、仪器采样、调查访问，监测结果应及时记录、分析、反馈、处理。人群健康保护监测应包括施工场所和施工环境的职业健康卫生条件、劳动保护设施与用品、卫生防疫、拦挡设施与警示标识、有关规章制度等与国家和地方政府的相关规定的符合性。

二、多项选择题

21. A、C	22. A、B	23. A、B、E	24. D、E	25. C、D、E
26. A、B、D	27. B、C、E	28. A、B、D	29. B、D	30. A、B、E

【解析】

21. A、C。我国自1988年1月1日起开始采用1985国家高程基准作为高程起算的统一基准，故选项A正确。数字比例尺为：$\frac{d}{D}=\frac{1}{M}$。M越大，比例尺越小；M越小，比例尺越大，故选项B错误。平面位置放样的基本方法有直角交会法、极坐标法、角度交会法、距离交会法等，故选项C正确。高程放样方法可以选择水准测量法、光电测距三角高程法、解析三角高程法和视距法，故选项D错误。施工放样前应根据设计图纸和有关数据及使用的控制点成果，计算放样数据，绘制放样草图，所有数据、草图均应经两人独立计算与校核，故选项E错误。

22. A、B。根据《水利水电工程等级划分及洪水标准》（SL 252—2017），水库大坝按规定为2级、3级，如坝高超过表7规定的指标时，其级别可提高一级，但洪水标准可不提高。

表7 水库大坝提级指标

级别	坝型	坝高（m）
2	土石坝	90
	混凝土坝、浆砌石坝	130
3	土石坝	70
	混凝土坝、浆砌石坝	100

23. A、B、E。建筑材料按其物理化学性质可分为无机材料（无机非金属材料、金属材料）、有机材料、复合材料三大类。

24. D、E。孔径小于75mm、深度小于5m的钻孔爆破称为浅孔爆破。浅孔爆破法能均匀破碎介质，不需要复杂的钻孔设备，操作简单，可适应各种地形条件，而且便于控制开挖面的形状和规格，主要应用于地下工程开挖、中小型料场开采、水工建筑物基础分层开挖等。但是，浅孔爆破法钻孔工作量大，每个炮孔爆下的方量不大，因此生产效率较低。

25. C、D、E。碾压混凝土坝不采用传统的柱状浇筑法，而采用通仓薄层浇筑（RCD工法碾压厚度通常为50cm、75cm、100cm，RCC工法碾压厚度通常为30cm）。

26. A、B、D。水泵机组包括水泵、动力机和传动设备，是泵站工程的主要设备。

27. B、C、E。发包人的义务：（1）遵守法律。（2）发出开工通知。（3）提供施工场地。（4）协助承包人办理证件和批件。（5）组织设计交底。（6）支付合同价款。（7）组织法人验收。（8）专用合同条款约定的其他义务和责任。

28. A、B、D。直接费指建筑安装工程施工过程中直接消耗在工程项目上的活劳动和物化劳动。由基本直接费、其他直接费组成。基本直接费包括人工费、材料费、施工机械使用费。其他直接费包括冬雨期施工增加费、夜间施工增加费、特殊地区施工增加费、临时设施费、安全生产措施费和其他。

29．B、D。三级安全教育的要求是：（1）公司教育（一级教育）主要进行安全基本知识、安全法规、法制教育。（2）项目部（工段、区、队）教育（二级教育）主要进行现场规章制度和遵章守纪教育。（3）班组教育（三级教育）主要进行本工种岗位安全操作及班组安全制度、纪律教育。

30．A、B、E。固体废弃物包括工程弃渣、工程废弃物、办公及生活垃圾、危险废弃物等，其处置应做到资源化、减量化与无害化。固体废弃物应遵循分类处置的原则，宜设置专门的弃置场所。危险废弃物应按规定进行掩埋、焚烧处理或上交有关部门。

三、实务操作和案例分析题

（一）

1．2022 年 5 月至 11 月每个月的混凝土浇筑工程量：5 月 =58500/5=11700m^3、6 月 =32000/4+11700=19700m^3、7 月 =32000/4+11700=19700m^3、8 月 =32000/4+11700=19700m^3、9 月 =32000/4+11700=19700m^3、10 月 =800/2=400m^3、11 月 =800/2=400m^3。

2．事件 2 中承包人做法的不妥之处：承包人自行进行了资料核查和外观检查后办理交货验收手续。

改正：钢筋运抵现场后，承包人应会同监理人进行钢筋检验和交货验收。

除事件 2 所列内容外，钢筋标牌注明的内容还有：钢筋的生产厂家、牌号、生产批号。

3．紫铜止水片表面处理：承包人应先清除紫铜止水片表面的油渍、浮皮和污垢，确保表面洁净，以保证焊接质量和止水效果。

双面焊搭接长度要求：紫铜止水片采用双面焊搭接时，搭接长度不应小于 20mm，且接缝应焊接牢固，避免出现渗漏隐患。

4．闸室底板水平止水片混凝土浇筑过程中的不妥之处及改正如下：

（1）不妥之处一：在止水片高程处设置施工缝。

改正：水平止水片应位于浇筑层中间，在止水片高程处，不得设置施工缝。

（2）不妥之处二：直接从高处下料冲撞止水片。

改正：混凝土浇筑时应控制下料速度和高度，避免冲撞止水片，防止其移位或变形；当混凝土将淹没止水片时，应再次清除其表面污垢，并防止止水片向下弯折。

（3）不妥之处三：振捣器多次触及止水片。

改正：振捣器应与止水片保持安全距离，不得触及止水片。

（4）不妥之处四：嵌固止水片的模板在混凝土初凝后即拆除。

改正：嵌固止水片的模板应适当推迟拆模时间，避免过早拆模导致止水片移位或混凝土结构受损。

（二）

1．事件 1、事件 2、事件 3 中的不妥之处及正确做法如下：

事件 1 中的不妥之处及正确做法：

（1）施工总承包单位自行决定将基坑支护和土方开挖工程分包给了一家专业分包单位施工的做法不妥。

正确做法：工程分包应报监理单位经发包人同意后方可进行。

（2）专业设计单位完成基坑支护设计后，直接将设计文件给了专业分包单位的做法不妥。

正确做法：设计文件的交接应经发包人交付给施工单位。

（3）专业分包单位编制的基坑支护工程和降水工程专项施工组织方案，经施工总承包单位项目经理签字后即组织施工的做法不妥。

正确做法：专业分包单位编制了基坑支护工程和降水工程专项施工组织方案后，应由施工单位技术负责人签字并经总监理工程师审批后方可实施，基坑支护与降水工程、土方和石方开挖工程必须由专职安全生产管理人员进行现场监督。

事件2中的不妥之处及正确做法如下：

（1）专业分包单位由负责质量管理工作的施工人员兼任现场安全生产监督工作的做法不妥。

正确做法：从事安全生产监督工作的人员应经专门的安全培训并持证上岗。

（2）总承包单位对总监理工程师因发现基坑四周地表出现裂缝而发出要求停止施工的书面通知不予以理睬的做法不妥。

正确做法：总承包单位应按监理通知的要求停止施工。

事件3中的不妥之处及正确做法如下：

专业分包单位要求设计单位赔偿事故损失。

正确做法：专业分包单位和设计单位之间不存在合同关系，不能直接向设计单位索赔。

2．施工单位应对下列达到一定规模的危险性较大的工程编制专项施工方案，并附具安全验算结果，经施工单位技术负责人签字以及总监理工程师审批后实施，由专职安全生产管理人员进行现场监督：

（1）基坑支护与降水工程；

（2）土方和石方开挖工程；

（3）模板工程；

（4）起重吊装工程；

（5）脚手架工程；

（6）拆除、爆破工程；

（7）围堰工程；

（8）其他危险性较大的工程。

3．本起事故中，3人死亡，1人重伤，该事故应定为较大安全事故。

4．这起事故的主要责任应由施工总承包单位承担。

理由：在总监理工程师发出书面通知要求停止施工的情况下，施工总承包单位继续施工，直接导致事故的发生，所以本起事故的主要责任应由施工总承包单位承担。

（三）

1．施工进度计划关键线路为：B→C→D→F（或①→②→③→⑤→⑥），工期为5+85+5+30=125d；关键工作为B、C、D、F（或拆除旧闸门、加固闸墩、安装新闸门、吊装桥面及铺装面层）。

2．事件1、事件2、事件3、事件4对工期的影响：

事件1：A工作为非关键工作，总时差为10d，延误的时间未超过其原有总时差，对工期没有影响。

事件2：C工作为关键工作，影响工期5d。

事件3：D工作为关键工作，影响工期为6d。

事件4：G工作为非关键工作，但其原有总时差5d，推迟8d（48−40），影响工期3d。

3．事件1、事件2、事件3、事件4承包人是否有权提出延长工期的判断及理由如下：

事件1：无权。

理由：尽管由发包人承担责任，但未影响工期。

事件2：无权。

理由：造成延期是承包人的责任。

事件3：无权。

理由：造成延期是承包人的责任。

事件4：有权。

理由：G工作估算工程量对应工期为40d，允许的合理工期=40×115%=46d，实际工期48d，超出合理工期2d（48−46=2d）。因合同约定“超出15%以上部分的延期由发包人承担”，故发包人承担2d延误责任，承包人有权提出2d的延期要求。

4．该工程的实际完成时间为128d，计划工期为125d，承包人有权提出2d的延期要求，承包人应支付1d的逾期违约金，即10000元。

（四）

1．渠道土方开挖的弃土量=1413600−915535/0.85=336500m^3。

2．承包人的要求不合理。

理由：915535m^3是土方填筑实际完成工程量，不能作为计量依据，应予计量的是依据施工图纸计算的工程量895000m^3。

3．承包人的观点不合理。

理由：承包人应按设计图纸和技术标准施工，未经监理人批准不得擅自变更设计。混凝土强度等级调整属于设计变更范畴，需经发包人、监理人审批同意后方可实施。承包人擅自提高强度等级属于违约行为，由此产生的返工费用应由承包人承担。

4．监理人的要求合理。理由：单个排水管横截面积0.11m^2，根据《水利工程工程量清单计价规范》计量时，混凝土有效工程量不扣除单体横截面积小于0.1m^2的孔洞、排水管、预埋管和凹槽等所占的体积。该题中为0.11m^2大于0.1m^2，故应扣除排水管所占体积。

5．发包人对闸门和启闭机采购及相应组织方式的要求合理。

理由：若承包人不具备承担暂估价项目的能力或具备承担暂估价项目的能力但明确不参与投标的，由发包人和承包人组织招标。

闸门和启闭机采购列入暂估价项目，需满足以下条件：

在闸门和启闭机工程招标阶段已经确定的，但又无法在当时确定准确价格而可能影响招标效果的，可由发包人在工程量清单中给定一个暂估价。

（五）

1．该水库工程等别为Ⅲ等，该水库工程规模为中型，主要建筑物级别为3级。

图中2A、3A、3B、3C所代表的坝体材料分区名称为：

2A—垫层区；3A—过渡区；3B—主堆石区；3C—下游堆石区。

2．堆石料碾压施工参数还有：加水量和碾压遍数。

坝料压实质量检查工作的错误之处：干密度检测采用环刀法，试坑深度为0.6m。

改正：干密度检测采用灌水（砂）法，试坑深度为碾压层厚（或0.8m）。

3．事件3混凝土施工配合比表中的水胶比A值和砂率B值的计算：

水胶比：A=122/（249+56）=0.40；

砂率：B=760/（760+620+620）=38%。

4．事件3中裂缝处理工作程序上的不妥之处的改正：

（1）承包人拟定处理方案报送监理单位审批；

（2）现场检查验收合格后，由监理单位填写《施工质量缺陷备案表》，设计、监理及施工等参建单位签字确认；

（3）《施工质量缺陷备案表》报工程质量监督机构备案。

5．事件4中趾板分部工程质量评定结论的判定及理由如下：

该分部工程评定为优良不正确。

理由：该分部工程优良率=28/48=58.33%，不满足优良率大于70%的要求。

该分部工程应评定为合格。

《水利水电工程管理与实务》

考前第3套卷及解析

《水利水电工程管理与实务》考前第3套卷

一、单项选择题（共20题，每题1分。每题的备选项中，只有1个最符合题意）

1. 按比例尺分类，1∶5000地形图属于（　　）比例尺地形图。

A．大　　B．较大

C．中　　D．小

2. 根据《水利水电工程等级划分及洪水标准》SL 252—2017，水利水电工程永久性水工建筑物的级别共分为（　　）级。

A．三　　B．四

C．五　　D．七

3. 某水利工程土石结构围堰级别为3级，其相应围堰洪水标准应为（　　）年一遇。

A．5～3　　B．10～5

C．20～10　　D．50～20

4. 某水闸闸室建筑物级别为3级，其工作闸门合理使用年限为（　　）年。

A．30　　B．40

C．50　　D．60

5. 砂浆的和易性一般包括（　　）。

A．流动性和保水性　　B．保水性和黏聚性

C．黏聚性与安定性　　D．流动性与黏聚性

6. 某水闸底板混凝土所用砂的细度模数为2.8，该砂属于（　　）。

A．粗砂　　B．中砂

C．细砂　　D．特细砂

7. 土体中的细颗粒或可溶成分由于渗流作用而在粗颗粒孔隙通道内移动或被带走的现象称为（　　）。

A．管涌　　B．流土

C．流砂　　D．渗漏

8. 用作心墙或斜墙土石围堰填筑材料，渗透系数宜大于（　　）cm/s。

A．1×10^{-6}　　B．1×10^{-5}

C．1×10^{-4}　　D．1×10^{-3}

9. 下列不属于防渗墙墙体布置方式的是（　　）。

A．嵌固式　　B．悬挂式

C．锯槽式　　D．组合式

10. 岩石16类分级中，岩石极限抗压强度为60～80MPa、坚固系数为6.0～8.0的级别是（　　）级。

A．Ⅴ　　B．Ⅷ

C．Ⅸ　　D．Ⅹ

11. 关于钢筋制作与安装的说法，正确的是（　　）。

A. 钢筋图中，“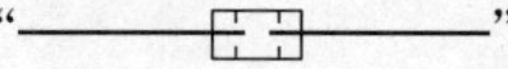”表示机械连接的钢筋接头

B. 钢筋图中，“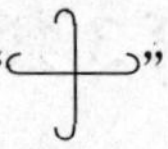”表示双层钢筋的底层钢筋

C. 钢筋检验时，用一根钢筋截取两段分别进行拉伸试验

D. 用同牌号钢筋代换时，其直径变化幅度不宜超过 5mm

12. 水闸由上游连接段、闸室和下游连接段组成，下列属于下游连接段组成部分的是（　　）。

A. 胸墙　　B. 截渗墙

C. 海漫　　D. 铺盖

13. 根据《中华人民共和国水法》，在水工程保护范围内可以从事的活动是（　　）。

A. 爆破　　B. 打井

C. 植树　　D. 取土

14.《中华人民共和国水土保持法》规定，水土保持方案实施过程中，水土保持措施需作重大变更的，应经（　　）批准。

A. 方案编制单位　　B. 建设单位

C. 原审批机关　　D. 监理单位

15. 下列施工供电负荷，属于一类负荷的是（　　）。

A. 基坑内的排水　　B. 石方明挖供风系统

C. 夜间施工照明　　D. 混凝土搅拌系统

16. 根据《水利部办公厅关于印发水利建设项目稽察常见问题清单（2023 年版）的通知》（办监督〔2023〕194 号），对于“备注”栏标注为“强制性标准”或“强条”的条目，其“法规标准内容或条款”栏中加粗字体表示该条款为强制性标准或条文，违反即认定为（　　）。

A. 特别严重　　B. 严重

C. 较重　　D. 一般

17. 监理机构对承包人的检验结果进行复核，正确的做法是（　　）。

A. 跟踪检测时，土方试样不应少于承包人检测数量的 5%

B. 跟踪检测时，混凝土试样不应少于承包人检测数量的 7%

C. 平行检测时，混凝土试样不应少于承包人检测数量的 5%

D. 平行检测时，土方试样不应少于承包人检测数量的 3%

18. 根据《水利工程建设项目档案验收办法》（水办〔2023〕132 号），“竣工图审核章”应由（　　）加盖。

A. 建设单位　　B. 施工单位

C. 监理单位　　D. 档案管理部门

19. 工程中管路着色应符合规定，对于排油管应着（　　）。

A. 绿色　　B. 红色

C. 黄色　　D. 蓝色

20. 按照绿色施工要求，以居民集中居住区（村庄）、医院、学校等为主要功能的区域，昼间的噪声限值为（　　）dB（A）。

A．40　　B．45
C．50　　D．55

二、多项选择题（共10题，每题2分。每题的备选项中，有2个或2个以上符合题意，至少有1个错项。错选，本题不得分；少选，所选的每个选项得0.5分）

21．水利水电工程测量误差按其产生的原因和对测量结果影响性质的不同，可以分为（　　）。
A．人为误差　　B．仪器误差
C．系统误差　　D．偶然误差
E．粗差

22．下列水工建筑物结构荷载中，属于永久荷载的有（　　）。
A．土壤孔隙水压力　　B．永久设备自重
C．土压力　　D．地震作用
E．预应力锚固荷载

23．下列岩石，属于火成岩的有（　　）。
A．片麻岩　　B．玄武岩
C．辉长岩　　D．辉绿岩
E．大理岩

24．下列灌浆方法中，属于锚固灌浆的有（　　）。
A．接触灌浆　　B．预压灌浆
C．化学灌浆　　D．回填灌浆
E．喷射灌浆

25．混凝土入仓铺料的方法主要有（　　）。
A．平铺法　　B．错层法
C．台阶法　　D．薄层浇筑法
E．斜层浇筑法

26．下列水轮机中，属于冲击式水轮机的有（　　）。
A．水斗式水轮机　　B．斜击式水轮机
C．可逆式水轮机　　D．轴伸贯流式水轮机
E．双击式水轮机

27．根据相关规定，竣工财务决算应按（　　）项目分别编制。
A．大中型　　B．中小型
C．大型　　D．中型
E．小型

28．下列关于竣工验收条件及期限的说法中，正确的有（　　）。
A．竣工验收应在工程全部完成并满足运行条件后1年内进行
B．泵站工程需经过一个排水或抽水期方可进行竣工验收
C．河道疏浚工程需完成后并经过一个汛期方可进行竣工验收
D．无法按期竣工验收的，经主持单位同意可延长，最长不超过12个月
E．其他工程需经过6个月至12个月（含一个汛期）的运行条件

29．建设工程施工企业安全生产费用应当用于（　　）。

A．完善、改造和维护安全防护设施设备支出

B．应急救援技术装备、设施配置及维护保养支出

C．安全生产宣传、教育、培训支出

D．企业职工薪酬、福利支出

E．企业从业人员发现报告事故隐患的奖励支出

30．对爆破噪声控制可以采取的措施有（　　）。

A．根据岩石特性进行爆破设计，合理控制单响药量

B．宜采用台阶爆破施工，合理设计爆破抵抗线

C．适当减少堵塞长度，加强堵塞质量

D．尽量在夜间实施爆破

E．禁止使用裸露药包进行解炮作业

三、实务操作和案例分析题（共5题，（一）、（二）、（三）题各20分，（四）、（五）题各30分）

（一）

背景资料：

某环湖沿路大堤加固工程，发包人与承包人依据《水利水电工程标准施工招标文件》（2009年版）签订了施工合同。施工合同内容主要包括堤身防护工程、护脚工程、节制闸工程及涵闸工程等。招标文件中明确该大堤加固工程护脚设计方案为“五铰格网＋大抛石”组合方案；混凝土护坡修复中，斜式护坡方案为“生态混凝土”护坡。

施工过程中发生如下事件：

事件1：施工过程中发包人根据工程实际情况要求变更设计文件，由原设计单位更改并审批通过后，出具了设计更改通知单，将原有堤前“五铰格网＋大抛石”固脚方案全部调整为大抛石方案，该设计变更预计将导致承包人购买的五铰格网石料无法使用，造成材料损失35万元，窝工及其他经济损失15万元，总工期延误20d，为此承包人在10日内向发包人提出书面建议报告，要求费用和工期补偿。变更过程中，承包人和监理人往来文件涉及变更指示、变更意向书、变更实施方案、变更估价书等。

事件2：承包人拟将堤身防护工程施工进行分包，承包人将分包人资料提交给了监理人，总监理工程师审核同意，报发包人批准，经发包人同意，承包人组织分包人进场施工。

事件3：现浇混凝土采用自建拌合站供应。施工单位根据施工进度安排，计算确定高峰月混凝土浇筑强度为12000m^3，并按每天生产20h，每月生产25d计算拌合站所需生产能力，计算公式为$P=K_hQ_m/(MN)$，$K_h=1.5$。

事件4：堤防填筑时，发现黏性土料含水量偏大，监理工程师要求施工单位采取措施降低黏性土料含水量。施工单位轮换掌子面开采，检测发现黏性土料含水量仍达不到要求。

问题：

1．事件1中，监理机构应批准的费用和工期补偿是多少？说明理由。

2．事件 1 所列承包人和监理人往来文件中，分别指出监理人和承包人发出的文件名称。

3．事件 2 中，总监理工程师的做法是否正确？说明理由。

4．指出事件 3 公式中 P、K_h、Q_m 所代表的含义，计算拌合站所需的生产能力。

5．事件 4 中，为降低黏性土料的含水量，除轮换掌子面外，施工单位还可采取哪些措施？

答题区：

（二）

背景资料：

某山区河道新建混凝土重力坝工程，设计坝高 28m。工程主要施工项目内容包括岩石开挖、基础固结灌浆、帷幕灌浆、坝体混凝土浇筑；合同约定该工程主要施工项目内容应在 2022 年 8 月底完成。工程实施过程中发生如下事件：

事件 1：施工单位把坝体某坝段混凝土分为Ⅰ、Ⅱ、Ⅲ层浇筑施工；固结灌浆在Ⅰ层混凝土浇筑完成后进行。混凝土重力坝结构及施工方案示意图如图 1 所示。

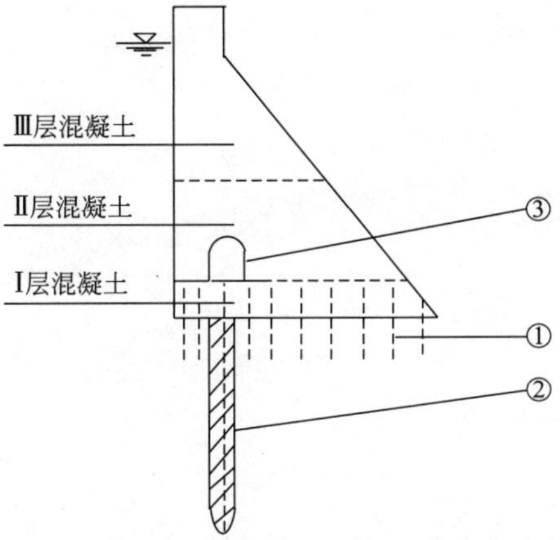

图 1　混凝土重力坝结构及施工方案示意图

事件 2：在固结灌浆施工中，施工单位在盖重混凝土强度达到 30% 设计强度时即开始灌浆，且未安设抬动监测装置。灌浆过程中，并联灌注的孔数达 4 个，灌浆结束后直接用干硬性水泥浆封孔。

事件 3：施工单位在进行帷幕灌浆时，直接利用防渗墙体内预埋的灌浆管作为孔口管进行孔口封闭法灌浆，且灌浆孔基岩段长为 8m，采用全孔一次灌浆法施工。

事件 4：施工单位编制的大体积混凝土施工方案部分内容如下：

（1）水平施工缝采用风砂枪打毛处理，纵缝表面不作处理；

（2）夏季混凝土温控采取了降低混凝土出机口温度和浇筑后温度控制措施；

（3）坝体混凝土应在终凝后开始养护，养护时间不少于 28d。

问题：

1．指出图 1 中①、②、③对应的工程部位或施工项目名称。

2．指出事件 2 中固结灌浆施工的不妥之处，并改正。

3．指出事件 3 中帷幕灌浆施工的不妥之处，说明理由。

4．改正事件 4 中大体积混凝土施工方案的不妥之处。

5．事件 4 中，降低混凝土出机口温度和浇筑后温度控制措施的具体温控方法分别有哪些？

答题区：

（三）

背景资料：

某水利枢纽工程以大坝建设为核心，兼具挡水、排水及引水功能。大坝坝体排水设施如图 2 所示。该工程合同工期为 325d，计划于 2022 年 11 月 1 日开工，汛期为 6～9 月，要求第二年汛前完成坝体 I 填筑。工程建设内容涵盖多类施工项目，需按照经监理单位批准的施工进度计划有序推进。经监理单位批准的施工进度计划如图 3 所示（单位：d）。每月按 30d 计。

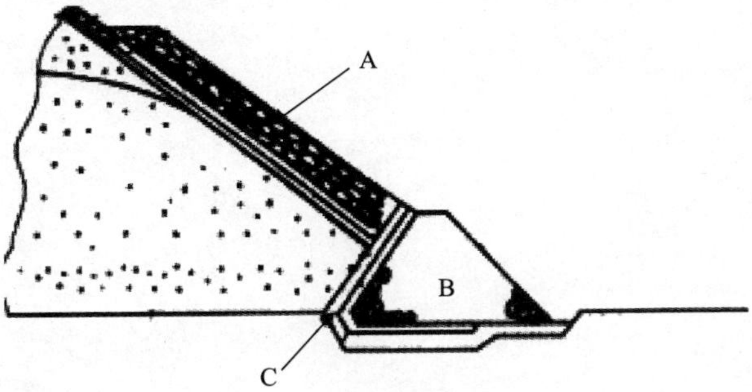

图 2　大坝坝体排水设施

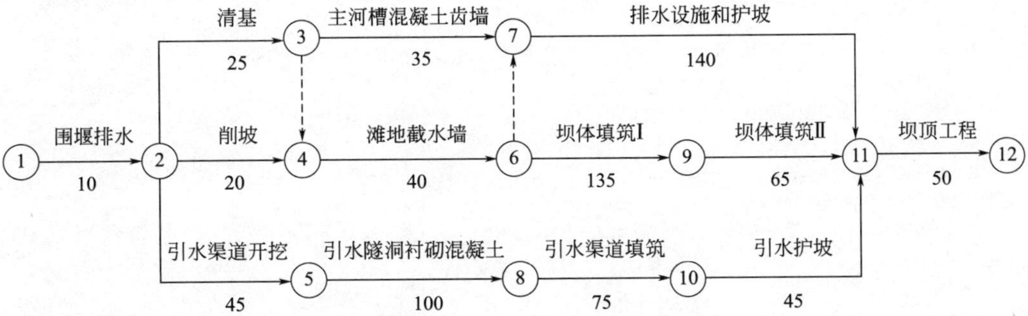

图 3　经监理单位批准的施工进度计划

工程施工过程中发生如下事件：

事件 1：工程开工前，施工单位按要求向监理单位提交了开工报审表和质量保证措施文件，开工报审表中包括材料设备、施工人员等施工组织措施的落实情况，质量保证措施文件包括质量检查机构的组织和岗位责任等，工程如期开工。

事件 2：坝体填筑Ⅱ需要土方量 60 万 m^3。坝体填筑Ⅱ填筑前监理单位认为原来料场地砂石料不合格，要求施工单位更换料场地，运距增加 0.5km，由此导致每天填筑工作量由 10000m^3/d 降低到 8000m^3/d。填筑费用由 26 元 /m^3 增加到 28 元 /m^3。施工单位按变更估价原则提出了工期和费用的索赔。

事件 3：水工隧洞混凝土衬砌合同工程量 62720m^3，施工图纸上工程量 62000m^3，不可预见超填工作量 600m^3，每立方米混凝土 600 元，延误工期 10d。

问题：

1．指出图 2 中 A、B、C 代表的名称。

2．指出进度计划中的关键线路（节点表示），坝体Ⅰ填筑节点是否满足安全度汛要求？

3．补充事件1中开工报审表和质量保证措施文件的内容。

4．事件2中，施工单位可以索赔的工期和费用分别是多少？说明理由。补充变更估价书的内容。

5．计算水工隧洞混凝土衬砌工程最终结算的工程量及增加费用，并计算实际总工期。

答题区：

（四）

背景资料：

某新建水库总库容 $1.85\times10^8m^3$，旨在增强区域的水资源调控能力，保障农业灌溉、城市供水及生态用水需求。主坝采用黏土斜墙坝结构，最大坝高为 50m，坝顶轴线长度为 380m。水库周边配套设施包括溢洪道、引水洞、放空洞及电站厂房等。上游设干砌石护坡，下游为草皮护坡 + 贴坡排水体。工程所在地汛期为 6～9 月份。某施工单位中标承担该项目施工。施工中发生如下事件：

事件 1：干砌石护坡施工过程中，施工单位对某单元工程进行了质量评定，填写的质量评定表见表 1。

表 1　干砌石单元工程施工质量验收评定表

项次		检验项目		质量标准	检查（测）	合格数	合格率（%）
单位工程名称		××土石坝工程		单元工程量	$200m^3$		
A		下游护坡工程		施工单位	××省水利水电第×工程局		
单位工程名称、部位		干砌石护坡第×单元		施工日期	×年×月×日～×年×月×日		
主控项目	1	石料表面质量		石料规格应符合设计要求	符合设计要求	/	/
	2	砌筑		自下而上错缝竖砌，石块紧靠密实，垫塞稳固，大块压边；采用水泥砂浆勾缝时，应预留排水孔。砌体应咬扣紧密、错缝	符合设计要求	/	/
B	1	基面处理		基面处理方法、基础埋置深度应符合设计要求	符合设计要求	/	/
	2	基面碎石垫层铺填质量		铺填厚度满足设计要求。允许偏差为 2cm	1、1.2、1.3、0.2、0、0.6、1.8、2.1、1.1、2.0、1.5、0.3		
	3	干砌石体的断面尺寸	表面平整度	符合设计要求。允许偏差为 5cm	2、3.2、5、2.3、3.6、5.5、6、1		
			厚度	符合设计要求。允许偏差为 ±10%	5%、8%、5%、11%、−2%、−3%、1%、8%、6%、2%、3%、−3%、5%、−11%、−10%、−6%		
			坡度	符合设计要求。允许偏差为 ±2%	1.2%、1.5%、0.3%、0.8%、2%、−0.6%、−1%、−0.1%、0.8%、2.2%		
施工单位自评意见		主控项目检验点 C 合格，一般项目逐项检验点的合格率 D，且不合格点不集中分布。 单元质量等级评定为：E （签字，加盖公章）　年　月　日					
监理单位复核意见		主控项目检验点 C 合格，一般项目逐项检验点的合格率 D，且不合格点不集中分布。 单元质量等级评定为：E （签字，加盖公章）　年　月					

事件2：电站厂房底板设计采用10cm厚C15垫层混凝土找平。在基础开挖过程中发现一处地下溶洞，施工单位及时上报监理单位后经各参建单位研究决定，先将地下溶洞采用C15埋石混凝土回填，然后再用C15混凝土将基础垫层找平。本工程其他项目均未使用C15埋石混凝土。于是施工单位在变更报价书中以当前某混凝土供应商发货价为基础提交了C15埋石混凝土的新单价。

事件3：溢洪道单位工程完工后，验收主持单位组织制定了单位工程验收工作方案，部分内容如下：

（1）验收工作由项目法人主持；

（2）验收委员会应由项目法人、设计、监理、施工单位的代表组成；

（3）单位工程完工并具备验收条件时，施工单位应向监理单位提出验收申请报告；

（4）项目法人应在单位工程验收通过之日起10个工作日内，将验收质量结论和相关资料报质量监督机构核备。

事件4：工程于2022年11月底按期完工，项目法人计划2023年5月底进行竣工验收。

问题：

1. 指出事件1表1中A、B、C、D、E所代表的名称或数据。
2. 事件2中，施工单位的做法是否正确？说明理由。
3. 事件2中变更报价书中应包括哪些内容？
4. 指出并改正事件3中单位工程验收工作方案的不妥之处。
5. 指出事件4中的不妥之处并说明理由。

答题区：

（五）

背景资料：

某水库除险加固工程加固内容主要包括：均质土坝坝体灌浆、护坡修整、溢洪道拆除重建等。工程建设过程中发生下列事件：

事件 1：施工单位选用振动碾作为大坝土料主要压实机具，并在土料填筑前进行了碾压试验，确定了主要压实参数。

事件 2：施工单位在进行溢洪道闸墩脚手架搭设过程中，一钢管扣件从 5m 高的空中落下，砸中一工人头部，造成安全帽破裂致工人重伤，经抢救无效死亡。事故调查组认为安全帽存在质量问题，要求施工单位提供安全帽出厂的证明材料。施工单位为加强施工安全生产管理，现场规范使用"三宝"，并加强对"四口"的防护。

事件 3：溢洪道单位工程完工后，项目法人主持单位工程验收，并成立了由项目法人、设计、施工、监理等单位组成的验收工作组。经评定，该单位工程施工质量等级为合格，其中工程外观质量得分率为 75%。

事件 4：2024 年汛前，该合同工程基本完工。由于当年汛期水库防汛形势严峻，为确保水库安全度汛，根据度汛方案，建设单位组织参建单位对土坝和溢洪道进行险情巡查，并制定了土坝和溢洪道工程险情巡查及应对措施预案，部分内容见表 2。

表 2　土坝和溢洪道工程险情巡查及应对措施预案

序号	巡查部位	可能发生的险情种类	应对措施预案
1	上游坝坡	A	前截后导，临重于背
2	下游坝坡	B	反滤导渗，控制涌水
3	坝顶	C	转移人员、设备，加高抢护
4	坝体	D	快速转移居民，堵口抢筑
5	溢洪道闸门	E	保障电源，抢修启闭设备
6	溢洪道上下游翼墙	墙体前倾或滑移	墙后减载，加强观测

问题：

1．事件 1 中施工单位应确定的主要压实参数包括哪些？

2．根据《水利部生产安全事故应急预案》（水监督〔2021〕391 号），水利工程生产安全事故共分为几级？说明事件 2 的事故等级；指出安全帽出厂的证明材料包括哪些？事件 2 中提到的"三宝"和"四口"各指什么？

3．根据事件 3 溢洪道单位工程施工质量评定结果，请写出验收鉴定书中验收结论的主要内容。

4．溢洪道单位工程验收工作组中，除事件 3 所列单位外，还应包括哪些单位的代表？单位工程验收时，有哪些单位可以列席验收会议？

5．根据本工程具体情况，指出表 2 中 A、B、C、D、E 分别代表的险情种类。

答题区：

考前第3套卷参考答案及解析

一、单项选择题

1. A	2. C	3. D	4. A	5. A
6. B	7. A	8. D	9. C	10. B
11. B	12. C	13. C	14. C	15. A
16. B	17. B	18. C	19. C	20. D

【解析】

1. A。地形图比例尺分为三类：1∶500、1∶1000、1∶2000、1∶5000、1∶10000为大比例尺；1∶100000、1∶25000、1∶50000为中比例尺；1∶250000、1∶500000、1∶1000000为小比例尺。

2. C。根据《水利水电工程等级划分及洪水标准》SL 252—2017的规定，水利水电工程的永久性水工建筑物的级别应根据建筑物所在工程的等别，以及建筑物的重要性确定为五级，分别为1、2、3、4、5级。

3. D。临时性水工建筑物洪水标准应根据建筑物的结构类型和级别，按表3综合分析确定。

表3 临时性水工建筑物洪水标准（洪水重现期：年）

建筑物结构类型	临时性水工建筑物级别		
	3	4	5
土石结构	50～20	20～10	10～5
混凝土、浆砌石结构	20～10	10～5	5～3

4. A。1级、2级永久性水工建筑物中闸门的合理使用年限应为50年，其他级别的永久性水工建筑物中闸门的合理使用年限应为30年。

5. A。新拌砂浆的和易性是指其是否便于施工并保证质量的综合性质。具体技术指标包括流动性和保水性两个方面。

6. B。按细度模数$F \cdot M$分为粗砂（$F \cdot M$=3.7～3.1）、中砂（$F \cdot M$=3.0～2.3）、细砂（$F \cdot M$=2.2～1.6）、特细砂（$F \cdot M$=1.5～0.7）。

7. A。渗透变形又称为渗透破坏，是指在渗透水流的作用下，土体遭受变形或破坏的现象。一般可分为管涌、流土、接触冲刷、接触管涌或接触流土等类型。在渗流作用下，非黏性土土体内的细小颗粒沿着粗大颗粒间的孔隙通道移动或被渗流带出，致使土层中形成孔道而产生集中涌水的现象称为管涌。在渗流作用下，非黏性土土体内的颗粒群同时发生移动的现象；或者黏性土土体发生隆起、断裂和浮动等现象，都称为流土。选项C、D不属于渗透破坏现象。

8. D。土石围堰填筑材料应符合下列要求：

（1）均质土围堰填筑材料渗透系数不宜大于 1×10^{-4}m/s；防渗体土料渗透系数不宜大于 1×10^{-5}cm/s。

（2）心墙或斜墙土石围堰堰壳填筑材料渗透系数宜大于 1×10^{-3}，可采用天然砂卵石或石渣。

（3）围堰堆石体水下部分宜采用软化系数值大于 0.7 的石料。

（4）反滤料和过渡层料宜优先选用满足级配要求的天然砂砾石料。

9. C。水工混凝土防渗墙按布置方式分类主要有嵌固式防渗墙、悬挂式防渗墙和组合式防渗墙。选项 C 是按成槽方法分类的内容。

10. B。岩石 16 类分级中，Ⅷ级岩石包括角砾状花岗岩、泥灰质石灰岩、黏土质砂岩、云母页岩及砂质页岩、硬石膏，净钻时间为 6.8（5.7～7.7）min/m，岩石极限抗压强度为 60～80MPa，坚固系数为 6.0～8.0。Ⅴ级岩石极限抗压强度 20MPa 以下，坚固系数 1.5～2.0。Ⅸ级岩石极限抗压强度 80～100MPa，坚固系数为 8.0～10.0。Ⅹ级岩石极限抗压强度 100～120MPa，坚固系数 10～12。

11. B。选项 A 错误，表示花篮螺丝钢筋接头；选项 C 错误，钢筋检验时，随机选取 2 根经外部质量检查和直径测量合格的钢筋，各截取一个抗拉试件和一个冷弯试件进行检验，不得在同一根钢筋上取两个或两个以上同用途的试件。选项 D 错误，用同牌号钢筋代换时，其直径变化范围不宜超过 4mm，代换后钢筋总截面面积与设计文件中规定的钢筋截面面积之比不得小于 98% 或大于 103%。

12. C。水闸由上游连接段、闸室和下游连接段三部分组成。上游连接段一般包括上游翼墙、护底、铺盖、上游防冲槽和两岸的护坡等。闸室段结构包括：闸门、闸墩 [中墩、边墩（岸墩、岸墙）]、底板、胸墙、工作桥、交通桥、启闭机等。下游连接段一般包括消力池、护坦、海漫、下游防冲槽以及下游翼墙和两岸的护坡等。选项 A 属于闸室；选项 B 是一种防渗结构；选项 D 属于上游连接段。

13. C。根据《中华人民共和国水法》的相关规定，在水工程保护范围内，禁止从事影响水工程运行和危害水工程安全的爆破、打井、采石、取土等活动。

14. C。水土保持方案经批准后，生产建设项目的地点、规模发生重大变化的，应当补充或者修改水土保持方案并报原审批机关批准。水土保持方案实施过程中，水土保持措施需要作出重大变更的，应当经原审批机关批准。

15. A。水利水电工程施工现场一类负荷主要有井、洞内的照明、排水、通风和基坑内的排水、汛期的防洪、泄洪设施以及医院的手术室、急诊室、重要的通信站以及其他因停电即可能造成人身伤亡或设备事故引起国家财产严重损失的重要负荷。由于单一电源无法确保连续供电，供电可靠性差，因此大中型工程应具有两个以上的电源，否则应建自备电厂。除隧洞、竖井以外的土石方开挖施工，混凝土浇筑施工，混凝土搅拌系统，制冷系统，供水系统，供风系统，混凝土预制构件厂等主要设备属二类负荷。木材加工厂、钢筋加工厂的主要设备属三类负荷。砂石加工系统、金属结构及机电安装、机修系统、施工照明等主要设备中，部分属二类负荷，部分属三类负荷。

16. B。根据是否违反强制性标准或条文认定。对于“备注”栏标注为“强制性标准”或“强条”的条目，其“法规标准内容或条款”栏中加粗字体表示该条款为强制性标准或条文，违反即认定为“严重”。

17. B。监理机构可采用跟踪检测、平行检测方法对承包人的检验结果进行复核。其中：

（1）平行检测的检测数量，混凝土试样不应少于承包人检测数量的3%，重要部位每种强度等级的混凝土最少取样1组。

（2）土方试样不应少于承包人检测数量的5%；重要部位至少取样3组。

（3）跟踪检测的检测数量，混凝土试样不应少于承包人检测数量的7%，土方试样不应少于承包人检测数量的10%。

18. C。重绘图应按原图编号，图号末尾加注“竣”字，或在图标栏内注明“竣工阶段”施工单位重新绘制的竣工图，标题栏应包含施工单位名称、图纸名称、编制人、审核人、图号、比例尺、编制日期等标识项，并逐张加盖监理单位相关责任人审核签字的竣工图审核章。

19. C。工程中有关管路着色见表4。

表4　工程中有关管路着色

管道类别	着色
供油管	红色
排油管	黄色
供水管	蓝色
排水管	绿色
压缩空气管	白色
消防水管	红色

20. D。声环境功能区类别及施工场界噪声限值见表5。

表5　声环境功能区类别及施工场界噪声限值

声环境功能区类别	昼间	夜间
0类声环境功能区，指有康复疗养院、敬老院等特别需要保持安静的区域	50	40
1类声环境功能区，指以居民集中居住区（村庄）、医院、学校等为主要功能，需要保持安静的区域	55	45
2类声环境功能区，指以商业贸易、集镇、养殖场为主要功能，或以居住、商业、工业混杂，需要维护住宅安静的区域	60	50
3类声环境功能区，指有部分（分散）居民居住或工业生产企业的区域	65	55
4类声环境功能区，指仅有零星住户的区域	70	60

注：1. 场界噪声限值为等效声级，单位：dB（A）。

2. 施工场界。有法律文书界定的水电水利工程施工区域（生活区域）的边界。当没有明确界限时，以施工方和外界最近建（构）筑物距离的1/2处为界，且最远不超过50m。

3. 在施工场界处，夜间突发噪声的最大声级超过场界噪声限值的幅度不得大于15dB（A）。

二、多项选择题

21. C、D、E　22. B、C、E　23. B、C、D　24. B、C　25. A、C、E

26. A、B、E　27. A、E　28. A、B、E　29. A、B、C、E　30. A、B、E

【解析】

21. C、D、E。测量误差按其产生的原因和对观测结果影响性质的不同，可以分为系统误差、偶然误差和粗差三类。

22．B、C、E。在合理使用年限内其量值不随时间而变化，或其变化值与平均值比较可忽略不计的荷载称永久荷载。永久荷载主要有建筑物结构自重、永久设备自重、地应力、围岩压力、土压力、预应力锚固荷载、淤沙压力（有排沙设施时可列为偶然荷载）。可变荷载主要有静水压力、外水压力、扬压力、动水压力、风荷载、雪荷载、冰压力、冻胀力、浪压力、楼面活荷载、平台活荷载、桥机荷载、闸门启闭机荷载、温度作用、灌浆荷载、土壤孔隙水压力、系缆力、撞击力等。偶然荷载主要有校核洪水时的静水压力、地震作用等。选项A属于可变荷载；选项D属于偶然荷载。

23．B、C、D。火成岩包括：（1）花岗岩：具有较高的抗冻性，凿平、磨光性也较好。质地均匀、坚固，颜色美观，是良好的建筑装饰材料。（2）闪长岩：吸水性低，韧性高，抗风化能力强，是良好的水工建筑材料。（3）辉长岩：具有很高强度及抗风化性，是良好的水工建筑石料。（4）辉绿岩：硬度中等，磨光性较好，多用于桥墩、基础、路面等。（5）玄武岩：强度、耐久性高，脆性大不易成大块，主要用作筑路材料、堤岸的护坡材料等。水成岩包括：石灰岩和砂岩。变质岩包括：片麻岩、大理岩和石英岩。

24．B、C。在天然地层中的锚固方法以钻孔灌浆的方式为主。在人工填土中的锚固方法有锚键板和加筋土两种方式。锚固灌浆有简易灌浆、预压灌浆、化学灌浆以及特殊的锚固灌浆技术。

25．A、C、E。混凝土入仓铺料主要采用平铺法、台阶法、斜层浇筑法。

26．A、B、E。冲击式水轮机按射流冲击转轮的方式不同可分为水斗式、斜击式和双击式三种。反击式水轮机按水流在转轮内运动方向和特征及转轮构造的特点可分为混流式、轴流式、斜流式和贯流式四种。根据转轮叶片能否转动，将轴流式、斜流式和贯流式又分别分为定桨式和转桨式。

27．A、E。竣工财务决算应按大中型、小型项目分别编制。纳入竣工财务结算的尾工工程投资及预留费用，大中型项目应控制在总概算的3%以内，小型项目应控制在5%以内。

28．A、B、E。竣工验收应在工程建设项目全部完成并满足一定运行条件后1年内进行。不能按期进行竣工验收的，经竣工验收主持单位同意，可适当延长期限，但最长不得超过6个月。一定运行条件是指：

（1）泵站工程经过一个排水或抽水期。

（2）河道疏浚工程完成后。

（3）其他工程经过6个月（经过一个汛期）至12个月。

29．A、B、C、E。建设工程施工企业安全生产费用应当用于以下支出：（1）完善、改造和维护安全防护设施设备支出（不含“三同时”要求初期投入的安全设施），包括施工现场临时用电系统、洞口或临边防护、高处作业或交叉作业防护、临时安全防护、支护及防治边坡滑坡、工程有害气体监测和通风、保障安全的机械设备、防火、防爆、防触电、防尘、防毒、防雷、防台风、防地质灾害等设施设备支出。（2）应急救援技术装备、设施配置及维护保养支出，事故逃生和紧急避难设施设备的配置和应急救援队伍建设、应急预案制修订与应急演练支出。（3）开展施工现场重大危险源检测、评估、监控支出，安全风险分级管控和事故隐患排查整改支出，工程项目安全生产信息化建设、运维和网络安全支出。（4）安全生产检查、评估评价（不含新建、改建、扩建项目安全评价）、咨询和标准化建设支出。（5）配备和更新现场作业人员安全防护用品支出。（6）安全生产宣传、教育、培训和从业人员发现并报告事故隐患的奖励支出。（7）安全生产适用的新技术、新标准、新工艺、新装备的推广应用支出。（8）安全设施及特种设备检测检验、检定校准支出。（9）安全生产责任保险支出。（10）与安全生产直接相关的其他支出。企业职工薪酬、福利不得从企业安全生产费用中支出。企业从业人员发现报告事故隐患的奖励支出从企业安全生产费用中列支。

30. A、B、E。对爆破噪声控制可以采取的措施有：应根据岩石特性进行爆破设计，合理控制单响药量；宜采用台阶爆破施工，合理设计爆破抵抗线；适当增加堵塞长度，加强堵塞质量；裸露的导爆索（管）、雷管宜采用压沙袋等措施加以防护，减小爆破噪声；禁止使用裸露药包进行解炮作业；噪声敏感区附近的爆破作业，应选择昼间进行，爆破时间应进行告示。非抢险作业不得在夜间实施爆破；进入噪声场所的作业人员，可采取必要的个人防护措施。

三、实务操作和案例分析题

（一）

1. 事件1中，监理机构应批准费用索赔50万元；应批准工期索赔20d。

理由：原有堤前“五铰格网 + 大抛石”固脚方案全部调整为大抛石方案，此设计变更导致承包人产生了实际损失，属于承包人可提出的工程变更索赔。

2. 监理人发出文件名称：变更指示、变更意向书。

承包人发出文件名称：变更实施方案、变更估价书。

3. 事件2中，总监理工程师的做法不正确。

理由：堤身防护工程属于主体工程不能分包，必须由承包人自行完成。

4. 事件3公式中P、K_h、Q_m所代表的含义：P代表混凝土系统所需小时生产能力（m^3/h）；Q_m代表高峰月混凝土浇筑强度（m^3/月）；K_h代表时不均匀系数。

拌合站所需的生产能力$P=1.5\times12000/(20\times25)=36m^3/h$。

5. 为降低黏性土料的含水量，除轮换掌子面外，施工单位还可采取的措施包括：（1）改善料场的排水条件和采取防雨措施；（2）将含水量偏高的土料进行翻晒处理，使土料含水量降低到规定范围再开挖。

（二）

1. 图1中①、②、③对应的工程部位或施工项目名称：①—固结灌浆；②—帷幕灌浆；③—灌浆廊道。

2. 事件2中固结灌浆施工的不妥之处及改正如下：

（1）不妥之处：盖重混凝土强度达到30%设计强度时开始灌浆。

改正：固结灌浆宜在有盖重混凝土的条件下进行，盖重混凝土应达到50%设计强度后方可进行钻灌。

（2）不妥之处：未安设抬动监测装置。

改正：进行有盖重灌浆时，应安设抬动监测装置，在灌浆过程中连续观测并记录。

（3）不妥之处：并联灌注孔数达4个。

改正：并联孔数不应多于3个。

（4）不妥之处：灌浆结束后用干硬性水泥浆封孔。

改正：固结灌浆孔灌浆结束后，可采用导管注浆法封孔，孔口涌水的灌浆孔应采用全孔灌浆法封孔。

3．事件3中帷幕灌浆施工的不妥之处及理由如下：

（1）不妥之处一：直接利用防渗墙体内预埋的灌浆管作为孔口管进行孔口封闭法灌浆。

理由：混凝土防渗墙下基岩帷幕灌浆宜采用自上而下分段灌浆法或自下而上分段灌浆法，不宜直接利用墙体内预埋的灌浆管作为孔口管进行孔口封闭法灌浆。

（2）不妥之处二：灌浆孔基岩段长8m，采用全孔一次灌浆法。

理由：灌浆孔的基岩段长小于6m时，可采用全孔一次灌浆法；大于6m时，应采用分段灌浆法。

4．事件4中大体积混凝土施工方案中不妥之处的改正如下：

（1）纵缝表面可不凿毛，但应冲洗干净，以利灌浆；

（2）坝体混凝土应在初凝后3h开始养护。

5．降低混凝土出机口温度的措施有：集料预冷（或风冷、浸水、喷淋冷水）、加冰、加制冷水拌和。

浇筑后温度控制的措施有：冷却水管通水冷却、表面流水冷却、表面蓄水降温。

（三）

1．图2中A、B、C代表的名称：A：贴坡排水体；B：棱体排水；C：反滤层。

2．进度计划中的关键线路：①→②→③→④→⑥→⑨→⑪→⑫；①→②→⑤→⑧→⑩→⑪→⑫。

坝体Ⅰ填筑节点能满足安全度汛要求。

3．开工报审表还包括施工道路、临时设施的落实情况及工程进度安排。质量保证措施文件还包括质量检查人员的组成、质量检查程序和实施细则。

4．施工单位可以索赔的工期是10d，费用为120万元。

理由：坝体填筑Ⅱ为关键工作，计划持续时间为65d，变更后的料场需要600000/8000=75d，工期延误75-65=10d，所以可以索赔工期10d。坝体填筑Ⅱ需要土方量为60万m^3，变更前价格26元/m^3，变更后的价格增加到28元/m^3，所以可以索赔的金额为（28-26）×60=120万元。

变更报价书报价的内容应根据约定的估价原则，详细开列变更工作的价格组成及其依据，并附必要的施工方法说明和有关图纸。

5．不可预见地质原因引起的超挖超填，按每立方米为单位另行支付。所以混凝土衬砌结算工程量为62000+600=62600m^3。增加的费用为：600×600=360000元。

实际总工期为325+10=335d。

（四）

1．A为分部工程名称；B为一般项目；C为100%；D为均不小于70.0%；E为合格。

2．施工单位的做法不正确。

理由：已标价工程量清单中无适用于变更工作的子目，但有类似子目的，可在合理范围内参照类似子目的单价，由监理人按合同相关条款商定或确定变更工作的单价。

3．变更报价书应包括变更工作的价格组成及其依据、必要的施工方法说明、有关图纸。

4．事件 3 中单位工程验收工作方案的不妥之处及改正如下：

（1）不妥之处一：验收委员会应由项目法人、设计、监理、施工单位的代表组成。

改正：单位工程验收是法人验收，验收工作组应由项目法人、勘测、设计、监理、施工、主要设备制造（供应）商、运行管理等单位的代表组成。

（2）不妥之处二：单位工程完工并具备验收条件时，施工单位应向监理单位提出验收申请报告。

改正：单位工程完工并具备验收条件时，施工单位应向项目法人提出验收申请报告。

（3）不妥之处三：项目法人应在单位工程验收通过之日起 10 个工作日内，将验收质量结论和相关资料报质量监督机构核备。

改正：项目法人应在单位工程验收通过之日起 10 个工作日内，将验收质量结论和相关资料报质量监督机构核定。

5．事件 4 中的不妥之处及理由如下：

（1）不妥之处一：项目法人进行竣工验收。

理由：竣工验收属于政府验收，应由竣工验收主持单位组织进行。

（2）不妥之处二：2023 年 5 月底进行竣工验收。

理由：水库工程的竣工验收需满足的条件为：经过 6 个月（经过一个汛期）至 12 个月之后的 1 年内展开竣工验收。本工程所在地汛期为 6～9 月份，工程于 2022 年 11 月底完工，因此最早应该在 2023 年 11 月底前进行竣工验收。

（五）

1．施工单位应确定的主要压实参数包括碾压机具的重量、含水量、碾压遍数、铺土厚度、振动频率及行走速率等。

2．水利工程建设质量与安全事故分为四级。事件 2 的事故等级为一般事故。

安全帽出厂的证明材料包括：厂家安全生产许可证、产品合格证、安全鉴定合格证书。

“三宝”指安全帽、安全带和安全网。

“四口”指楼梯口、通道口、预留洞口、电梯井口。

3．验收鉴定书中验收结论的主要内容包括：

（1）所含分部工程质量全部合格。

（2）质量事故已按要求进行处理。

（3）工程外观质量得分率为 75%。

（4）单位工程施工质量检验与评定资料基本齐全。

（5）工程施工期及试运行期，单位工程观测资料分析结果符合国家和行业技术标准以及合同约定的标准要求。

4．单位工程验收工作组还应包括勘测、主要设备制造商和运行管理单位的代表。质量和安全监督机构应派员列席验收会议。法人验收监督管理机关可视情况决定是否列席验收会议。

5．表 2 中 A、B、C、D、E 分别代表的险情种类：A—漏洞，B—管涌，C—漫溢，D—坝体决口，E—启闭失灵。